激发学生学好数学的潜能

——复旦大学附属中学学生撰写数学小论文的实践

汪杰良　编著

复旦大学出版社

图书在版编目(CIP)数据

激发学生学好数学的潜能——复旦大学附属中学学生撰写数学小论文的实践/
汪杰良编著.—上海：复旦大学出版社,2017.5
ISBN 978-7-309-12835-2

Ⅰ.激… Ⅱ.汪… Ⅲ.数学-文集 Ⅳ.O1-53

中国版本图书馆 CIP 数据核字(2017)第 032612 号

激发学生学好数学的潜能——复旦大学附属中学学生撰写数学小论文的实践
汪杰良 编著
责任编辑/陆俊杰

复旦大学出版社有限公司出版发行
上海市国权路 579 号 邮编：200433
网址：fupnet@ fudanpress.com http://www.fudanpress.com
门市零售：86-21-65642857 团体订购：86-21-65118853
外埠邮购：86-21-65109143 出版部电话：86-21-65642845
江苏省如皋市印刷有限公司

开本 787 × 1092 1/16 印张 14.5 字数 309 千
2017 年 5 月第 1 版第 1 次印刷
印数 1—3 100

ISBN 978-7-309-12835-2/O·624
定价：48.00 元

序 一

　　数学是绝大多数人一生中学得最多的一门功课,很多中学生也都喜欢数学,然而,怎样才算学好了数学,却未见得有一个明确的认识.现在不少的学生认为,谁题目解得多、解得快,谁就是数学好,近年来更出现了"刷题"的说法,一些学生甚至以每天刷了多少题为荣.而在应试教育的大背景下,有的老师也将大量精力花在给学生传授种种应付解题及考试的"诀窍",进一步助长了这一风气.其实,数学学习的好坏不能只看解题这一个唯一的标准,而要同时看是否理解深入、运作熟练及表达清晰这三个方面,这儿所说的运作泛指运算及推导等环节,而关键是要深入地理解.数学是一门重思考与理解的学科,只有深入地理解,对数学的概念、方法及结论,不仅知其然,而且知其所以然,才能掌握数学的精神实质和思想方法,才能实现运作熟练和表达清晰这样一些外在层面上的表现.相反,如果只满足于会解题,而不清楚为什么这样做,即使题刷得再多、再快,充其量只能成为一个熟练的解题工匠,是谈不上和数学真正结缘的,是不可能培养自己的创新精神和创新能力的.再说,现在学生平时做的题(特别是考试中做的题),很多是选择题或填空题,简单地写上一个答案就可以了.答案尽管是对的,但如果要从头到尾将证明或过程写清楚,可能就会暴露出不少的问题,就会发现要使表达简明清晰实在不是一件容易的事.别人三言两语就能搞定的,自己却啰啰嗦嗦地写了一大堆,颠三倒四,不得要领,能够算是学好了数学吗?! 如果学生将不求甚解、专门刷题的做法形成了习惯,误以为这就是正确的数学学习方法,即使将来考上了大学,也很难适应那儿的学习生活,恐怕就要输在起跑线上了.

　　要正确地解决这一个问题,不仅数学基础课程的课堂教学有待认真地加以改革,而且数学的课外教育也应该充分发挥积极的引领作用,并力争起到课堂教学所难以达到的效果.复旦大学附属中学(以下简称复旦附中)结合开设有关数学的研究型课程,提倡并指导选课学生撰写数学小论文的做法,近年来已取得了很好的成效,看来是一种值得借鉴的做法.

　　撰写数学小论文,既不是老师的命题作文,更不是单纯解决一个数学难题,对中学生来说,应该是一个全新的尝试.为了撰写数学小论文,学生必须选择一个合适的题目作为突破口,并对相关领域进行认真的分析研究、做融会贯通的深入思考,最后,还要将有关的成果和结论以清晰而规范的方式认真撰写成文.这是一个费时费力的过程,是不可能一蹴而就的.虽然,在以初等数学为主要知识平台的前提下,这样的研究成果不可能对现今数学的发展真正起到重要的作用,而且学生通过撰写数学小论文,也只可能集中在某一方面进行深入的思考和总结,而达不到对整个学习内容的深入理解与感悟;然而,认真实践了这一个过程,学生不仅会提高分析问题和解决问题的能力,而且会提高通常在课堂上很少得到培养的发现问题和提出问题的能力,同时,反复修改论文的过程也必然会给学生留下深刻的甚至刻骨铭心的感受.所有这一切,对学生能力和素质的提高必然会起到举一反三、触类旁通的作用.这样做的结果,会提高学生对学习数学的兴趣,鼓舞他们学好数学的自信心,燃起他们对探索未知的热烈渴望,使他们真正走近数学、品味数学、理解数学、热爱数学,甚至将来献身包括数学在内的种种科学.特别值得指出的是,实践表明,撰写数学小论文并不是数学尖子班学生的专利,而是有着相当广的群众基础,其受益面可以是相当大的.这种做法,是和应试的要求背道而驰的,但却可以达到一味刷题所永远不可能达到的境界.在大学自主招生的面试中,这样的学生反而有其独特的优势,更加得到面试老师们的青睐;而在进入大学后,他们也应该能更好地适应新的学习环境,并可望在更高的业务平台上,更快地脱颖而出,做出出色的研究成果.

我自己在高中时也写过一篇数学小论文,题目是"谈谈简易的捷乘法",曾在一个中学生的杂志上分两期连载.文中归纳了自己课外阅读的一些心得与体会,属于自己发现和发明的东西并不多,从数学的含金量上看远远不如这本书中所登载的一些文章,可见时代的确是大大进步了.正因为这样,我很庆幸复旦附中有这样好的课外学习平台,也庆幸复旦附中有像汪杰良老师那样为学生撰写数学小论文殚精竭虑作出奉献的指导老师.

在祝贺此书面世的时候,我也愿意在这儿指出现有这些数学小论文从总体上看在写作上还有所不足的地方.首先,是缺少一个好的引言.对为什么要研究这类问题以及本文的大体研究目标与思路要简明扼要地加以说明;同时,对一些基本的概念、符号和结论,也要在一开始清晰明了地说清楚.这不仅可以避免给人造成突如其来的感觉,对论文作者也是一种认识上的升华.其次,每篇文章宜适当分段,并尽可能减少跳步,使人易于了解.最后,对参考文献的列出及引用要更加规范,要明确标明哪些是别人的成果,更自觉地加强维护知识产权的意识.相信做到了这些,撰写数学小论文的工作在今后可以做得更好,学生也可以得到进一步的锻炼和提高.

李大潜[1]

2017 年 2 月于复旦大学

---

[1] 李大潜,数学家.中国科学院、发展中国家科学院及欧洲科学院院士,法国科学院及葡萄牙科学院外籍院士.复旦大学数学科学学院教授,中国工业与应用数学学会名誉理事长.曾任复旦大学研究生院院长、中国数学会副理事长、中国工业与应用数学学会理事长.

序 二

"数学是科学皇冠上的一颗最璀璨的明珠",我们的基础教育历程和教育理解都是在这一思想下形成和践行的.但是,曾几何时,在中国的中小学生群体意识中,数学开始变得面目可憎,数学让人敬而远之,数学成为厌弃学习的理由.是数学变了,还是我们变了?是时代变了,还是环境变了?是目标变了,还是方法变了?答案不一而是,但可以肯定的是:数学依旧是数学,她没有变,是被打扮、装饰、利用,甚至妖魔化,以致于我们有点认不出她了.所以让更多的学生在学习中回归数学的本源,体会数学的内涵,发现数学的魅力,感知数学之美,这就是我们在教育实施过程中应当去思考、探索、积极推动的目标.

数学的学习有多方面的方法甚至路径选择,本书内容就是复旦大学附属中学(以下简称"复旦附中")以数学组汪杰良老师为主的高中生专题化研究型数学学习方法的探索成果展示.这样的数学学习是建立在对基础加特长、共性加个性、积累加创新、自主加引领的学习规律的教育认知之上的.它突破了传统中小学数学教学的知识与能力培养的基本模式,即习得式的理解、养成式的训练、考察式的评价这样单一的思路;学生转变了永远仰望的学习视角,以平视的眼光去观察和思考,真正成为数学的交流者和合作者,与数学成为了朋友.这一探索的价值意义就在于推动教学双方的思维态度实现了转变,数学学习的动机策略也发生了转变.没有了被动完成的刷题数量指标,没有了无奈纠结的考试分数排名,也没有了低头沉默的负重攀爬心态,却实实在在成就了一个个有欢喜、有激情、自信执着的数学爱好者.能够在各类数学专业学术刊物上发表自己的数学论文的中学生,怎么可能不是一个数学爱好者?怎么可能厌弃甚至仇恨数学的学习?又怎么不可以成为一个在未来的成长发展中从事与数学紧密相关的工作,并作出优秀成绩的专业人才呢?

复旦附中数学教学所提供的这样一种方法路径可以是当今中国中小学数学教育转型的一个典型案例,也不排斥可以成为其他中小学各学科在教育教学转型目标指引下的有益参考与对照.以撰写研究型学习专题论文为学习载体的教学模式,并非是复旦附中数学教学首创或发明,也早已在各类型各层面的教学实践中得到运用和实施,但在中国基础教育领域的学科教学中(尤其是数学)的成规模成系列地推动实践,诞生一批较高质量的学习成果,确实是独特而又难能可贵的.这归因于复旦附中丰厚理想的教育土壤,归因于复旦附中所崇尚的自由环境、严谨规划、深刻体验,也归因于以汪杰良老师为代表的附中教师在数十年的数学教学工作中的不懈探索与努力实践.这样的一份使命感、责任感,相信是我们基础教育在当今新形势新任务下勇于改革的基础与保障,也是学校学科发展的基础与保障.我们把这一高中数学教学的学校实践案例提供出来与同行分享,期待着大家的批评指正,更期待着更多具有同样情怀追求的教育界内外的朋友与我们一起戮力同行,努力创造中国基础教育更好的明天.

吴　坚[①]

2017 年 2 月 23 日

---

① 吴坚,复旦大学附属中学校长兼党委书记,中学高级教师.

前　言

　　德国哲学家雅思贝尔斯(Karl Theodor Jaspers)在《什么是教育》中写道："教育的本质意味着，一棵树摇动另一棵树，一朵云推动另一朵云，一个灵魂唤醒另一个灵魂."

　　从 1998 年开始，我在复旦大学附属中学就有目的地结合教学，从事研究型学习的探究，带领不同学习水平的学生在完成学习任务之后，利用节假日和课余时间进行小课题研究，一直坚持到现在.

　　我先后指导了一百多位同学的数学项目，其中，王之任、姚周率、张宁、沈毅、袁扬舟、朱欣然、韩京俊、李诚等同学的数学项目，在国际、全国比赛中均取得优异的成绩.

　　王之任同学的数学项目"称球问题的新发现"，荣获 1999 年中国科技协会"首届青少年科技论坛优秀科技项目"称号；经修改加工后，改名为"赝币问题的新发现"，于 2000 年 5 月代表中国国家队参加第 51 届国际科学与工程大奖赛，荣获美国航空航天总署颁发的国际选手荣誉奖(美国政府奖)；在教育部举办的"长江小小科学家"评选中，他受到专家、教授的很高评价，荣获全国第二名，并代表全国的参赛选手在人民大会堂"长江小小科学家"颁奖典礼上发言.

　　姚周率同学的数学项目"被戳穿的正多面体"，于 2001 年 5 月代表中国国家队参加第 52 届国际科学与工程大奖赛，荣获英特尔大奖数学项目四等奖(并列全世界数学个人项目第八名).姚周率同学被教育部授予"明天小小科学家"荣誉称号.

　　张宁同学的数学项目"逻辑推理中猜数问题的研究"，荣获第十届全国青少年科技创新大赛数学类项目一等奖(第一名)，并获英特尔(中国)科技有限公司"英才奖"，又获中国科技协会颁发的"崇宝科学奖"，并于 2004 年 5 月代表中国国家队参加第 55 届国际科学与工程大奖赛，荣获美国数学协会颁发的"数学优秀项目"三等奖(并列全世界第四名).张宁同学还曾荣获 2003 年上海市首届"明日科技之星"称号.

　　沈毅同学的数学论文《铁人三项问题的探索》，荣获 2003 年上海市高中生应用数学竞赛最佳论文奖，又获 2003 年由《数学通讯》举办的"全国高中生数学论文大奖赛"优秀论文一等奖.沈毅同学 2004 年 3 月荣获上海市第二届"明日科技之星"称号，2004 年 8 月代表上海市参加第三届联合国教科文亚太经合组织青年科学节学生论坛，荣获"动手实践活动成果演示"一等奖.

　　袁扬舟、朱欣然同学的数学项目"Koch 曲线的推广"，2004 年 3 月荣获第十九届上海市青少年科技创新大赛五个大奖：复旦大学"近思奖"、上海交通大学"思源奖"(大学专项奖)、英特尔产品(上海)公司"英才奖"(社会专项奖)、上海市青少年科技创新大赛一等奖(大赛奖项)、美国高中生数学俱乐部"MU Alpha Theta 数学奖"(国际专项奖),2004 年 8 月又荣获第十一届全国青少年科技创新大赛数学类项目一等奖(第一名),并获英特尔(中国)科技有限公司"英才奖".该项目入选 2005 年 2 月国家科技冬令营,2005 年 5 月参加第 56 届国际科学与工程大奖赛,荣获英特尔大奖数学项目三等奖(并列全世界数学个人项目第四名).

赵晔同学的数学论文《关于西尔万斯特问题的联想》,荣获 2003 年《数学通讯》举办的"全国高中生数学论文大奖赛"优秀论文特等奖,并在《数学通讯》杂志上发表.

韩京俊同学的数学项目"完全对称不等式取等的判定"荣获首届丘成桐中学数学奖东部赛区一等奖、总决赛优胜奖(并列全球华人中学生参赛团队第六名)."完全对称不等式取等的判定 2"荣获第二届丘成桐中学数学奖东部赛区一等奖、总决赛鼓励奖(并列全球华人中学生参赛团队第十一名).

李诚同学的数学项目"从'屏、挡、轰'博弈游戏探讨可进化型交互算法",荣获第八届全国"明天小小科学家"评选一等奖.2009 年 5 月赴美国参加第 60 届国际科学与工程大奖赛.

1997 年以来,我任教班级的学生或所指导的学生,荣获国际科学与工程大奖赛、中国数学奥林匹克国家集训队、国家科技冬令营、国家数学冬令营、全国高中数学联赛、上海市高三数学竞赛、上海市中学生数学知识应用竞赛、上海市青少年科技创新大赛金牌共有三十多枚,为复旦附中分别于 1999 年、2000 年获上海市高中生应用数学竞赛团体冠军、多次夺得全国高中数学联赛(上海赛区)团体冠军、上海市高三数学竞赛团体冠军作出了应有的贡献.任教班级学生参加上海市级以上数学竞赛获奖者累计二百多人次.我指导学生创作了大量数学小论文,其中在全国公开刊物上发表数学论文几十篇.

在《复旦大学附属中学 2011—2020 年发展规划》《复旦附中八大拓展型研究型课程简介》《复旦附中学生学术研究支持方案》以及原复旦附中校长郑方贤教授(现任上海市教育考试院院长)的《今日中学教育之"缺"即 20 年后我国人才之"短"》的政策、思想指导下,我给学生开设了"数学欣赏""数学研究"选修课.他们在复旦附中可以根据自己的爱好与专长,在上百门选修课中选择自己所喜欢的课程.他们耳濡目染,深深感受到学校全面实施的素质教育,以及类似于大学校园文化的熏陶和洗礼.参加这两门选修课的学生写了几百篇数学论文或心得体会,将自己的聪明才智、奇思妙想通过数学论文、心得体会的形式表达出来.他们自觉阅读了许多数学书籍,一次又一次地与数学对话、与数学家对话、与大自然对话、与老师对话,得到一次又一次的思考、一次又一次的感动、一次又一次的探索、一次又一次的发现.最终,他们尝试发表自己的心声,展现自己的才华.每当我阅读学生的数学论文和心得体会时,都会被他们的创新思想和创新方法所感动.《2014 年复旦附中学生优秀数学论文专辑》(以下简称《专辑 1》)、《2016 年复旦附中学生优秀数学论文专辑》(以下简称《专辑 2》)收录的是参加"数学欣赏""数学研究"选修课的学生分别在 2012 年 10 月—2014 年 7 月、2015 年 4 月—2016 年 9 月期间发表在数学专业杂志上的习作选和他们撰写论文的艰难曲折的创作历程和切身感受.我对每篇数学论文都进行了点评,指出了某些问题的来源和能够进一步研究的方向,对某些问题的证明提供了简洁的方法,对论文中个别地方出现的疏忽进行了修正.本书是继我在 2010 年由复旦大学出版社出版的《通往国际科学"奥赛"金牌之路——数学"研究型教学"的成功实践》之后,在近六年实践的基础上,对《专辑 1》《专辑 2》的内容进一步加工的成果.相信本书的出版能为当今所提倡的素质教育提供可以借鉴的材料.

汪杰良

2016 年 11 月于复旦附中

目 录

正多面体棱上点的个数研究 …………………………………………………… 姚 源 001

指导教师点评 1 ………………………………………………………………… 007

浅谈对数学的兴趣 ……………………………………………………………… 姚 源 008

探究正 n 棱锥相邻侧面所成角的关系 ………………………………………… 滕 杰 010

指导教师点评 2 ………………………………………………………………… 013

点燃探索的火炬 ………………………………………………………………… 滕 杰 014

相似椭圆系的一组性质 ………………………………………………………… 姚 源 016

指导教师点评 3 ………………………………………………………………… 018

从特殊情形中寻求解题思路 …………………………………………………… 杨和极 019

指导教师点评 4 ………………………………………………………………… 022

我的收获 ………………………………………………………………………… 杨和极 023

用特征矩阵表示椭圆方程 ………………………………………… 徐嫣然 杜冶纬 026

指导教师点评 5 ………………………………………………………………… 029

合作研究兴趣大 ………………………………………………………………… 徐嫣然 031

三角形面积公式之间的联系 …………………………………………………… 李佳颖 033

指导教师点评 6 ………………………………………………………………… 035

数学小论文的写作过程及感受 ………………………………………………… 李佳颖 036

相似椭圆系的若干性质 ………………………………………………………… 姚 源 038

指导教师点评 7 ………………………………………………………………… 041

再试数学研究 …………………………………………………………………… 姚 源 042

利用构造函数法求一类复杂数列的和 ………………………………………… 童鑫来 046

指导教师点评 8 ………………………………………………………………… 049

关于数学研究论文的创作历程 ………………………………………………… 童鑫来 050

探讨到定点与到定直线的距离之差为定值的点的轨迹 ………… 徐嫣然 杜冶纬 052

指导教师点评 9 ………………………………………………………………… 055

数学论文不厌改 ………………………………………………………………… 杜冶纬 056

我是怎样写数学论文的 ………………………………………………………… 徐嫣然 060

对一道由物理题引发的数学问题的思考 …………………………… 俞　易　062

指导教师点评 10 ………………………………………………………………… 064

数学殿堂的引路人 ………………………………………………… 俞　易　065

构造对偶式证明几个不等式 ……………………………………… 倪临赟　067

指导教师点评 11 ………………………………………………………………… 070

关于写数学论文的一些体会 ……………………………………… 倪临赟　071

一类三角数列求和的探究 ………………………………………… 俞　易　073

指导教师点评 12 ………………………………………………………………… 078

数学论文是这样产生的 …………………………………………… 俞　易　079

一个格点最短路径问题的思考 …………………………………… 金晓阳　081

指导教师点评 13 ………………………………………………………………… 084

卓越的复旦附中人 ………………………………………………… 金晓阳　085

怎样裁剪纸板能使无盖盒容积最大 ……………………………… 童鑫来　088

指导教师点评 14 ………………………………………………………………… 091

探究数学很有趣 …………………………………………………… 童鑫来　092

中外古诗词中的数学妙趣 ………………………………………… 周昊优　094

指导教师点评 15 ………………………………………………………………… 098

在撰写数学论文中成长 …………………………………………… 周昊优　099

用解析法解决几个三角形"五心"问题 …………………………… 唐昊天　101

指导教师点评 16 ………………………………………………………………… 105

探索数学的奥妙 …………………………………………………… 唐昊天　106

几道题的复数解法与三角解法比较 ……………………………… 陈子弘　109

指导教师点评 17 ………………………………………………………………… 113

四个人的数学研究课 ……………………………………………… 陈子弘　114

模尔外得公式在解三角形中的应用 ……………………………… 秦予帆　116

指导教师点评 18 ………………………………………………………………… 121

一段可贵的学习体验 ……………………………………………… 秦予帆　122

例谈三角代换的妙用 ……………………………………………… 梁正之　124

指导教师点评 19 ………………………………………………………………… 129

欣赏数学,感悟数学 ……………………………………………… 梁正之　130

一道联赛不等式的两种证明及其加强思路 ……………… 李羽航　程梓兼　132

指导教师点评 20 ………………………………………………………………… 136

不等式的加强及证明的思路 ……………………………………… 李羽航　137

"黄金双曲线"的几个有趣性质 …………………………………… 何逸萌　139

指导教师点评 21 ………………………………………………………………… 142

数学中的"黄金"美妙 ……………………………………………… 何逸萌　143

三维单形 Cayley-Menger 行列式的应用 ……………………………… 梅灵捷 145

指导教师点评 22 …………………………………………………………… 151

三角形中正弦定理、余弦定理、射影定理的等价性的证明 ………………… 何逸萌 152

指导教师点评 23 …………………………………………………………… 155

从学习数学走进研究之门 …………………………………………… 何逸萌 156

关于一类双曲线系的 2 个结论 ……………………………………… 唐昊天 159

指导教师点评 24 …………………………………………………………… 162

数学论文写作经历 …………………………………………………… 唐昊天 163

白银双曲线的几个新性质 …………………………………………… 于晟汇 165

指导教师点评 25 …………………………………………………………… 169

关于数学论文的感想 ………………………………………………… 于晟汇 170

卢卡斯数列与斐波那契数列的递归关系研究 ……………………… 梁正之 172

指导教师点评 26 …………………………………………………………… 175

写数学论文要多讨论、多修改 ……………………………………… 梁正之 176

一个线性数列不等式的命题 ………………………………………… 李羽航 178

指导教师点评 27 …………………………………………………………… 181

写数学论文是一件很有意思的事 …………………………………… 李羽航 182

对称不等式的解题技巧探究 ………………………………………… 梅灵捷 184

指导教师点评 28 …………………………………………………………… 188

附录 1　复旦大学附属中学 2011—2020 年发展规划 ……………………… 189

附录 2　复旦附中八大拓展型研究型课程简介 …………………………… 193

附录 3　今日中学教育之"缺"即 20 年后我国人才之"短" ……………… 200

附录 4　科学技术报告、学位论文和学术论文的编写格式 ………………… 204

后记 ……………………………………………………………………… 213

正多面体棱上点的个数研究*

复旦大学附属中学 2014 届　　姚　源

【摘　要】　由平面中构成正多边形的研究,联想到立体空间中正多面体棱上点的个数及其叠加的探索.

【关键词】　正多面体棱上的点;放射;形数

在平面几何中,我们发现有这样一系列的点与它们构成的几何对象的形状有关.

如三角形数 1, 3, 6, 10, …(如图 1).

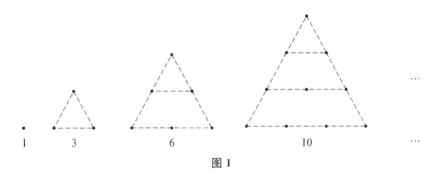

图1

正方形数 1, 4, 9, 16, …(如图 2).

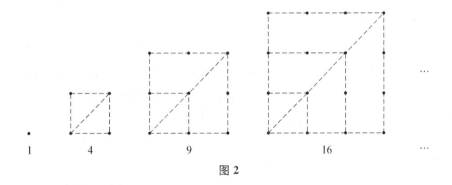

图2

---

*　原载东北师范大学《数学学习与研究》2012 年第 19 期.

五边形数 1，5，12，22，…（如图 3）.

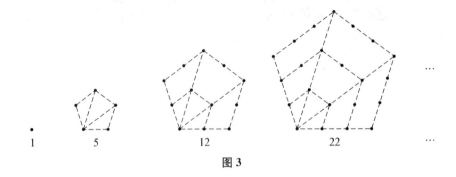

图 3

一般地，我们容易求出第 n 个三角形数为 $a_n = \dfrac{1}{2}n(n+1)$，$n \in \mathbf{N}^*$.

第 n 个正方形数为 $a_n = n^2$，$n \in \mathbf{N}^*$.

但求第 n 个五边形数的通项公式比较难，由一个顶点作五边形的对角线，我们可以求得它的通项公式. 推导如下：

我们发现每次正五边形增加的点为另外 4 个顶点与 3 条边上的点（不包括顶点）.

当 $n \geqslant 2$ 时，

$$a_n - a_{n-1} = 3(n-2) + 4,$$
$$a_{n-1} - a_{n-2} = 3(n-3) + 4,$$
$$\cdots\cdots$$
$$a_2 - a_1 = 3 \times 0 + 4.$$

将上述 $n-1$ 式相加，得 $a_n = 4(n-1) + a_1 + \displaystyle\sum_{i=0}^{n-2} 3i$，$n \geqslant 2$.

$$a_n = \frac{3}{2}n^2 - \frac{1}{2}n，\ n \geqslant 2.$$

又 $\because n = 1$ 时也符合，

$\therefore a_n = \dfrac{3}{2}n^2 - \dfrac{1}{2}n$，$n \in \mathbf{N}^*$.

平面中的形数的计数问题能否推广到三维空间呢？点的扩散与图形会如何变化呢？

众所周知，在立体几何中，正多面体有且仅有五种. 根据欧拉公式 $V + F - E = 2$（V 为顶点数，F 为面数，E 为棱数）求出各个正多面体的顶点数、面数与棱数.

1. 正四面体的点的计数

我们将正多面体的中心 O 作为放射点，向外扩张（即以 O 为球心向外作球，在球内部作正多面体，球的半径不断增大），当 n 每增加 1，即每条棱上的点的个数加 1 时，就看作增加了一层，每增加一层，增加的总点数等于多面体的棱数.

于是,第 n 个图形中的点数为顶点数加上每条棱上增加的点数(如图 4).

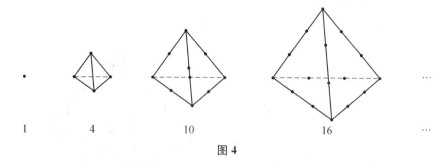

图 4

根据正四面体性质可得其顶点个数为 4,棱的条数为 6,知

$$a_n = \begin{cases} 1, & n = 1, \\ 6n - 8, & n \geqslant 2. \end{cases}$$

接着,将 $a_i (i = 1, 2, \cdots, n)$ 对应的一系列正四面体都套在以正四面体的中心 O 外,层层叠加,这些图形中所有点的个数 S_n,相当于以 O 为球心,以 O 分别到这一系列正四面体的顶点为半径作球的所有四面体的棱上点的个数(特别地,当 $n = 1$ 时,正四面体缩小成一个点,看作球心也计入)的总和,可得 $S_n = \sum\limits_{i=1}^{n} a_i$.

∴ $S_n = 3n^2 - 5n + 3, n \in \mathbf{N}^*$.

2. 正六面体的点的计数

如图 5.

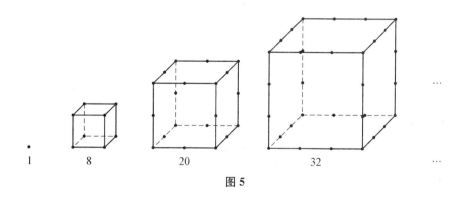

图 5

同理可证:$a_n = \begin{cases} 1, & n = 1, \\ 12n - 16, & n \geqslant 2. \end{cases}$

同样地,将 $a_i (i = 1, 2, \cdots, n)$ 对应的一系列正六面体都套在以正六面体的中心 O 外,层层叠加,这 n 层叠加得到的图形中所有点的个数就等于数列 $\{a_n\}$ 的前 n 项和 S_n,可得 $S_n = 6n^2 - 10n + 5, n \in \mathbf{N}^*$.

3. 正八面体的点的计数

如图 6.

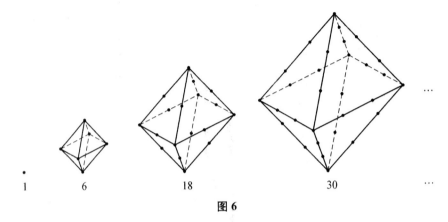

图 6

正八面体可以看作两个相同的底面边长与侧棱长相等的正四棱锥,其中底面重合时的多面体,则

$$a_n = 2b_{n-1} + a'_n, \ n \geqslant 2$$

(b_n 为类似无底的正四棱锥层层叠加后所有棱上点的个数和,a'_n 为正八面体中间棱上的点).

同理:$b_n = 1 + 4(n-1)$.

而正八面体中间棱上的点的个数 a'_n,视为顶点的个数与棱上的点(不包括顶点两端点)的个数之和,显然顶点个数为 4,当棱长的长度每增加 1,即一条棱上的点(不包括顶点)增加 1 时,

$$a'_n = 4 + 4(n-2), \ n \geqslant 2.$$

即:$a'_n = 4n - 4, \ n \geqslant 2$.

当 $n = 1$ 时,$a_1 = 1$.

当 $n \geqslant 2$ 时,

$$a_n = 2[4(n-1-1) + 1] + 4n - 4,$$

即 $a_n = 12n - 18$.

同理:$S_n = 6n^2 - 12n + 7, \ n \in \mathbf{N}^*$.

4. 正十二面体的点的计数

针对十二面体与二十面体两个复杂的几何体,运用 O 点放射法的优越性逐渐显现出来.

如图 7.

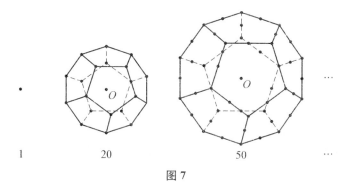

图 7

第 n 个图形中的点数为顶点数加上每条棱上增加的点数. 根据正十二面体性质可得其顶点个数为 20,棱的条数为 30.

同理可得:$a_n = \begin{cases} 1, & n=1, \\ 30n-40, & n \geq 2. \end{cases}$

接着,将 $a_i(i=1, 2, \cdots, n)$ 对应的一系列正十二面体都套在以正十二面体的中心 O 外,层层叠加,这些图形中所有点的个数 S_n,相当于以 O 为球心,以 O 分别到这一系列正十二面体的顶点为半径作球的所有内接正十二面体的点的个数的总和,可得 $S_n = \sum_{i=1}^{n} a_i$.

$\therefore S_n = 15n^2 - 25n + 11, n \in \mathbf{N}^*$.

5. 正二十面体的点的计数

如图 8.

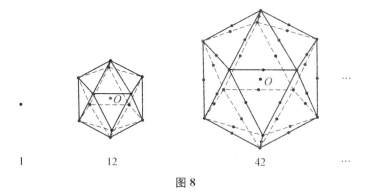

图 8

第 n 个图形中的点数为顶点数加上每条棱上增加的点数. 根据正二十面体性质可得其顶点个数为 12,棱的条数为 30.

同理可得:$a_n = \begin{cases} 1, & n=1, \\ 30n-48, & n \geq 2. \end{cases}$

接着,将 $a_i(i=1, 2, \cdots, n)$ 对应的一系列正二十面体都套在以正二十面体的中心 O 外,层层叠加,这些图形中所有点的个数 S_n,相当于以 O 为球心,以 O 分别到这一系列正

二十面体的顶点为半径作球的所有内接正二十面体的点的总和,可得

$$S_n = 15n^2 - 33n + 19, n \in \mathbf{N}^*.$$

参考文献

[1] O·奥尔.有趣的数学[M].北京:北京大学出版社,1985.
[2] 张顺燕.数学的美与理[M].北京:北京大学出版社,2004.

数学不仅拥有真理,而且还拥有至高的美——一种冷峻而严肃的美,正像雕塑所具有的美一样……

——**罗素**

姚源同学所撰写的《正多面体棱上点的个数研究》将平面形数问题演变推广到空间,重点研究了"正多面体棱上点的个数"的计算.我们知道形数问题是2 000多年前一个极其古老的数学问题.当年的智者和数学家怎么也不会想到2 000多年后居然有一个青涩的少年对他们所研究的问题十分感兴趣,并跨越时空,把形数和柏拉图体(正多面体)联系了起来.它联系到正四面体、正六面体、正八面体、正十二面体、正二十面体的每条棱上点的个数变化规律,就像以这些多面体为骨架的结构,每个问题的通项公式就比较简单.进一步研究这一系列的点的和,为解决计数问题,从而构造出一系列放射球,把这些形状相同、大小不同的正多面体一层层包裹起来,它们的外接球有公共的球心.需要说明的是,论文中棱上出现的点约定是等分点(包括顶点).

如果将平面形数问题推广到空间,正四面体、正六面体、正八面体、正十二面体、正二十面体的每个面分别为三角形、四边形、三角形、五边形、三角形,面的边界是三角形的选作三角形数,面的边界是正方形的选作四边形数,面的边界是五边形的选作五边形数,从而研究空间正多面体表面以及棱上的点的计数,相应的问题的通项公式就会比较复杂,请读者思考.

为何姚源同学痴迷于这个问题的研究呢?从他的论文中所画的平面图形和正多面体的图来看,他领略到数学的美,被数学美所深深震撼.这是我校2011年实施八大拓展型、研究型课程所开设"数学欣赏""数学研究"选修课以来,学生在数学杂志上发表的首篇论文,我特意发了短信向他表示祝贺!

浅谈对数学的兴趣

姚源

　　我对于数学这门学科的兴趣,可谓是由来已久.在初中阶段,虽然我们学校没有开设数学竞赛课程,但出于对数学的浓厚兴趣,我仍然积极参与了一些竞赛并获得了一些奖项,如全国初中联合数学竞赛二等奖、全国中学生数理化能力竞赛银奖等.其中,在第二届全国数理化竞赛中,我撰写了一篇建模的数学小论文,并在总决赛中获得综合一等奖.就从那时开始,数学论文的概念出现在我的脑海里.

　　进入复旦附中高中学习后,在高手如云的同学中,虽然我的数学学业成绩并不显得很优秀,也不是理科班学生,但我也未削减对数学这门学科的热爱.对于数学问题,我总是喜爱知其然,进而知其所以然,认真思考,热衷钻研.

　　在复旦附中,我们可以根据自己的兴趣选择喜爱的选修课."数学欣赏"这门课程吸引了我的眼球,然而我有些迷惑,难道数学也是可以欣赏的吗?印象之中,数学这门学科是以解决数学题目为重点的,如何能够被人所欣赏?所以,带着好奇,我选了这门课程.

　　进入这门课程的学习之后,我彻底改变了我的数学世界价值观.原来数学也是美丽的,是值得人们去欣赏的.在汪杰良老师另辟蹊径的教学理念下,我开始真正改变自己原先对数学的看法,带着一种欣赏的眼光去看待这些数字与图形.汪老师在向我们介绍黄金分割这个概念时,他不仅列举了黄金分割在数学世界中的存在例子,而且他还搜集了黄金分割在生物学、建筑学等多方面的应用,使我们真正感受到数学的美丽,体会到数学学科的意义,从而让我们建立起数学是用来欣赏的这个概念.同时,他还将研究数学的一些思维方式引入课堂,使我深切感受到数学的概念并不代表一道单一的数学题.学习数学,更应该研究数学的某一内容,将其作为一个体系来深入探究与实验.例如,从勾股定理这一人人熟知的定理,联系到勾股数、费马大定理及其推广,汪老师由点及面,短短一次选修课的时间便带领我们领略了由勾股定理引申而来的一个内容广阔的专题,从中培养了我的发散性思维与打破条条框框局限的勇气.

　　虽然这门课程只有短短的半个学期,但是它带给我的改变是巨大的,我开始不仅专注于如何提高解题技巧,而且还对自己发现的数学问题进行深入研究.

　　此后,我就由汪老师课上的形数入手,有了自己的一番思考.形数,是在平面上排列似各种正多边形的点的个数.看着这些排列整齐的点,享受着数学带给我的视觉美感,突然,我想到在二维平面的形数,如果发展到三维空间将会是何种面貌呢?于是,我把自己的初步想法告诉了汪老师,他听后显得很激动,积极鼓励引导我将自己的想法撰写成数学论文. 在他的帮助下,我一步步开始自己的探索,经过一番努力后,研究已小有成绩,我便开始着手写论文. 然而面对正规的数学论文我还是几乎一无所知,在汪老师的引导启发下,我对于数学论文的构架有了初步了解,并逐渐写成了论文的初稿. 通过一次次的修改,论文最终定稿. 此时,汪老师鼓励我去投稿. 我鼓足勇气,向《数学通讯》杂志社提出了投稿申请. 不久,稿子被退回,看来我失败了.

当时我曾经想到放弃,但看着自己的研究成果未得到他人的肯定,我心存不甘. 于是我尝试了第二次,这一次我成功了.《数学学习与研究》十月刊上刊登了我的第一篇学术论文. 当我拿到这份杂志时,我并未欣喜若狂,因为我知道自己还需继续努力,自己的研究成果与他人相比相差甚远,自己要走的路还很长.

探究正 n 棱锥相邻侧面所成角的关系[*]

复旦大学附属中学 2013 届　滕　杰

正棱锥是中学数学立体几何中一个重要的内容,现在我们来研究其相邻侧面所成角的关系. 给出如下命题:

正 n 棱锥 $P\text{-}A_1A_2\cdots A_n(n\geqslant 3)$ 中,若相邻侧面所成角为 γ,侧棱与底面所成角为 θ. 则当 $n=3$ 时,$\arccos\dfrac{\sqrt{6}}{3}<\theta<\dfrac{\pi}{2}$,$\gamma$ 为锐角;当 $\theta=\arccos\dfrac{\sqrt{6}}{3}$ 时,γ 为直角;当 $0<\theta<\arccos\dfrac{\sqrt{6}}{3}$ 时,γ 为钝角. 当 $n\geqslant 4$ 时,γ 为钝角.

下面给出证明.

对于正三棱锥 $P\text{-}A_1A_2A_3$(见图 1),设底面正三角形边长为 a.

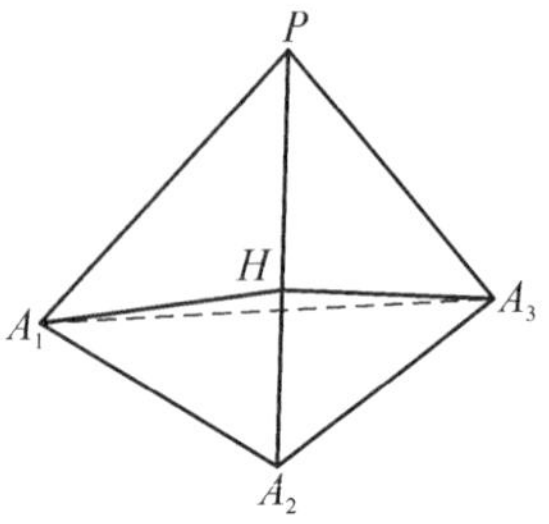

作 $A_3H\perp PA_2$,垂足为 H,连接 HA_1.

$\because$ 此三棱锥相邻侧面所成角为 γ,侧棱与底面所成角为 θ.

设侧棱长为 b,则 $b=\dfrac{\sqrt{3}a}{3\cos\theta}$,易求得 $A_3H=\dfrac{a}{2}\sqrt{4-3\cos^2\theta}$.

$\because PA_2\perp A_3H$,$PA_2\perp A_1A_3$.

易求得 $A_1H\perp PA_2$.

易证 $\triangle PA_3H\cong\triangle PA_1H$.

$\therefore A_1H=A_3H$.

$\therefore$ 正三棱锥 $P\text{-}A_1A_2A_3$ 相邻侧面所成角即为 $\angle A_1HA_3$.

$\therefore \cos\gamma=\dfrac{2-3\cos^2\theta}{4-3\cos^2\theta}$.

当 $\cos\gamma>0$ 时,即 $\arccos\dfrac{\sqrt{6}}{3}<\theta<\dfrac{\pi}{2}$ 时,相邻侧面所成角 γ 为锐角;当 $\theta=\arccos\dfrac{\sqrt{6}}{3}$ 时,γ 为直角;当 $0<\theta<\arccos\dfrac{\sqrt{6}}{3}$ 时,γ 为钝角.

对于正 n 棱锥 $P\text{-}A_1A_2\cdots A_n(n\geqslant 4)$(见图 2),设底面正 n 边形边长为 a,内角为 β,则

图 1

---

[*] 原载中国数学会、首都师范大学《中学生数学》2013 年第 2 期.

$$\beta = \frac{(n-2)\pi}{n}.$$

作 $A_3H \perp PA_2$，垂足为 H，连接 HA_1。

∵ 正棱锥相邻侧面所成角为 γ，侧棱与底面所成角为 θ。

设侧棱长为 b，斜高为 h_1，则

$$b = \frac{a}{2\cos\frac{\beta}{2}\cos\theta},$$

$$h_1 = \frac{a}{2\cos\frac{\beta}{2}\cos\theta}\sqrt{1-\cos^2\frac{\beta}{2}\cos^2\theta}.$$

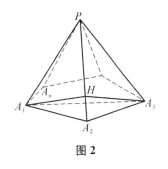

图 2

$$\therefore A_3H = a\sqrt{1-\cos^2\frac{\beta}{2}\cos^2\theta}.$$

设底面正 n 边形中心到底面各顶点距离为 R，则 $R = \dfrac{a}{2\cos\frac{\beta}{2}}$。

$$\therefore A_1A_3 = 2a\sin\frac{\beta}{2}.$$

易知，$PA_2 \perp A_1A_3$。

易证 $A_1H \perp PA_2$，$\triangle PA_3H \cong \triangle PA_1H$。

∴ 正 n 棱锥 $P - A_1A_2\cdots A_n(n \geq 4)$ 相邻侧面所成角即为 $\angle A_1HA_3$。

$$\therefore \cos\gamma = \frac{2a^2\left(1-\cos^2\frac{\beta}{2}\cos^2\theta\right)-4a^2\sin^2\frac{\beta}{2}}{2a^2\left(1-\cos^2\frac{\beta}{2}\cos^2\theta\right)} = 1 - \frac{2\sin^2\frac{\beta}{2}}{1-\cos^2\frac{\beta}{2}\cos^2\theta}.$$

易知，$1-\cos^2\frac{\beta}{2}\cos^2\theta$ 与 $2\sin^2\frac{\beta}{2}$ 均大于零。下面来比较一下它们的大小。

令 $y = 1-\cos^2\frac{\beta}{2}\cos^2\theta-2\sin^2\frac{\beta}{2}$。

当 $n = 4$ 时，$1-2\sin^2\frac{\beta}{2} = 0$。

∵ 当 $n \geq 4$ 时，$\beta \in \left[\frac{\pi}{2}, \pi\right)$。

易知，$\sin^2\frac{\beta}{2} = \dfrac{1-\cos\beta}{2}$ 在 $\left[\frac{\pi}{2}, \pi\right)$ 中单调递增。

∴ 当 $n \geq 4$ 时，$1-2\sin^2\frac{\beta}{2} \leq 0$。

又 ∵ $-\cos^2\frac{\beta}{2}\cos^2\theta < 0$。

∴ $y < 0$，即 $1-\cos^2\frac{\beta}{2}\cos^2\theta < 2\sin^2\frac{\beta}{2}$。

$$\therefore \frac{2\sin^2 \dfrac{\beta}{2}}{1 - \cos^2 \dfrac{\beta}{2}\cos^2\theta} > 1.$$

$\therefore \cos\gamma < 0.$

$\therefore$ 正 n 棱锥 $P - A_1 A_2 \cdots A_n (n \geqslant 4)$，其相邻侧面所成角为钝角.

数学使思维产生活力,并使思维不受偏见、轻信和迷信的影响与干扰.

—— **阿尔布斯纳特,约翰**(*Arbuthnot,John*)

我们知道,求正 n 棱柱相邻侧面所成角的关系比较简单,但求正 n 棱锥相邻侧面所成角的关系比较困难.此文从立体几何中求三棱锥两个相邻侧面所成的角的问题出发,讨论了正三棱锥底面与侧面所成角分别在不同条件下,相邻侧面所成的角分别为锐角、直角、钝角的情形,进一步将问题推广,得出了正 $n(n>3)$ 棱锥时,不论底面与侧面所成角怎样变化,相邻侧面所成角均为钝角这一结论,从而完整地研究了正 n 棱锥相邻侧面所成角的关系.这种从特殊到一般的数学思想在解决问题中十分有用,也不失为数学研究的一大法宝.

滕杰同学通过对一般的 n 棱锥的研究,在思维上,产生了从量变到质变的飞跃,从中体验有如科学家们创新所带来的喜悦.考虑一个问题的推广往往是艰难曲折的,需要研究者有足够的勇气去面对困难、征服困难,达到"柳暗花明又一村"的境地.

当然,论文中关于"正 $n(n>3)$ 棱锥时,不论底面与侧面所成角怎样变化,相邻侧面所成角均为钝角"这一结论的证明是比较复杂的,比较简单的证明如下:

如图 2,对于正 n 棱锥 $P\text{-}A_1A_2\cdots A_n(n\geqslant 4)$,设底面正 n 边形内角为 β,则 $\beta\geqslant 90°$,$\cos\beta\leqslant 0$.作 $A_3H\perp PA_2$,垂足为 H,连接 HA_1.易证 $\triangle PA_3H\cong\triangle PA_1H$.故 $A_1H\perp PA_2$.

$\therefore\angle A_1HA_3$ 为两侧面所成的角.

$$\therefore\cos\angle A_1HA_3=\frac{A_1H^2+A_3H^2-A_1A_3^2}{2A_1H\cdot A_3H}<\frac{A_1A_2\cdot A_2A_3}{A_1H\cdot A_3H}\cdot$$

$$\frac{A_1A_2^2+A_2A_3^2-A_1A_3^2}{2A_1A_2\cdot A_2A_3}=\frac{A_1A_2\cdot A_2A_3}{A_1H\cdot A_3H}\cos\angle A_1A_2A_3=\frac{A_1A_2\cdot A_2A_3}{A_1H\cdot A_3H}\cos\beta$$

$\leqslant 0.\therefore\angle A_1HA_3$ 为钝角.

点燃探索的火炬

滕　杰

在高中发表一篇数学论文意味着什么？或者说,它能带给你什么？我想,这是每一个打算写论文以及写完论文的人都会思考的问题.它会给你带来荣誉,它是你升学择校的筹码,但当我们处在一个更宏大的视角,会惊奇地发现,更重要的意义在于,它能点燃你内心渴望探索的火炬.

好奇心是人的天赋.这里我特别用了天赋一词,它是每个人与生俱来的能力.人类正是因为有了这种能力才能不断前行,文明才能不断发展.但是在当今的中国,在学生们的心中,空气里的氧气可是越来越稀薄了,火炬中的火苗越来越弱小,有的甚至都快熄灭了.难道会这样熄灭吗？不！因为探索的火种埋藏在每个人的心中,只需要一根小小的树枝,便能燃起那最绚烂的火焰.

而数学小论文就是那根树枝,我内心的火种就被它点燃了.

在大多数人眼中,数学就是与练习相伴的,就是那永远刷不完的题目.对于我这样一个并没有什么数学天赋的人来说,同样如此.我也为那些做不完、做不出的数学题目发愁,也为数学那宛如黑洞般吸取时间的能力而哀叹.但在汪杰良老师的课上,我渐渐地发现了一些数学有趣的、可爱的地方,渐渐地感受到了数学的魅力,最后竟然还有幸作了一番小小的探索.当你抛开题目,从另一个角度去看数学,或许你也能感受到它别样的魅力.

汪老师在课上一直鼓励我们去探索,尝试着写一写数学小论文.一开始我觉得这很不可思议,尤其是对我这样数学成绩并不拔尖的人来说,怎敢奢求探索？这是多么困难的一件事啊！但是在日后不断的学习、思考中,我慢慢发现,其实它远远没有我们想象的那么难,关键在于你有没有用心观察、有没有用心思考,到那时有所发现就水到渠成了.

我研究的小问题是关于正棱锥相邻侧面所成角的关系,它来源于一道数学题目.这道题目的具体内容我已经记不清了,大致是求给定正棱锥相邻侧面所成角.这是一道极普通的数学题,放在以前,我也只是会把答案解出来,最多再归纳一下题型.但是自从上了汪老师的课后,我脑子里始终带着疑问,常常会去多想几步.正棱锥是一种很特殊的图形,具有一些很好的性质.于是我便想：能不能找到正棱锥相邻侧面所成角的普遍规律呢？这个问题还是挺复杂的,涉及正棱锥的棱数、相邻侧面所成角、侧棱与底面所成角等几个变量.但是复杂归复杂,只要运用恰当的数学方法,总是能够解答这个问题的.这其中用到的数学方法,并不是什么高深的方法,而是我们再熟悉不过的比较法、分类讨论法等基本数学方法. 最后经过了几个小时的奋战,我终于把问题解决了,正棱锥相邻侧面所成角的确存在着普遍的规律,可以用数学式子很清晰地表达出来. 接下来我又想:那能不能找到棱锥相邻侧面所成角的普遍规律呢? 但是很遗憾,经过一番尝试后我发现,这里面存在的情况太多了,变量也不好控制,限于自身能力和精力,便放弃了.

虽然对于没能把结论继续推广有一丝遗憾,但是我依然很兴奋,原先觉得难以完成的任务最后竟然成功了. 我内心那对于探索的火种就这样被点燃了. 探索并不如想象中的那么遥不可及,只要你勇敢地提出问题,努力地去解决它,你就一定能取得成果. 如果每个人心中都能怀着这样的念头,不管环境多么恶劣,火炬中的火焰都会熊熊燃烧.

火种已经被点燃了,而要使火焰烧得更旺、更久,离不开一个重要的助燃物——规范. 这也是我在论文撰写过程中的另一大收获.

当我把初稿交给汪老师后才发现,原来我写的东西是那么的粗糙. 我的表述有很多不规范的地方:正棱锥字母的表达错误,文字的含义模糊……还有证明上的问题:步骤过于跳跃,遗漏条件……汪老师不厌其烦地为我指出了这些不规范的地方,经过一遍遍地修改,前前后后总共有三四次,才基本做到了表述和证明上的规范.

在原先的论文中除了数学证明外,我还用了另一种更为直观的描述性方法来说明我的结论,我原以为这一段很好,便于读者理解. 但是汪老师却告诉我,数学结论的得出只能通过严格的数学证明,用描述说明的方法是不行的,必须将这一段删去. 数学的严谨可见一斑!

在汪老师的指导下,经过了一个多月的撰写和反复修改,我最终完成了这篇数学小论文《探究正 n 棱锥相邻侧面所成角的关系》,还有幸在《中学生数学》上发表.

现在回想起来,这一段经历使我受益匪浅,它让我敢于去探索,也让我渐渐懂得了规范. 在大学的学习中,我依然享受着这两者的恩惠. 面对未知事物,我不再畏难,不再恐惧,而是勇敢地去提问,去探索. 对于成果,我也能够在大体上做到表述的规范. 毫不夸张地说,这两点将使我受益终生.

我很感谢复旦附中给我提供了这样一个平台,也希望有更多的同学能够参与进来,去尝试着探索.

点燃探索的火炬,只需要一根小小的树枝.

相似椭圆系的一组性质[*]

复旦大学附属中学 2014 届　姚　源

在几何图形中,相似图形是较为神奇的一族,给人以视觉上的美感.众所周知,椭圆的形状是由该椭圆的离心率决定的.笔者给出相似椭圆系的定义并研究它的一组性质.

定义　对于中心相同,离心率也相同的 n 个椭圆,其方程分别为:$C_1: \dfrac{x^2}{a^2} + \dfrac{y^2}{\lambda^2 a^2} = 1$,

$C_2: \dfrac{x^2}{\lambda^2 a^2} + \dfrac{y^2}{\lambda^4 a^2} = 1$, $\cdots$, $C_n: \dfrac{x^2}{\lambda^{2(n-1)} a^2} + \dfrac{y^2}{\lambda^{2n} a^2} = 1$.其中 $0 < \lambda < 1$ 且 $a > 0$,即第 i 个椭圆的短轴的长等于第 $i+1$ 个椭圆的长轴的长 $(i < n, i, n \in \mathbf{N}^*)$,称这 n 个椭圆为相似椭圆系.称 λ 为此相似椭圆系的相似比(如图1).

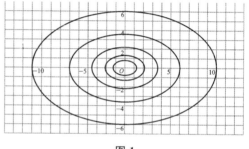

图1

下面给出相似椭圆系的一组性质:

若在相似比为 λ 的相似椭圆系中,椭圆 C_1 的长半轴长为 a_1,椭圆 C_2 的长半轴长为 a_2,$\cdots$,椭圆 C_n 的长半轴长为 a_n,短半轴长为 b_n,半焦距为 c_n,且 $a_1 = a$,$0 < \lambda < 1$,则:

(1) $a_n = \lambda^{n-1} a$,$b_n = \lambda^n a$,$c_n = \sqrt{1 - \lambda^2}\, \lambda^{n-1} a$.

(2) 椭圆 C_n 的准线方程为:$x = \pm \dfrac{\lambda^{n-1}}{\sqrt{1 - \lambda^2}} a$.

(3) 椭圆 C_n 中过焦点的弦长 d_n 为:$d_n = \dfrac{2a\lambda^{n+1}}{1 - (1 - \lambda^2)\cos^2\theta}$($\theta$ 为焦点弦的倾斜角).

(4) 椭圆 C_n 的面积 S_n 为:$S_n = \pi \lambda^{2n-1} a^2$.

证明　(1) 证明简单,从略.

(2) 由于 $\dfrac{a_n^2}{c_n} = \dfrac{(\lambda^{n-1} a)^2}{\sqrt{1 - \lambda^2}\, \lambda^{n-1} a} = \dfrac{\lambda^{n-1}}{\sqrt{1 - \lambda^2}} a$,故椭圆 C_n 的准线方程为 $x = \pm \dfrac{\lambda^{n-1}}{\sqrt{1 - \lambda^2}} a$.

(3) 设过焦点弦所在的直线方程为:$y = (\tan\theta)(x - c_n)$,代入椭圆方程:$\dfrac{x^2}{a_n^2} + \dfrac{y^2}{b_n^2} =$

＊　原载上海师范大学《上海中学数学》2013 年第 6 期.

1,得：$\dfrac{x^2}{a_n^2}+\dfrac{[(\tan\theta)(x-c_n)]^2}{b_n^2}=1$.

去分母得：$b_n^2 x^2+a_n^2(x-c_n)^2\tan^2\theta=a_n^2 b_n^2$.

进一步整理得：$(a_n^2\tan^2\theta+b_n^2)x^2-2a_n^2 c_n\tan^2\theta+(a_n^2 c_n^2\tan^2\theta-a_n^2 b_n^2)=0$,

$$\begin{aligned}
\because\ \Delta &=4a_n^4 c_n^2\tan^4\theta-4(a_n^2\tan^2\theta+b_n^2)(a_n^2 c_n^2\tan^2\theta-a_n^2 b_n^2)\\
&=4a_n^4 c_n^2\tan^4\theta-4(a_n^4 c_n^2\tan^4\theta-a_n^4 b_n^2\tan^2\theta+a_n^2 b_n^2 c_n^2\tan^2\theta-a_n^2 b_n^4)\\
&=4a_n^2 b_n^2(a_n^2\tan^2\theta-c_n^2\tan^2\theta+b_n^2)\\
&=4a_n^2 b_n^2\cdot b_n^2(\tan^2\theta+1)=4a_n^2 b_n^4\sec^2\theta.
\end{aligned}$$

$$\begin{aligned}
\therefore\ d_n &=\frac{\sqrt{\Delta}\cdot\sqrt{\tan^2\theta+1}}{a_n^2\tan^2\theta+b_n^2}=\frac{2a_n b_n^2\,|\sec\theta|\cdot|\sec\theta|}{a_n^2(\tan^2\theta+1)-c_n^2}\\
&=\frac{2a_n b_n^2\sec^2\theta}{a_n^2\sec^2\theta-c_n^2}=\frac{2a_n b_n^2}{a_n^2-c_n^2\cos^2\theta}\\
&=\frac{2\lambda^{n-1}a(\lambda^n a)^2}{(\lambda^{n-1}a)^2-(\sqrt{1-\lambda^2}\,\lambda^{n-1}a)^2\cos^2\theta}\\
&=\frac{2\lambda^{3n-1}a^3}{\lambda^{2n-2}a^2-(1-\lambda^2)\lambda^{2n-2}a^2\cos^2\theta}\\
&=\frac{2a\lambda^{n+1}}{1-(1-\lambda^2)\cos^2\theta}.
\end{aligned}$$

(4) 由于椭圆 C_n 分别关于两坐标轴对称,取椭圆 C_n 在第一象限内与坐标轴围成的区域 $\dfrac{1}{4}S_n$ 研究,椭圆 C_n 在第一象限内的方程可写作：$y=\sqrt{\left(1-\dfrac{x^2}{a_n^2}\right)b_n^2}$,即：$y=b_n\sqrt{1-\dfrac{x^2}{a_n^2}}$.

$$\frac{1}{4}S_n=\int_0^a b_n\sqrt{1-\frac{x^2}{a_n^2}}\,\mathrm{d}x.\ \ \diamondsuit\ x=a_n\sin t,\ t\in\left(0,\frac{\pi}{2}\right),$$

则

$$\begin{aligned}
\frac{1}{4}S_n &=\int_0^{\frac{\pi}{2}}b_n\sqrt{1-\frac{a_n^2\sin^2 t}{a_n^2}}\,(a_n\cos t\,\mathrm{d}t)\\
&=\int_0^{\frac{\pi}{2}}a_n b_n\cos^2 t\,\mathrm{d}t=a_n b_n\int_0^{\frac{\pi}{2}}\frac{1+\cos 2t}{2}\,\mathrm{d}t\\
&=\frac{1}{2}a_n b_n\left(t+\frac{\sin 2t}{2}\right)\Big|_0^{\frac{\pi}{2}}=\frac{\pi}{4}a_n b_n.
\end{aligned}$$

即：$S_n=\pi a_n b_n=\pi\lambda^{n-1}a\lambda^n a=\pi\lambda^{2n-1}a^2$.

参考文献

[1] 张勇赴. 相似椭圆的一组性质[J]. 数学通讯,2006(7).

判天地之美，析万物之理．

—— **庄子**

姚源同学撰写的《相似椭圆系的一组性质》的论文是在"数学研究"课上所讲的黄金椭圆的若干性质基础上，进一步研究的成果．显然黄金椭圆是椭圆中最美的椭圆，两个黄金椭圆显然是相似的．我在课上讲到椭圆的离心率、准线、焦半径、切线等概念，这些概念都是被现行的中学数学教材删去的内容．我则认为：数学的每一分支的发生和发展一定有它的美学特征．知识不是越少越容易学、越容易掌握．就像一幅精美的图案，只有最原始的内容和构图，把最出彩的部分都删去，这幅图案的价值就会逊色得多．同样地，在数学内容中，把稍微困难的内容都删去，对数学素质优秀的学生而言，是一大损失．这既不符合数学的发展，也不利于学生思维的提高．恰恰相反，用研究、联系的方法整理数学教材，虽然数学概念和内容多一些，但能恢复数学发展的原貌，呈现数学的美感，引起学生的学习兴趣，能大大发展学生的智力，激励学生去探索数学的奥秘．正因为如此，我在数学选修课上将现行课本所删去的内容又补充了回来，学生学习后感到非常兴奋．

姚源同学将椭圆推广到相似椭圆，建立了椭圆系的概念．类比椭圆中长半轴长、短半轴长、半焦距之间的关系，椭圆的准线方程、椭圆的过焦点的弦长方程等，即得出了椭圆系的三条性质．还有一条性质是椭圆的面积公式．这是要到大学学微积分的定积分中才推出的公式，我想姚源同学在书上看到过椭圆的面积公式，他也想将此公式推广到他定义的椭圆系中．为实现他的研究目标，他自学了微积分有关内容，遇不懂的地方也与我交流，最终推出了椭圆系的面积公式．

从特殊情形中寻求解题思路[*]

复旦大学附属中学 2014 届　杨和极

【摘　要】 从相对易解的特殊情形入手,探索新的解题思路.

【关键词】 特殊情形;方法;解题

我们经常会遇到一些具有一定难度的数学题,有时会让我们感到一时束手无措,无从下手.在长期的解题实践中,我们发现如果能将一个复杂问题转化成相对容易解答的特殊问题,在解答特殊问题的过程中,就能发现解决复杂问题的突破口.因此将一般问题特殊化常常可以成为解决问题的切入点.

为了说明这个方法,请看下面的例题.

例 1 求所有满足 $\sin x + \cos y = u(x) + u(y) + v(x) - v(y)$,$x, y \in \mathbf{R}$ 的函数 $u(x)$,$v(x)$.

分析 考虑 $x = y$ 的特殊情形,有 $\sin x + \cos x = u(x) + u(x) + v(x) - v(x)$,整理后得 $u(x) = \dfrac{\sin x + \cos x}{2}$.因此 $\sin x + \cos y = \dfrac{\sin x + \cos x}{2} + \dfrac{\sin y + \cos y}{2} + v(x) - v(y)$.

令 $y = 0$,整理后得 $v(x) = \dfrac{\sin x - \cos x}{2} + \dfrac{1}{2} + v(0)$,$v(x) = \dfrac{\sin x - \cos x}{2} + C$,$C$ 为一常数.

此题分别从特殊情形 $x = y$ 以及 $y = 0$ 出发,立刻得解.此例演示了"一般 → 特殊 → 一般"的解题思路.

例 2 求最大的实数 k,使得对任意正实数 a,b,c,都有

$$\frac{(b-c)^2(b+c)}{a} + \frac{(c-a)^2(c+a)}{b} + \frac{(a-b)^2(a+b)}{c} \geqslant k(a^2 + b^2 + c^2 - ab - bc - ca).$$

分析 既然上述不等式对于任意正实数 a,b,c 都成立,考虑 $a = b$ 的特殊情形,此时左边第三项为零.将 $a = b$ 代入,整理后得 $\dfrac{2(a+c)}{a} \geqslant k$.

---

* 原载东北师范大学《数学学习与研究》2013 年第 11 期.

考虑 c 的一种特殊情形,即令 $c \to 0^+$,可得 $k \leqslant 2$. 令 $k = 2$,考虑不等式

$$\frac{(b-c)^2(b+c)}{a} + \frac{(c-a)^2(c+a)}{b} + \frac{(a-b)^2(a+b)}{c} \geqslant 2(a^2+b^2+c^2-ab-bc-ca).$$

右边 $= a^2+b^2-2ab+a^2+c^2-2ac+b^2+c^2-2bc = (a-b)^2+(a-c)^2+(b-c)^2$.

将右边移至左边,整理后得

$$\frac{(b-c)^2(b+c-a)}{a} + \frac{(c-a)^2(c+a-b)}{b} + \frac{(a-b)^2(a+b-c)}{c} \geqslant 0.$$

此不等式为轮换对称式.

不妨设 $a \geqslant b \geqslant c$,因此有 $a+b-c \geqslant 0$,$a-c \geqslant b-c$.

从而 $\dfrac{(a-b)^2(a+b-c)}{c} \geqslant 0$,

$$\frac{(b-c)^2(b+c-a)}{a} + \frac{(c-a)^2(c+a-b)}{b}$$
$$\geqslant \frac{(b-c)^2(b+c-a)}{a} + \frac{(b-c)^2(c+a-b)}{a}$$
$$= \frac{(b-c)^2(b+c-a+c+a-b)}{a} = \frac{2c(b-c)^2}{a} \geqslant 0.$$

不等式成立. 综上所述,$k = 2$.

此题关键在于通过考察 $a = b$,$c \to 0^+$ 的特殊情形,估算出 k 值,从而找出解题途径. 以上例子启发我们把这种从特殊情形中寻求解题思路的方法运用于几何题中.

例 3 求椭圆 C:$\dfrac{x^2}{a^2} + \dfrac{y^2}{b^2} = 1(a > b > 0)$ 的内接 $\triangle ABC$(图 1)的最大面积.

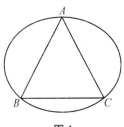

图 1

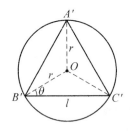

图 2

分析 当椭圆的两个焦点互相趋近时,椭圆退化成圆,如图 1、图 2 所示,当椭圆处于其特殊情形圆时,有 $a = b$. 容易分析出圆 O 的最大面积的内接三角形是如图 2 所示 $\triangle A'B'C'$,设圆 O 半径为 r,圆内接三角形面积为 S_0,OB' 与 $B'C'$ 夹角为 θ,有

$$S_0 = r\cos\theta(r\sin\theta + r).$$

对 θ 求导,$S_0' = -r\sin\theta(r\sin\theta+r) + r^2\cos^2\theta = r^2(\cos^2\theta - \sin^2\theta - \sin\theta)$.

令 $r^2(\cos^2\theta - \sin^2\theta - \sin\theta) = 0$,整理得 $r^2(2\sin^2\theta + \sin\theta - 1) = 0$,解得 $\sin\theta = \dfrac{1}{2}$,

$\sin \theta = -1$（不合题意，舍去）.

当 $\sin \theta = \dfrac{1}{2}$，即 $\theta = \dfrac{\pi}{6}$ 时，S_0 达到极值. 对于 S'_0，再次对 θ 求导.

$$S''_0 = r^2(-2\sin \theta \cos \theta - 2\sin \theta \cos \theta - \cos \theta) = r^2(-4\sin \theta \cos \theta - \cos \theta).$$

当 $\theta = \dfrac{\pi}{6}$ 时，$S''_0 = -\dfrac{3}{2}\sqrt{3}\, r^2 < 0$，即 $\theta = \dfrac{\pi}{6}$ 时，S_0 达到最大值.

有 $$(S_0)_{\max} = \dfrac{3}{4}\sqrt{3}\, r^2.$$

可考虑将椭圆投影在一个平面上，当投射角度达到一定时，平面上的投影恰好成一个圆.

因为两个图形在其作同一投影时，其面积比不变，因此，当投影如图 2 所示时，椭圆中的内接三角形面积最大. 不妨假定椭圆内接三角形的一条边平行于椭圆的长轴或短轴. 这时，椭圆内具有最大面积的内接 $\triangle A''B''C''$ 其形状如图 3 所示，图中，椭圆长半轴长为 a，短半轴长为 b.

设椭圆所在的平面与投影面之间的夹角为 α，有 $b = r，\cos \alpha = \dfrac{r}{a}$.

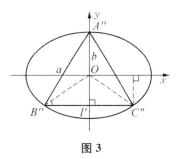

图 3

图 2、图 3 中两个内接三角形的高相等，设为 h.

设图 2 中圆内接三角形底边为 l，面积为 S_1. 图 3 中椭圆内接三角形底边为 l'，面积为 S_2. 有 $l' = \dfrac{l}{\cos \alpha} = \dfrac{al}{r}，S_2 = \dfrac{1}{2}hl' = \dfrac{1}{2}hl \cdot \dfrac{a}{r} = S_1 \cdot \dfrac{a}{r}$.

考虑到 $S_1 = (S_0)_{\max} = \dfrac{3}{4}\sqrt{3}\, r^2$ 及 $b = r$，代入整理后得 $S_2 = \dfrac{3}{4}\sqrt{3}\, ab$.

对于圆 $(S_0)_{\max} = \dfrac{3}{4}\sqrt{3}\, r^2$，可以看出，圆为椭圆的一个特例.

此例通过投影，将一般情况下的椭圆转化为特殊情况下的圆，通过对特殊情况下圆的处理，找出了在一般情况下的解题方法，在转化中理出思路，找出头绪，从而化解了一个貌似复杂的问题.

几何学家为完成那些困难而又冗长的证明过程，必须借助于一连串的推理，但把这一连串推理中的每一个步骤分离出来单独观察时，却又常常显得简单易行. 实际上，很可能任何运用思维过程处理事情，都有类似的情形. 另一方面，如果人们不去探索，而仅仅关心不要把假的当作真的，并且力图保持着从一个真理演绎出另一个真理的顺序，那就不可能去发现那些深深埋藏着的真理的奥秘.

—— 笛卡尔（*Descartes*）

**指导教师
点评4**

　　杨和极同学撰写的《从特殊情形中寻求解题思路》属于解题方法与技巧方面的论文. 他在解题中发现，许多复杂的数学问题遇到解答困难时，往往可以退一步，通过特殊化、极端化的思路入手，将问题简单化，以此找到解题的突破口，从而解决复杂的数学问题.

　　论文中通过在三角、代数、解析几何中的实例说明妙用此方法的优越性. 此论文的优点是化繁为简，这种在学习过程中善于归纳、总结数学思想和数学方法的做法是值得提倡的.

　　当你做了一道好题后可曾想过，这道题有一题多解吗？若有的话，这些解法中有哪一个是本质的、简单的、最好的呢？你能将该题变化一下，创造出一道新题吗？你能将题目推广吗？如果你能经常这样提出问题，那么你的数学能力就会迅速地提高。

我 的 收 获

杨和极

　　爱因斯坦曾说："兴趣是最好的老师."每当看到、听到这句名言,我总是感触深厚.与此同时,眼前也会浮现出一位老师的熟悉身影.如果让我列举出对自己影响至深的老师,我想,第一个闪现在眼前的一定就是他——汪杰良老师.

　　自学数学以来,它似乎就意味着各类运算和技巧.要获得高分,最快捷有效的途径就是练习,多做习题以确保娴熟运用技巧、演算不出错.如此反复训练,久而久之便让我感觉枯燥单调,兴趣索然.

　　恰在此时,我遇见了汪杰良老师.汪老师的"数学研究"课让人耳目一新.与以往的数学课不同,汪老师没有为我们详细讲解解题的技巧,也没让我们刷题,而是从数学史讲起.在汪老师的课堂上,数学不再是一堆堆死气沉沉的定义和定理,不再是一步步冷冰冰的推导演算,而是趣味横生的故事,迸发着智慧火花的发现以及各种意味深长的思想.汪老师的"数学研究"课程如同为我打开了一扇窗子,窗外阳光明媚,吹拂着一阵清冽的空气,我看见了数学学习的另一番天地!

　　每次课汪老师都精心准备,为我们选取的材料展示出了完美的数学品位,让我们能一下子感受到数学的魅力——通过变换式子,显示出式子所蕴涵着的均衡、和谐、简洁和统一的结构之美;通过讲述数学从经验、论证到理性的发展,我们目睹了数学是如何在混沌中发现秩序的,我们见证了人类理性的力量;通过揭示抽象的数字及其运算法则与现实世界的对应关系,我们明白了这些秩序和结构其实也就是大自然的一个模式.东汉的王充说过:"涉浅水者见虾,其颇深者察鱼鳖,其尤甚者观蛟龙,足行迹殊.故所见之物异也."汪老师一直努力着将我们带入数学领域的更深处,让我们得以观蛟龙、增见识、开眼界、长智慧.数学联结了心灵感知的抽象世界和现实客观的物理世界,而汪老师联结了我对数学的兴趣和情感.

　　汪老师上课有一个与众不同之处:不布置我们做习题,却鼓励我们研究数学思想,学写数学论文.我从未写过这类文章,刚开始觉得很深奥,很茫然,脑袋空空,毫无头绪.这时,汪老师不仅拿出了许多他的学生们以往发表的论文让我们阅读,还精心筛选、装订了一批高质量的数学论文供我们参考,这给了我们极大的启发和鼓舞.他还列举一些数学史上通过联想、类比、归纳以及一些依据对数学之美的信念做出的直觉猜测的漂亮案例,谆谆善诱,启发我们从一个更大更广阔的视野来看待眼前的数学问题.汪老师还带领我们走出课堂,来到学校的图书馆,手把手指导我们如何查阅资料,如何充分利用图书馆的资源积极拓展知识面,激发思想和灵感.他热情鼓励我们大胆提出一些也许还不成熟的想法,积极探讨;而当有价值的论点冒出头来时,汪老师便会抓住苗头,引导我们进一步扩展思路,深入挖掘.在汪老师的这种教育模式的熏陶下,我对数学能够从全局的角度去理解,觉得自己对于数学的认识比以往更加明晰和简化,常常思如泉涌,跃跃欲试.

一次在物理书上我看到几个建立物理模型的有趣过程.几个物理学家想建立一个简洁明了的物理模型以解释一系列复杂的物理现象.刚开始完全是一团混沌,毫无头绪.就在无从下手时,忽然来了奇思妙想.他们先假设了一个极端情形使问题得到极大的简化,在此情形下寻求线索,果然一下就找到了突破口.太妙了,何不拿来试试?受此启发,我回头找来一些难度大的几何题逐一尝试.果不其然,一些看似无规律的图案,如果将其中几根线条推至极端,真的就看出了解题的头绪.我又试着找了很多例子,有时把任意角变成直角,有时把不对称的图形变换成对称的,发现只要变换恰当,常常能看出解题的关键所在,好几次还能找到出其不意的解法,有些直观、简洁,有些极妙、不同寻常.我发现这几乎就是在和数学玩着游戏,这些数学题总是以迷惑的姿态出现,以离乱的表面诱导着你误入歧途,却将其真实面目隐藏其下,而我却常常能成功地还原出问题的本质,使用的杀手锏便是通过变换变形将其置于极端状态之下,迫使之露出真容.一次课间我和汪老师聊起这些收获,汪老师很感兴趣,告诉我这些想法很好,应该整理成数学论文.受此鼓舞,我将这些收获总结了一下,落笔成文.汪老师看了初稿后说,这个思想在科研中常常行之有效,不要仅仅局限在几何里,能否在代数里也尝试一番?在汪老师的启发下,我又在代数、解析几何等领域里如法炮制,收获真不小!我发现将一般问题特殊化常常可以成为解决问题的切入点,以这种思想寻得的解法通常能一举抓住问题的关键,解答过程明快、流畅、简洁、透彻,能给人一种美的享受.我兴奋地将这些都总结在论文中再次给汪老师审阅,这次老师仔细看后指点着说,举例子不宜过多,文章不宜过长,写文章的目的不是解答难题,而是阐述思想,要突出重点,只要挑几个能够将思想表述得简洁、清晰、明了的例题就足够了.我反复斟酌,最终挑选了几个简单易懂的例题,再次修订论文,取名《从特殊情形中寻求解题思路》.

写到这里,我忍不住打开了我的电子邮箱,查到当初和汪杰良老师的一系列通讯邮件,里面记录着我在论文写作后期与汪老师交流的点点滴滴.一封封邮件里清楚地记录着汪老师对我的各种指导,连一些细微处都认真交待,一一指点,不厌其烦,比如对于文章该如何排版布局,对于字体的大小以及行距该设置多少为宜,等等.汪老师总是提醒我从读者的视角出发,一切为方便读者着想.如对于所有例图,必须先用几何画板制作,才能确保图形的精确和美观,作出的图形才有质量;在文章中的设置图形大小和安排布局时,既要考虑版面的美观,又要考虑读者的阅读习惯,要让读者感觉条理清晰,逻辑分明,一目了然.记得当时读着汪老师对于这些芝麻细节的评语时我的感觉是何等的震惊!长久以来,我不太在乎细节,认为细微处无关大局,只要抓住关键点就行了,如此养成了马马虎虎的习惯.在平时的作业和考试中,我也常会犯些低级错误,但即便如此,我仍不太在意,觉得只要自己都明白了就行.但是汪老师的谆谆教诲我不敢不听.于是,按着老师的评语和指点,我老老实实地一处处认真修改.在修订的过程中,我切身感受到老师做事严谨、思维缜密、认真负责、一丝不苟的处事作风,也终于认识到即便是小事,要做得漂亮也是实属不易.终于功夫不负有心人,修改完的稿子果然不同凡响,尤其布局排版让人感觉眼前豁然一亮.常说"细节决定成败",这回我终于明白了其中的涵义,这些看似不经意处往往最能体现出专业素养,反映出事物的品质.不仅如此,修改过程中汪老师坚持让我按着读者的角度和编辑的思路考虑问题,老师也一直按照学生的思路提出修改意见,使我懂得应当从不同的角度去观察、思考问题,而过分地注重自我,只从自己的角度出发一定会局限自己的视野,如同盲人摸象,难以看清事物的全貌,也不利于与他人的沟通.

经过老师的层层把关,论文最后的定稿很完美,《数学学习与研究》杂志终于接纳了稿件,文章发表了.这是我第一次投稿,也是我的第一次收获.原来对投稿并没有想法,经过汪杰良老师的一再启发激励,认真指导和精心呵护,我逐渐地学会了如何思考、如何总结,懂得了如何写作、润色和修改.这篇文章本身算不了什么,但通过写作这件事,我体会到了思考的乐趣,我从以前的为应试而学转变为如今的为兴趣而学,从过去的被动学习转变为如今的主动学习.不仅如此,我还从汪杰良老师身上学到了许多优秀品质,收获了许多在课堂上不易学到,但是对人生、对今后的发展却是至关重要的东西.我借此也重新审视了自己,我会用新的眼光去看待事物,看待自己,看待别人.从这个意义上说,汪老师不仅在学业上是我的老师,在人生的道路上也是我的良师益友.在此我感谢汪老师,也感谢复旦附中开设的这一课程.除了必修课程,附中每年为我们增开了近百门高质量的选修课,涵盖了从人文与经典、语言与文化、社会与发展、数学与逻辑、科学与实践、技术与设计到艺术与欣赏等领域,不为应试,只为开阔我们的视野,培养我们的兴趣,增强我们的素质.我庆幸自己能在这样的一所学校里学习,庆幸自己能遇上汪杰良老师.

用特征矩阵表示椭圆方程[*]

复旦大学附属中学 2014 届　徐嫣然　杜治纬

【摘　要】　本文使用特征矩阵表示椭圆方程并在椭圆方程作旋转、伸缩变换时使用特征矩阵表达,可以发现,椭圆的特征矩阵集中体现了椭圆图形特性.

【关键词】　特征矩阵;椭圆方程;旋转变换;伸缩变换

对于关于实数 x, y 的代数式 $F(x, y) = ax^2 + 2bxy + cy^2 + 2dx + 2ey + f$,若三行三列的实数矩阵 T 使得 $F(x, y) = (x, y, 1)T\begin{bmatrix} x \\ y \\ 1 \end{bmatrix}$ 对任何实数 x, y 都成立,则矩阵 T 称为曲线 C: $F(x, y) = 0$ 的特征矩阵.用特征矩阵表示椭圆所对应的方程 $F(x, y) = 0$,所得到的形式简洁而优美.

1. 用特征矩阵表示椭圆方程

若 $F(x, y) = (x \quad y \quad 1)\begin{bmatrix} a_{11} & a_{12} & a_{13} \\ a_{21} & a_{22} & a_{23} \\ a_{31} & a_{32} & a_{33} \end{bmatrix}\begin{bmatrix} x \\ y \\ 1 \end{bmatrix} = a_{11}x^2 + (a_{12} + a_{21})xy + a_{22}y^2 + $

$(a_{13} + a_{31})x + (a_{23} + a_{32})y + a_{33}$,则圆锥曲线方程的最简特征矩阵

$$A = \begin{bmatrix} a_{11} & a_{12} & a_{13} \\ a_{21} & a_{22} & a_{23} \\ a_{31} & a_{32} & a_{33} \end{bmatrix}.$$

若规定 $a_{11} = \dfrac{1}{a^2}$, $a_{22} = \dfrac{1}{b^2}$, $a_{21} = a_{12} = 0$, $a_{23} = a_{32} = 0$, $a_{13} = a_{31} = 0$, $a_{33} = -1$,则椭圆的标准方程对应的最简特征矩阵

---

*　原载东北师范大学《数学学习与研究》2013 年第 19 期.

$$A = \begin{pmatrix} \dfrac{1}{a^2} & 0 & 0 \\ 0 & \dfrac{1}{b^2} & 0 \\ 0 & 0 & -1 \end{pmatrix}.$$

当 $a > b > 0$ 时,焦点在 x 轴上;当 $b > a > 0$ 时,焦点在 y 轴上.

2. 探究椭圆的两种变换

下面仅以焦点在 x 轴上椭圆的标准方程为例,探讨经过旋转、伸缩变换后,椭圆方程与特征矩阵的联系.

（1）旋转变换

将点 $P(x , y)$ 以 O 为中心按逆时针旋转 θ 后的坐标为 $P'(x' , y')$,则

$$(x' \quad y') = (x \quad y) \begin{pmatrix} \cos\theta & \sin\theta \\ -\sin\theta & \cos\theta \end{pmatrix} = (x\cos\theta - y\sin\theta \quad x\sin\theta + y\cos\theta).$$

那么以 O 为中心逆时针旋转 θ 后的椭圆方程可以表示为矩阵乘积的形式:

$$(x \quad y \quad 1) \begin{pmatrix} \cos\theta & -\sin\theta & 0 \\ \sin\theta & \cos\theta & 0 \\ 0 & 0 & 1 \end{pmatrix} \begin{pmatrix} \dfrac{1}{a^2} & 0 & 0 \\ 0 & \dfrac{1}{b^2} & 0 \\ 0 & 0 & -1 \end{pmatrix} \begin{pmatrix} \cos\theta & \sin\theta & 0 \\ -\sin\theta & \cos\theta & 0 \\ 0 & 0 & 1 \end{pmatrix} \begin{pmatrix} x \\ y \\ 1 \end{pmatrix}$$

$$= (x \quad y \quad 1) \begin{pmatrix} \dfrac{\cos^2\theta}{a^2} + \dfrac{\sin^2\theta}{b^2} & \dfrac{\sin\theta\cos\theta}{a^2} - \dfrac{\sin\theta\cos\theta}{b^2} & 0 \\ \dfrac{\sin\theta\cos\theta}{a^2} - \dfrac{\sin\theta\cos\theta}{b^2} & \dfrac{\cos^2\theta}{b^2} + \dfrac{\sin^2\theta}{a^2} & 0 \\ 0 & 0 & -1 \end{pmatrix} \begin{pmatrix} x \\ y \\ 1 \end{pmatrix}$$

$$= \dfrac{x^2\cos^2\theta + 2xy\sin\theta\cos\theta + y^2\sin^2\theta}{a^2} + \dfrac{x^2\sin^2\theta - 2xy\sin\theta\cos\theta + y^2\cos^2\theta}{b^2} - 1$$

$$= \left(\dfrac{\cos^2\theta}{a^2} + \dfrac{\sin^2\theta}{b^2}\right)x^2 + \left(\dfrac{2\sin\theta\cos\theta}{a^2} - \dfrac{2\sin\theta\cos\theta}{b^2}\right)xy + \left(\dfrac{\cos^2\theta}{b^2} + \dfrac{\sin^2\theta}{a^2}\right)y^2 - 1$$

$$= (x \quad y \quad 1) \begin{pmatrix} \dfrac{\cos^2\theta}{a^2} + \dfrac{\sin^2\theta}{b^2} & \dfrac{\sin 2\theta}{a^2} & 0 \\ -\dfrac{\sin 2\theta}{b^2} & \dfrac{\cos^2\theta}{b^2} + \dfrac{\sin^2\theta}{a^2} & 0 \\ 0 & 0 & -1 \end{pmatrix} \begin{pmatrix} x \\ y \\ 1 \end{pmatrix}.$$

此时的特征矩阵为 $\begin{pmatrix} \dfrac{\cos^2\theta}{a^2} + \dfrac{\sin^2\theta}{b^2} & \dfrac{\sin 2\theta}{a^2} & 0 \\ -\dfrac{\sin 2\theta}{b^2} & \dfrac{\cos^2\theta}{b^2} + \dfrac{\sin^2\theta}{a^2} & 0 \\ 0 & 0 & -1 \end{pmatrix}.$

（2）伸缩变换

设椭圆的标准方程为 $\dfrac{x^2}{a^2} + \dfrac{y^2}{b^2} = 1 (a > b > 0)$.

将 a 伸缩变换为原来的 m 倍，b 伸缩变换为原来的 n 倍（$m, n \in \mathbf{R}, m > 0, n > 0$），当 $m > 1$ 时作伸长变换，当 $0 < m < 1$ 时作缩短变换.

其变换过程用矩阵可以表示为：

$$\begin{bmatrix} m & 0 \\ 0 & n \end{bmatrix} \begin{bmatrix} x \\ y \end{bmatrix} = \begin{bmatrix} mx \\ ny \end{bmatrix}.$$

那么以 O 为中心伸缩后的椭圆方程可以表示为矩阵乘积的形式：

$$(x \quad y \quad 1) \begin{bmatrix} \dfrac{1}{m} & 0 & 0 \\ 0 & \dfrac{1}{n} & 0 \\ 0 & 0 & 1 \end{bmatrix} \begin{bmatrix} \dfrac{1}{a^2} & 0 & 0 \\ 0 & \dfrac{1}{b^2} & 0 \\ 0 & 0 & -1 \end{bmatrix} \begin{bmatrix} \dfrac{1}{m} & 0 & 0 \\ 0 & \dfrac{1}{n} & 0 \\ 0 & 0 & 1 \end{bmatrix} \begin{bmatrix} x \\ y \\ 1 \end{bmatrix}$$

$$= (x \quad y \quad 1) \begin{bmatrix} \dfrac{1}{(ma)^2} & 0 & 0 \\ 0 & \dfrac{1}{(nb)^2} & 0 \\ 0 & 0 & -1 \end{bmatrix} \begin{bmatrix} x \\ y \\ 1 \end{bmatrix}.$$

此时的特征矩阵为 $\begin{bmatrix} \dfrac{1}{(ma)^2} & 0 & 0 \\ 0 & \dfrac{1}{(nb)^2} & 0 \\ 0 & 0 & -1 \end{bmatrix}$.

通过这样的伸缩变换，就可以把椭圆调整成任意大小比例的图形.

我认为没有哪一门科学的服务功能与协调功能能像数学那样高度完善.

——戴维斯$(Davis, E.W.)$

指导教师
点评 5

徐嫣然、杜治纬同学撰写的《用特征矩阵表示椭圆方程》的论文研究了椭圆的两种变换,即旋转变换和伸缩变换的特征矩阵.在此,将讨论椭圆的另一种变换——平移变换.原来文章中徐嫣然和杜治纬同学的研究还有下述问题,由于表述达不到要求或受发表论文的篇幅的限制,故没有将他们的研究全部刊登出来.今在此补充如下:

设 O' 在原坐标系 xOy 中的坐标为 (h, k),以 O' 为原点,以平行于 x 轴、y 轴的直线为 x' 轴、y' 轴建立新坐标系 $x'O'y'$,设平面内任意一点 P 在新坐标系、原坐标系中的坐标分别为 (x', y'),(x, y),则 $x' = x - h$,$y' = y - k$.

$$(x-h \quad y-k \quad 1)\boldsymbol{A}\begin{pmatrix} x-h \\ y-k \\ 1 \end{pmatrix}$$

$$= (x-h \quad y-k \quad 1)\begin{pmatrix} \dfrac{1}{a^2} & 0 & 0 \\ 0 & \dfrac{1}{b^2} & 0 \\ 0 & 0 & -1 \end{pmatrix}\begin{pmatrix} x-h \\ y-k \\ 1 \end{pmatrix}$$

$$= \left(\dfrac{x-h}{a^2} \quad \dfrac{y-k}{b^2} \quad -1\right)\begin{pmatrix} x-h \\ y-k \\ 1 \end{pmatrix}$$

$$= \dfrac{(x-h)^2}{a^2} + \dfrac{(y-k)^2}{b^2} - 1$$

$$= \dfrac{x^2 - 2hx + h^2}{a^2} + \dfrac{y^2 - 2ky + k^2}{b^2} - 1$$

$$= \dfrac{1}{a^2}x^2 + \dfrac{1}{b^2}y^2 - \dfrac{2h}{a^2}x - \dfrac{2k}{b^2}y + \dfrac{h^2}{a^2} + \dfrac{k^2}{b^2} - 1$$

$$= (x \quad y \quad 1)\begin{pmatrix} \dfrac{1}{a^2}x - \dfrac{2h}{a^2} \\ \dfrac{1}{b^2}y - \dfrac{2k}{b^2} \\ \dfrac{h^2}{a^2} + \dfrac{k^2}{b^2} - 1 \end{pmatrix}$$

$$= (x \quad y \quad 1) \begin{pmatrix} \dfrac{1}{a^2} & 0 & -\dfrac{2h}{a^2} \\ 0 & \dfrac{1}{b^2} & -\dfrac{2k}{b^2} \\ 0 & 0 & \dfrac{h^2}{a^2}+\dfrac{k^2}{b^2}-1 \end{pmatrix} \begin{pmatrix} x \\ y \\ 1 \end{pmatrix}$$

$$= (x \quad y \quad 1) \begin{pmatrix} \dfrac{1}{a^2} & 0 & -\dfrac{h}{a^2} \\ 0 & \dfrac{1}{b^2} & -\dfrac{k}{b^2} \\ -\dfrac{h}{a^2} & -\dfrac{k}{b^2} & \dfrac{h^2}{a^2}+\dfrac{k^2}{b^2}-1 \end{pmatrix} \begin{pmatrix} x \\ y \\ 1 \end{pmatrix},$$

则此时的特征矩阵为
$$\begin{pmatrix} \dfrac{1}{a^2} & 0 & -\dfrac{2h}{a^2} \\ 0 & \dfrac{1}{b^2} & -\dfrac{2k}{b^2} \\ 0 & 0 & \dfrac{h^2}{a^2}+\dfrac{k^2}{b^2}-1 \end{pmatrix}.$$

对称化后形式为
$$\begin{pmatrix} \dfrac{1}{a^2} & 0 & -\dfrac{h}{a^2} \\ 0 & \dfrac{1}{b^2} & -\dfrac{k}{b^2} \\ -\dfrac{h}{a^2} & -\dfrac{k}{b^2} & \dfrac{h^2}{a^2}+\dfrac{k^2}{b^2}-1 \end{pmatrix}.$$

我们完整地看到了这三种变换的用特征矩阵表示的椭圆方程. 这篇论文给我们的启示: 随意翻翻高等数学的有关书籍, 联系我们所学的知识, 将一般问题特殊化, 即可写出一篇蛮有价值的数学论文.

合作研究兴趣大

徐嫣然

由于高考的压力，起初我对选修课是不大重视的，直到选修了汪杰良老师的"数学研究"课程. 只需要听一节汪老师的数学课，你就会被深深感染，因为他无疑拥有一个因热爱数学而奔腾澎湃的灵魂.

他的课堂是趣味盎然的，数学公式不再是枯燥的字母组合或繁复的推演，伟大数学家的智慧人生和传奇故事化成的精美画卷在你面前缓缓展开. 他善于启发学生，循循善诱，被启发的学生们渐渐摆脱"数学只是有关数字的科学"这一旧观念的误导. 他引领我们感悟到数学是贯穿于我们大部分生活的、不可分割的一部分，而数学研究则是一种兴旺而无处不在的活动. 在他的课堂上，学生们被鼓励去无顾忌地亲身尝试一些思考与研究. 尽管最初思维的火光总是粗拙而模糊的，汪老师却善于发现这些火光，并鼓励我们把它变成明亮的火焰. 汪老师常在课后与我们共同探讨课题，为我们指明研究的方向. 就这样，学生们在不断地进步，在一次又一次的探讨与研究的过程中，稍纵即逝的思维闪光逐渐变成真正有价值的清晰表达.

只有通过不断地观察与发现，创造性思维才得以培养，探究数学奥秘的好奇心才得以生发，数学王国的美才得以被窥见，这都是我们仅单纯学习书本、学习前人经验所不能得到的.

在现在的高中数学课本中，很多知识点之间是没有多少交集的. 同学们所熟知的是在笛卡尔坐标系中的圆锥曲线，便很容易把它误解为唯一的表达方式，直到之后的参数方程和极坐标方程拓宽了我们的视野. 可有时在我的心中，仍会有这样的疑问出现：是否还可以运用其他方法研究圆锥曲线问题？

在一个偶然的机会——高二上学期的期末考试中，有一道关于矩阵表示圆锥曲线的试题. 这种表达形式能很好地表现曲线的特征，同时又简洁直观. 但试题意在考察学生矩阵的运算，浅尝辄止，没有继续研究.

我当时刚好与同上"数学研究"课程的杜治纬同学组成了一个共同研究数学问题的小团队，我们两人都认为这道题所提出的概念是可以探讨下去的. 没过多久，这个团队的第一个小课题便被确定了下来——用特征矩阵表示圆锥曲线.

我们很快与汪老师交流了想法，他一方面肯定了这个课题，另一方面鼓励我们把想法付诸实践.

去图书馆查阅相关书籍,对这个课题有了一定了解后,我们便开始着手研究.主要研究对象是椭圆与双曲线的特征矩阵,以及平移、伸缩、旋转变换后的形式.一周之后,初稿便完成了.

在初次修改后,汪老师便让我们打一份电子稿,要求用数学语言书写,遵循论文书写格式.在这里不得不说的是,论文与我所接触过的其他文体实在是有很大的差距.论文中无需修辞描写、含糊其辞的艺术元素来吸引观众;书写论文要像照相一般精确——用最朴素语言表达那些本身就存在、等待人们发现的概念——这种精确与数学本身的逻辑性是相一致的;在书写论文的过程中,与智慧、灵感、优美的文笔相比,耐心可能更重要.

在把文字稿录入电脑这一步骤中花了我们不少时间,这一份论文是由我负责录入电脑的.由于这是我第一次使用数学公式编辑器,对一些输入方式并不是十分熟练,公式编辑器版本又较低,在输入矩阵时,时常出现符号移位、行间距改变的错误.最后有一些的行间距实在是无法调整,只能把每个符号都作成图片格式,鼠标拖动对齐.初稿只有 5 页左右,录入却花了很长的时间.第二天一早打印出来后,我们就把它交给了汪老师.

不久之后,汪杰良老师便联系我们,他已经对论文进行了修改,想给我们当面指点一下.到见面看到了我们那篇论文时,我不免有些惊讶,那白纸铅字上已覆盖了很多的红笔印迹.因是第一次写论文,有很多不甚规范之处,汪老师都不厌其烦地仔细改过了,细微到标点符号和断句.在和我们讨论如何修改时,他手中的笔仍然没有歇息,他皱起眉——琢磨、增删、推敲——直至完美.修改过程中的一个个细节,都令我们印象深刻.在单独一行的矩阵中间是否要加逗号这个"小"问题上,汪杰良老师就与我们讨论了很久,再三确认,最终决定按照教材的书写规范使用空格.

上面只是我们数次修改论文中的第一次,这篇文章的修改不知花了我们多少时间."那需求的完善的形式,总是在列举种种似是而非的形式之后才会发现."此刻,我才真正明白这句话的含义.是啊,任何事物的演变都要经历一个漫长的过程,很少像熔铁这样,一下子迸射出来便细致严密.

现在再次回想这一系列写作经历,我想,如此反复多次,让我们从对学术论文写作一无所知,到终于能写出像样的论文稿件,并在数学研究类期刊上发表,这一过程中汪老师也付出了不少心血.可以这样说,汪杰良老师一丝不苟、认真负责的态度是给了我们最大影响的.

这就是我人生中第一篇论文的写作过程,这对我的影响究竟会有多深远,我无法预计,但可以肯定的是,它点燃了我对数学研究的热情,更激发了我欲探求奥秘无穷数理世界的勃勃雄心.

三角形面积公式之间的联系*

复旦大学附属中学 2014 届 李佳颖

大家最为熟悉的三角形的面积公式有 $S = \frac{1}{2}ah_a$ 及 $S = \frac{1}{2}ab\sin C$，其实三角形的面积公式有多种表达形式，下面给出几个高中阶段常用的三角形面积公式的证明以及它们之间的联系．

为表达方便，先给出字母和符号的意义：$\triangle ABC$ 中，a，b，c 分别为 A，B，C 所对应的边，记 h_a，h_b，h_c 分别为 a，b，c 上的高，R 为 $\triangle ABC$ 外接圆半径，r 为 $\triangle ABC$ 内切圆半径，p 为半周长，S 为 $\triangle ABC$ 的面积．

公式 1 $S = \frac{1}{2}ah_a = \frac{1}{2}bh_b = \frac{1}{2}ch_c$．

公式 2 $S = \frac{1}{2}ab\sin C = \frac{1}{2}bc\sin A = \frac{1}{2}ca\sin B$．

公式 3 $S = \dfrac{abc}{4R}$．

证明 由公式 2：$S = \frac{1}{2}ab\sin C$，再由正弦定理将 $\sin C = \dfrac{c}{2R}$ 代入，

$$S = \frac{1}{2}ab\,\frac{c}{2R} = \frac{abc}{4R}.$$

公式 4 $S = 2R^2 \sin A\sin B\sin C$．

证明 由公式 2：$S = \frac{1}{2}ab\sin C$，再由正弦定理可得

$$S = 2R^2 \sin A\sin B\sin C.$$

由公式 2 结合余弦定理，可推出海伦公式．

公式 5 $S = \sqrt{p(p-a)(p-b)(p-c)}$．

证明 由公式 2：$S = \frac{1}{2}ab\sin C = \frac{1}{2}ab\sqrt{1-\cos^2 C}$．

---

* 原载中国数学会、首都师范大学《中学生数学》2013 年第 10 期．

再由余弦定理 $\cos C = \dfrac{a^2+b^2-c^2}{2ab}$，将之代入则可得

$$
\begin{aligned}
S &= \frac{1}{2}ab\sqrt{1-\left(\frac{a^2+b^2-c^2}{2ab}\right)^2} \\
&= \frac{1}{2}ab\sqrt{\left(1-\frac{a^2+b^2-c^2}{2ab}\right)\left(1+\frac{a^2+b^2-c^2}{2ab}\right)} \\
&= \frac{1}{2}ab\sqrt{\frac{c^2-(a-b)^2}{2ab}\times\frac{(a+b)^2-c^2}{2ab}} \\
&= \sqrt{\frac{a+b+c}{2}\times\frac{a+b-c}{2}\times\frac{b+c-a}{2}\times\frac{c+a-b}{2}} \\
&= \sqrt{p(p-a)(p-b)(p-c)}.
\end{aligned}
$$

公式 6 $S = pr$.

证明 设 $\triangle ABC$ 的内切圆半径为 r，圆心为 O. 圆 O 与 AB，BC，CA 边分别切于 D，E，F，如图 1，则

$$
\begin{aligned}
S &= S_{\triangle BOC}+S_{\triangle COA}+S_{\triangle AOB} \\
&= \frac{a+b+c}{2}\cdot r = pr.
\end{aligned}
$$

由公式 6 结合正弦定理可得到公式 7.

公式 7 $S = Rr(\sin A + \sin B + \sin C)$.

由公式 7 结合三角函数中的和差化积，可得到公式 8.

公式 8 $S = 4Rr\cos\dfrac{A}{2}\cos\dfrac{B}{2}\cos\dfrac{C}{2}$.

证明 由公式 7：$S = Rr(\sin A + \sin B + \sin C)$.

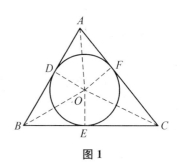

图 1

$$
\begin{aligned}
\text{而 } \sin A + \sin B + \sin C &= 2\sin\frac{A+B}{2}\cos\frac{A-B}{2}+2\sin\frac{C}{2}\cos\frac{C}{2} \\
&= 2\cos\frac{C}{2}\cos\frac{A-B}{2}+2\sin\frac{C}{2}\cos\frac{C}{2} \\
&= \left(2\cos\frac{C}{2}\right)\left(2\cos\frac{A}{2}\cos\frac{B}{2}\right) \\
&= 4\cos\frac{A}{2}\cos\frac{B}{2}\cos\frac{C}{2}.
\end{aligned}
$$

代入得：

$$
S = 4Rr\cos\frac{A}{2}\cos\frac{B}{2}\cos\frac{C}{2}.
$$

以上揭示了 8 个常用的三角形面积公式之间的内在联系，深感用联系的观点去看数学，的确就会发现许多令人欣喜的结果.

数学知识对于我们来说，其价值不只是由于它是一种有力的工具，同时还在于数学自身的完美．在数学内部或外部的展开中，我们看到了最纯粹的逻辑思维活动，以及最高级的智能活力的美学体现．

——培根勋爵($Bacon, Lord$)

指导教师点评6

　　李佳颖同学撰写的《三角形面积公式之间的联系》的论文选题来自我上"数学研究"选修课布置的几道课外思考题中的一道．李佳颖同学通过知识梳理，将熟知的三角形面积公式不断变形，以正弦定理为工具，找到大家熟悉或不熟悉的一系列三角形面积公式之间的联系．这种总结归纳非常重要，如果数学仅是"刷题"的话，匆匆而过就看不到数学的美景，正如中国科学院院士、复旦大学数学研究所所长洪家兴教授在 2010 年 5 月 1 日所言："很难想象完全靠着复习提纲和题库，没有起码的自我梳理和反思，走完了十二年中小学学习历程的一代学生，在未来的大学学习和工作中会有创新思维，更不用说有创新的能力，如何脚踏实地地变'应试教育'为'素质教育'是当前我国中长期教育规划必须解决的问题．"

　　李佳颖同学在数学竞赛中获得多项奖励：如她分别获得 2013 年全国高中数学联赛上海赛区一等奖、2013 年上海市高三数学竞赛(新知杯)一等奖、第十二届全国女子数学奥林匹克竞赛全国第一名、2013 年中国数学奥林匹克竞赛二等奖等．难能可贵的是，作为一位获得许多荣誉的数学竞赛的尖子，她仍然认真报名上"数学研究"选修课并有数学论文发表，这种挑战自我、追求卓越的精神是值得我们学习的．当然如果我们善于思考，还可以在李佳颖同学的文章之外发现更多美妙的三角形面积公式．

数学小论文的写作过程及感受

李佳颖

读高二时,我报名参加了汪杰良老师的"数学研究"选修课. 第一节课上,汪老师就给我们讲了数学研究这门课程的要求:不仅仅是要给我们讲数学知识,还要培养我们对数学的兴趣,完成一篇数学小论文的写作,争取发表在《中学生数学》《数理天地》等知名刊物上.

作为一个理科班的学生,我从小就对数学有着浓厚的兴趣,不仅数学成绩在班中名列前茅,还获得过不少数学竞赛奖项:2013 年全国高中数学联赛一等奖、2013 年上海市新知杯高三数学竞赛一等奖、2012 年(第十一届)中国女子数学奥林匹克一等奖、2013 年(第十二届)中国女子数学奥林匹克一等奖、2013 年(第二十九届)中国数学奥林匹克二等奖等. 然而,我却从未尝试过写作数学小论文,更别提发表出来了. 所以,我起初听到汪老师的要求时,并没有很大的信心去完成.

在接下来的课上,汪老师给我们介绍了一些数学的历史,比如无理数的发现、笛卡尔坐标系的发明、微积分的发明等,增加了我们对数学的了解. 汪老师还给我们讲了不少数学解题思想和方法. 这些方法大都来源于课本,却又高于课本,比如第二数学归纳法、反向数学归纳法、求数列通项中的三角代换法、求高阶线性递推方程的特征根法. 这些方法有很大的灵活性,汪老师在给我们讲完方法后,列举了若干个应用这些方法解题的例子,使我们能够更好地掌握它们.

汪老师在课后会给我们布置思考题,有时候是公式的证明,有时候是用课上讲的方法去解题. 有一次,我们的回家作业是若干个三角形面积公式的证明. 我完成证明并交给老师后,他启发我说:"有时候,把一些看似平常的公式整理起来,就是一篇不错的数学小论文."这让我想起了汪老师课上常用到的联系的思想. 的确,这些三角形的面积公式是大家都熟悉的,但是,我可以找到它们之间的联系,从其中的一个出发,依次推出其他的公式. 于是,我首先列出了以下几个常用的三角形面积公式:

公式 1:$S = \dfrac{1}{2}ah_a = \dfrac{1}{2}bh_b = \dfrac{1}{2}ch_c$.

公式 2:$S = \dfrac{1}{2}ab\sin C = \dfrac{1}{2}bc\sin A = \dfrac{1}{2}ca\sin B$.

公式 3:$S = \dfrac{abc}{4R}$.

公式 4：$S = 2R^2 \sin A \sin B \sin C$.

公式 5（海伦公式）：$S = \sqrt{p(p-a)(p-b)(p-c)}$.

公式 6：$S = pr$.

公式 7：$S = Rr(\sin A + \sin B + \sin C)$.

公式 8：$S = 4Rr \cos \dfrac{A}{2} \cos \dfrac{B}{2} \cos \dfrac{C}{2}$.

（字母和符号的意义：$\triangle ABC$ 中，a，b，c 分别为 A，B，C 所对应的边，记 h_a，h_b，h_c 分别为 a，b，c 边上的高，R 为 $\triangle ABC$ 外接圆半径，r 为 $\triangle ABC$ 内切圆半径，p 为半周长，S 为 $\triangle ABC$ 的面积.）

接下来，我研究了这些公式之间的联系，得出以下结论：

由公式 2 结合正弦定理，可以推出公式 3 和公式 4.

由公式 2 结合余弦定理，可以推出公式 5（海伦公式）：$S = \sqrt{p(p-a)(p-b)(p-c)}$.

由公式 6 结合正弦定理可得到公式 7：$S = Rr(\sin A + \sin B + \sin C)$.

由公式 7 结合三角函数中的和差化积，可得到公式 8：$S = 4Rr \cos \dfrac{A}{2} \cos \dfrac{B}{2} \cos \dfrac{C}{2}$.

在找到这 8 个常用的三角形面积公式之间的内在联系后，下一步就是要把它们表达出来. 一开始，我只是简单地把这 8 个公式列出来，并在后面附上它们之间的联系. 后来，在汪老师的指导下，我在公式后附上了证明，并在一个公式的证明结束后说明如何由它推出另一个公式. 在文章的开始，我还解释了字母和符号的意义. 这样，文章就能够更加严谨，更加有逻辑. 在按照汪老师的意见又进行了一些细节上的润色后，我把这篇文章命名为《三角形面积公式之间的联系》，并向《中学生数学》投稿.

等待的过程是漫长的，也是忐忑的. 然而，当我获知文章在 2013 年 10 月的《中学生数学》上发表时，我的心情是激动的. 因为这是我第一次写数学小论文，第一次成功发表文章. 当然，我的文章能够成功发表离不开老师的指导. 而我也希望能有更多的同学尝试写作数学小论文，这是一个发挥自己聪明才智的机会，是一个表达自己的平台. 用联系的观点去看数学，就会发现许多新的令人欣喜的结果.

相似椭圆系的若干性质[*]

复旦大学附属中学 2014 届　姚　源

类似相似椭圆的定义[1,2]，笔者给出相似椭圆系的定义.

定义　对于中心相同，离心率也相同的 n 个椭圆，其方程如下：

$$C_1: \frac{x^2}{a^2} + \frac{y^2}{\lambda^2 a^2} = 1, \ C_2: \frac{x^2}{\lambda^2 a^2} + \frac{y^2}{\lambda^4 a^2} = 1, \cdots, C_n: \frac{x^2}{\lambda^{2(n-1)} a^2} + \frac{y^2}{\lambda^{2n} a^2} = 1,$$

其中 $0 < \lambda < 1$，$a > 0$，即第 i 个椭圆的短轴长等于第 $i+1$ 个椭圆的长轴长（$i < n$，i，$n \in \mathbf{N}^*$），则称这 n 个椭圆为相似椭圆系. 其中，称 λ 为此相似椭圆系的相似比（如图 1）.

相似椭圆有如下性质：

性质　从原点向外引一条射线，在第一象限交相似椭圆系 C_1，C_2，$\cdots$，C_n 于点 A_1，A_2，$\cdots$，A_n，过点 A_1，A_2，$\cdots$，A_n 分别作相应椭圆的切线 l_1，l_2，$\cdots$，l_n（如图 2），l_i 交椭圆 C_{i-1} 于点 P_i，Q_i，弦 $P_i Q_i$ 的长为 t_i，其中 $i = 2, 3, \cdots, n$，则

(1) $l_1 \parallel l_2 \parallel \cdots \parallel l_n$；

(2) A_i 平分弦 $P_i Q_i$；

(3) 数列 t_2，t_3，$\cdots$，t_n 成等比数列.

证明　(1) 设 k_i 为直线 l_i 的斜率，椭圆 C_1 上点 A_1 的离心角为 θ，则 $A_1(a\cos\theta, \lambda a \sin\theta)$，$A_2(\lambda a \cos\theta, \lambda^2 a \sin\theta)$，$\cdots$，$A_n(\lambda^{n-1} a\cos\theta, \lambda^n a \sin\theta)$，从而

$$l_1: \frac{a\cos\theta}{a^2} x + \frac{\lambda a \sin\theta}{\lambda^2 a^2} y = 1, \text{即 } k_1 = -\lambda\cot\theta.$$

$$l_2: \frac{\lambda a \cos\theta}{\lambda^2 a^2} x + \frac{\lambda^2 a \sin\theta}{\lambda^4 a^2} y = 1, \text{即 } k_2 = -\lambda\cot\theta.$$

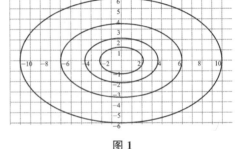

图 1

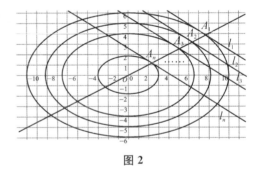

图 2

---

[*]　原载浙江师范大学《中学教研（数学）》2013 年第 10 期.

......

$$l_n: \frac{\lambda^{n-1}a\cos\theta}{\lambda^{2(n-1)}a^2}x + \frac{\lambda^n a\sin\theta}{\lambda^{2n}a^2}y = 1, \text{即 } k_n = -\lambda\cot\theta.$$

因此 $k_1 = k_2 = \cdots = k_n$，故 $l_1 \parallel l_2 \parallel \cdots \parallel l_n$.

（2）设 P_i，Q_i 的横坐标分别为 x_{i_1}，x_{i_2}，则

$$\begin{cases} \dfrac{\lambda^{i-1}a\cos\theta}{\lambda^{2(i-1)}a^2}x + \dfrac{\lambda^i a\sin\theta}{\lambda^{2i}a^2}y = 1, & ① \\[2mm] \dfrac{x^2}{\lambda^{2(i-2)}a^2} + \dfrac{y^2}{\lambda^{2(i-1)}a^2} = 1. & ② \end{cases}$$

由式①，得

$$y = \frac{1 - \dfrac{\cos\theta}{\lambda^{i-1}a}x}{\dfrac{\sin\theta}{\lambda^i a}} = \frac{\lambda^i a - \lambda x\cos\theta}{\sin\theta} = \lambda^i\frac{a}{\sin\theta} - \lambda x\cot\theta, \qquad ③$$

将式③代入式②，得

$$(1 + \cot^2\theta)x^2 - 2\lambda^{i-1}\frac{\cos\theta}{\sin^2\theta}ax + \lambda^{2(i-1)}\frac{a^2}{\sin^2\theta} - a^2\lambda^{2(i-2)} = 0, \qquad ④$$

从而 $\dfrac{x_{i_1} + x_{i_2}}{2} = \dfrac{\lambda^{i-1}\dfrac{\cos\theta}{\sin^2\theta}a}{1 + \cot^2\theta} = \lambda^{i-1}a\dfrac{\dfrac{\cos\theta}{\sin^2\theta}}{\dfrac{1}{\sin^2\theta}} = \lambda^{i-1}a\cos\theta.$

因此点 A_i 为弦 P_iQ_i 的中点，即点 A_i 平分弦 P_iQ_i.

（3）由式④知

$$\begin{aligned} \Delta_i &= \left(2\lambda^{i-1}a\frac{\cos\theta}{\sin^2\theta}\right)^2 - 4(1+\cot^2\theta)\left[\lambda^{2(i-1)}\frac{a^2}{\sin^2\theta} - \lambda^{2(i-2)}a^2\right] \\ &= 4\lambda^{2(i-1)}a^2\frac{\cos^2\theta}{\sin^4\theta} - \frac{4}{\sin^2\theta}\lambda^{2(i-2)}a^2\left[\frac{\lambda^2}{\sin^2\theta} - 1\right] \\ &= \frac{4\lambda^{2(i-2)}a^2}{\sin^4\theta}(\lambda^2\cos^2\theta - \lambda^2 + \sin^2\theta), \end{aligned}$$

当 $i = 3, 4, \cdots, n$ 时，

$$\frac{t_i}{t_{i-1}} = \frac{\dfrac{\sqrt{k_i^2+1}\sqrt{\Delta_i}}{1+\cot^2\theta}}{\dfrac{\sqrt{k_{i-1}^2+1}\sqrt{\Delta_{i-1}}}{1+\cot^2\theta}} = \frac{\sqrt{\Delta_i}}{\sqrt{\Delta_{i-1}}}$$

$$= \frac{\sqrt{\dfrac{4\lambda^{2(i-2)}a^2}{\sin^4\theta}(\lambda^2\cos^2\theta - \lambda^2 + \sin^2\theta)}}{\sqrt{\dfrac{4\lambda^{2(i-3)}a^2}{\sin^4\theta}(\lambda^2\cos^2\theta - \lambda^2 + \sin^2\theta)}} = \lambda, \text{为一非零常数.}$$

因此数列 t_2，t_3，$\cdots$，t_n 成等比数列，且公比为 λ.

参考文献

［1］姜坤崇. 相似椭圆性质又探[J]. 数学通讯，2011(8).

［2］姚源. 相似椭圆系的一组性质[J]. 上海中学数学，2013(6).

纯数学的学习和研究,作为推理能力的训练而言,则是再好没有的.因为数学推理是一种纯粹的逻辑推理,所以不会受武断的影响.数学的优越之处在于一旦开始研究了某一事物,便能在智力练习中对事物进行分解与组合.

——渥特雷(Whately, R.)

指导教师点评7

姚源同学撰写的《相似椭圆系的若干性质》与《相似椭圆系的一组性质》是姐妹篇系列论文.

本文研究了相似椭圆系切线的性质,关于圆锥曲线的切线,除圆以外,中学里一般是不讲的.此文将相似椭圆系、平行直线系结合在一起,研究了椭圆系中一些点的一系列切线的性质,如平行、点平分弦等性质.

我发现不少教学参考书中出现了有关椭圆切线的题目,如:当 k 为何值时直线与椭圆只有一个交点?关于此问题不少同学在解题中就类比运用圆的切线,通常将椭圆方程与直线方程联立,根据一元二次方程根的判别式为零求出了结果.但当 k 为何值时,直线与双曲线只有一个交点,用此方法就会出现错误,对抛物线也是如此.这要讲解一般曲线的切线的概念,才能正确运用圆锥曲线的切线的定义.

再试数学研究

姚 源

　　出于个人对数学的热爱以及汪杰良老师选修课程的启发,我在高一年级撰写了数学论文《正多面体棱上点的个数研究》,而后投稿发表于东北师范大学的《数学学习与研究》杂志上.这是我第一次有幸能够将自己的学术研究成果发表于省级专业刊物之上,在欣喜的同时,我也在思考自己对于数学的理解.

　　在学习完半学期的"数学欣赏"课程之后,我对于数学的态度已经不再是仅仅沉浸于刷题的即时快感与一味追求学科成绩的优异,而是开始用一种美学的欣赏眼光去看待它.在我的心中,数学精炼严谨的语言与符号算式已俨然成为一幅美丽的风景画,只要我们抱着一颗虔诚的心去瞻仰它,我们的脑海中就会时常闪现智慧的灵光,泛起思维的浪花,获得对于同一个问题另一角度的理解.这是一个探索发现的历程,好似我们恬然地在数学世界中游山玩水,突然在我们的眼前出现了如同仙境一般的美景,深深地将我们吸引,我们的心不由自主地指引我们向前探索,这是一个多么美妙的过程啊!

　　我就这样陶醉于数学研究与探索之中.

　　于是,我想接着数学学术研究的台阶拾级而上,去观赏属于自己的学术"美景".高二,我继续选修了汪杰良老师的"数学研究"课程.这门课程较"数学欣赏"更加深入地剖析问题,以点带面地思考问题,作出自己的数学研究成果.在课上老师从完全不同于课本的角度向我们介绍数学知识,比如"不等式链",从调和平均值、几何平均值、算术平均值、平方平均值这四个值的不等关系体现不等式链的美妙;"三角形面积公式",老师将他自己的尚未发表的研究成果毫不保留地向我们展示,由最简单的面积公式,接着结合正弦定理、余弦定理、海伦公式等延伸出二三十个数学公式.在短短的两节课时间内,我们看到了这么多公式的证明,不禁让我们对于数学的魅力而心动,自己也似乎跃跃欲试,想要作出自己的研究成果.

　　研究的课题灵感虽然不是能够精确把握的,但是在不断地思维欣赏与研究中,机会总是会来的.在老师教授"黄金椭圆"(离心率为黄金分割数)时,给出了黄金椭圆的诸多性质,十分巧妙.而我对这些个椭圆的性质产生了比较浓厚的兴趣,打算进一步深入研究.此时一个神奇的想法闪过我的脑海,这些黄金椭圆都是相似椭圆.正是因为它们是"相似椭圆",才使得大小不一的椭圆有了共性.于是,我就准备对"相似椭圆"的性质作研究.同时,我又联想到相似三角形,一个个相似三角形镶嵌在一起,互相迭代,形成一张眼花缭乱的图形.此时,我突然又想到了直线系的概念,脑海中又出现一个疑问,为什么没有相似椭圆系,那些离心率相同,而每个椭圆的长轴的长均成等比数列的椭圆系呢?我越想越感到这个椭圆系的神奇与奥妙,想迫不及待地开始研究它的性质.然而,我遇到了一个巨大的问题,相似椭圆的概念课本中是没有涉及的,如何用数学的语言表达研究相似椭圆对于我而言是一个很大的障碍.于是,我将自己的想法与汪老师进行探讨.他听了我的想法,对我的跳跃性联想十分感兴趣,建议我去查阅一些有关相似椭圆的论文.在他的指导下,我找到了一些相关论文,并初步了解了那些学者的定义方式.老师指出我研究的必备工作就是要自行定义相似椭圆及相似椭圆系.而后者在诸多论文中都没有出现过这个概念,换而言之,这可能是我的首创.我顿时受宠若惊,既欣喜自己有了独到的学术发现,但同时也有些畏惧,担心凭借自己的能力去定义一个崭新的概念会发生不严谨与疏漏的情况.然而,汪老师却鼓励我自行阅读论文与相关的书籍,去学习数学定义的规范语言.在老师的指导与个人的努力下,经过多次修改,我以严谨的数学语言对于相似椭圆系作出了比较完整的定义.

在此过程中,我感受到数学语言的精确性与单义性.数学的语言致力于言简意赅地表达数学概念,以最清晰、深刻的方式展现新定义.这需要反复推敲文字以及符号,使得概念完全没有歧义.这是一种对于语言表达的深度锤炼,是一种数学精致美感的体现.数学语言的正确使用使我们对于数学这门纯推理学科的逻辑美感有了更加深的认识.

在完成了相似椭圆系的定义之后,我开始对这个新定义的概念——相似椭圆系的性质进行探究.首先我写出了这些相似椭圆方程的通项,接着我对于椭圆的一些基本要素进行了研究,求出了它们的通项公式,比如焦点坐标、准线方程、焦点弦方程和椭圆面积等.而对于椭圆面积的研究则涉及了高等数学中微积分的内容,然而之前我完全没有接触到这个知识点.于是,我自己在图书馆中查阅相关微积分的书籍,并自学了一部分微积分的知识,遇到不理解的地方就反复思考,并与老师一起探讨.接着我对椭圆的面积公式进行了推导.同时,我也上网查找相关的证明作为参考,并且学习微积分的表达规范,以此来确保论文的正确性与规范性.

在完成了自己的初稿之后,我又与汪老师进行了多次探讨,他向我提出了论文的不完善之处,经过多次修改,《相似椭圆系的一组性质》这篇数学论文就这样诞生了.看着自己高中时代第二篇数学论文,我感到十分自豪.同时,对于数学严谨的表达有了更加深刻的理解,也增添了我对数学研究的浓厚兴趣.而在这次论文的撰写过程中,我还学会了这种自己自发地去了解一些未知的领域的学习模式,通过在图书馆借阅书籍、网上查找等一切途径去补充自己的学养,来完成对于课题的研究.这是一种完全能动的学习方式,我想这样的经历不仅对于我的数学学习有很大的帮助,而且对于我在其他方面的发展也有着启示作用.凭借着自己对于知识的渴望与研究的兴趣,去涉猎那些超越课本范围之外的深奥内容,从某种意义上来说,这才是最高效的学习方法.而自学深奥知识的过程就好似一个人漫步在深幽的山谷之中,身边仙气缭绕,四处均是令人陶醉的美景,需要我们细细品味才能够寻得其中的真意.所以在不知不觉中,我感受到了数学研究带给我的美感,其独特的艺术气息是无法替代的.而正是它令人狂热的美吸引着我,让我着迷,并不由自主地继续去学习、去探索、去研究.

然而,对于已经完成的这篇论文,我似乎感到还不够完美与深刻. 相似椭圆系的奇妙性质还远远不止这些,它的美还不局限于此. 我在内心的驱使下继续对它进行进一步的研究. 虽然在这过程中考察了很多问题,但是在有些问题上并没有找到比较有价值的结论. 而在其切线问题上我找到了一些共性,于是我对于切线系展开了深入探索. 但是,椭圆的切线方程高中课本也未涉及. 我先是用初等的方法来推导,接着借阅相关书籍,了解其微积分的证明方法,最终作出了相应的性质结论. 接着,我又想到相似椭圆系中会不会有我们数学的相似三角形系? 我顺着自己的联想再次进行了深入探究,也发现了其中的规律.

经过整理与多次修改,我终于完成了第三篇论文《相似椭圆系的若干性质》,这是对于相似椭圆系性质的深入研究,是基于第二篇论文的再次探索. 从中我感受到了数学家们对于同一个问题再次探索时的乐趣与魅力. 数学的发展不仅有横向的新领域发现,更有对于课题纵向深度思考的思维意识.

在汪老师的指引下,我成功将两篇论文分别发表于《上海中学数学》与《中学教研》杂志上.

有许多人会问我为什么会坚持撰写数学论文,毕竟学术研究对于一个高中生来说比较深奥,并且要达到论文发表水平是十分不容易的,同时这也是一个枯燥的过程. 我却不这么认为,首先撰写数学论文并不是一个乏味的过程,思考的过程是充满着智慧与挑战的. 对于问题的猜想与证明凝结着我思想的结晶,这种开放性的研究使得我能够由自己的课题拓展开去,由逻辑推理来得到自己研究的成果,这是一个令人激动的过程. 虽然研究过程中会遇到困难,但是,困难的出现也使得问题变得更加具有挑战性,从而使它变得更加有趣,更值得我去思考与探索. 所以,我在思考中感受到思维的乐趣、数学的艺术性. 我将其作为一种兴趣来看待,不仅不会感到无趣,相反,这其中的魅力使得我着迷. 所以,我不由自主地继续去思考未知世界的谜题,拾起数学沙滩上的五彩贝壳.

而在撰写数学论文的过程中,我感受到它不仅使得我对数学的理解更加深入,更重要的是在此过程中,我逐渐养成了一种以研究探索的角度去看待问题的思维方式. 在其他学科的学习中,我开始关注题目背后的思想. 对于一个小问题,发散性地思考它与其他思想的联系,以点带面地去审视类似问题,同时不拘泥于这个单一的问题,而是深入地去研究这一类问题的性质,从而找到它们之间的共性. 这在其他理科中也能够有广泛应用.

就本质而言,撰写论文是一种展现研究性结果的过程,很难以高中标准化、批量生产式的教学模式去复制它,这需要我们自主的创新能力与实践解决问题的能力. 在这过程中可能会出现现有的知识储备不能满足我们的需求的状况,这时,我们必须自主地去了解更加高深的知识体系,学习更加高级的知识,如数学中的微积分、大学物理中的流体力学等,这是一种接近大学生甚至研究生的学习方式. 以这种方式培养的学生,有利于成为复合型创新人才.

作为复旦附中创新班的一员,我深刻感受到创新与发散性思维在我们青少年的学习生活中的重要地位. 对于处在产业结构转型期的中国而言,注入创新的活力是必要的举措,然而,这就需要大量的创新性人才. 深入的学术研究培养了我们对于学术的渴望、对于事物发散性思考的能力,这就为我们的未来发展奠定了创新的基础.创新不是知识,能够被填鸭式地传授,而是作为一种精神品质,在不知不觉中,体现在我们的一举一动以及对于问题的思考方式上."冰冻三尺,非一日之寒;滴水穿石,非一日之功."我相信我们现在这样撰写出的一篇篇看似稚嫩的论文,虽然是我们的数学浅试,但是它们对我们创新思想的影响与改变应当是巨大的.它们作为我们创新学术的启蒙,一生难忘.

数学研究,使得我体会到数学的艺术性,沉浸于学术的探索,感受到创新思维的魅力.我由衷地感谢汪老师能够将我领入这神圣的学术殿堂,带领我在这片净土中自由飞奔与追逐.

利用构造函数法求一类复杂数列的和[*]

复旦大学附属中学 2014 届　童鑫来

错位相减法是数列求和中的一项常见方法,例如:数列 $\{a_n\}$ 中,当 $a_n = 2^n \cdot n$ 时,求 $\sum\limits_{k=1}^{n} a_k$.

解　$\sum\limits_{k=1}^{n} a_k = 2^1 \cdot 1 + 2^2 \cdot 2 + 2^3 \cdot 3 + \cdots + 2^n \cdot n.$　　　①

$2\sum\limits_{k=1}^{n} a_k = 2^2 \cdot 1 + 2^3 \cdot 2 + \cdots + 2^n \cdot (n-1) + 2^{n+1} \cdot n.$　　　②

由①,②得

$$\sum\limits_{k=1}^{n} a_k = -2^1 - 2^2 - 2^3 - \cdots - 2^n + 2^{n+1} \cdot n = -\frac{2(2^n - 1)}{2 - 1} + 2^{n+1} \cdot n = 2^{n+1}(n-1) + 2.$$

但若数列 $\{a_n\}$ 中,当 $a_n = 2^n \cdot n^2$ 时,再用错位相减法求 $\sum\limits_{k=1}^{n} a_k$ 时便显得有点冗长.

解　$\sum\limits_{k=1}^{n} a_k = 2^1 \cdot 1^2 + 2^2 \cdot 2^2 + 2^3 \cdot 3^2 + \cdots + 2^n \cdot n^2.$　　　③

$2\sum\limits_{k=1}^{n} a_k = 2^2 \cdot 1^2 + 2^3 \cdot 2^2 + \cdots + 2^n \cdot (n-1)^2 + 2^{n+1} \cdot n^2.$　　　④

由③,④得

$$\sum\limits_{k=1}^{n} a_k = -2^1 - 2^2 \cdot (2^2 - 1^2) - 2^3 \cdot (3^2 - 2^2) - \cdots - 2^n \cdot [n^2 - (n-1)^2] + 2^{n+1} \cdot n^2$$

$$= -2^1 - 2^2 \cdot (2+1) - 2^3 \cdot (3+2) - \cdots - 2^n \cdot [n + (n-1)] + 2^{n+1} \cdot n^2$$

$$= -2^1 \cdot 1 - 2^2 \cdot 3 - 2^3 \cdot 5 - \cdots - 2^n \cdot (2n-1) + 2^{n+1} \cdot n^2.$$

⑤

此时,还需再使用一次错位相减法.

$2\sum\limits_{k=1}^{n} a_k = -2^2 \cdot 1 - 2^3 \cdot 3 - \cdots - 2^n \cdot (2n-3) - 2^{n+1} \cdot (2n-1) + 2^{n+2} \cdot n^2.$　　⑥

---

[*]　原载上海师范大学《上海中学数学》2013 年第 12 期.

由⑤,⑥得

$$\sum_{k=1}^{n} a_k = 2 + 2^2 \cdot 2 + 2^3 \cdot 2 + \cdots + 2^n \cdot 2 - 2^{n+1} \cdot (2n-1) + 2^{n+1} \cdot n^2$$

$$= 2 + 2 \cdot \frac{2^2(2^{n-1}-1)}{2-1} + 2^{n+1}(n^2 - 2n + 1) = 2^{n+1}(n^2 - 2n + 3) - 6.$$

由此可见,对于形如 $a_n = 2^n \cdot n^m$,其中 $m \in \mathbf{N}^*$ 的求和,当 $m \geqslant 2$ 时使用错位相减法便有些力不从心,甚至无能为力了.因此需引入一个全新的方法,用构造函数的方式进行裂项相加.

对于前述的数列 $\{a_n\}$ 中,其中 $a_n = 2^n \cdot n$ 的求和,可构造 $f(x) = 2^x(ax+b)$,其中 a, $b \in \mathbf{R}$,注意到当 a, b 取某特定值时,$2^x \cdot x$ 可表示为 $f(x+1) - f(x)$,则有如下解法:

解 构造 $f(x) = 2^x(ax+b)$,其中 a, $b \in \mathbf{R}$,满足关系式 $f(x+1) - f(x) = 2^x \cdot x$,易得 $a = 1$,$b = -2$,则 $f(x) = 2^x(x-2)$.

$$\sum_{k=1}^{n} a_k = 2^1 \cdot 1 + 2^2 \cdot 2 + 2^3 \cdot 3 + \cdots + 2^n \cdot n$$

$$= [f(2) - f(1)] + [f(3) - f(2)] + [f(4) - f(3)] + \cdots + [f(n+1) - f(n)]$$

$$= f(n+1) - f(1) = 2^{n+1}(n+1-2) - 2^1(1-2) = 2^{n+1}(n-1) + 2.$$

同样,对于 $a_n = 2^n \cdot n^2$ 的求和,可有如下解法:

解 构造 $f(x) = 2^x(ax^2 + bx + c)$,其中 a, b, $c \in \mathbf{R}$,满足关系式 $f(x+1) - f(x) = 2^x \cdot x^2$,易得 $a = 1$,$b = -4$,$c = 6$,则 $f(x) = 2^x(x^2 - 4x + 6)$,则有

$$\sum_{k=1}^{n} a_k = f(n+1) - f(1)$$

$$= 2^{n+1}[(n+1)^2 - 4(n+1) + 6] - 2^1(1 - 4 + 6)$$

$$= 2^{n+1}(n^2 - 2n + 3) - 6.$$

比较之前的错位相减法,后述的解法明显比较简洁,且具有推广价值.

推论一 对于数列 $\{a_n\}$(其中 $a_n = 2^n \cdot n^m$,$m \in \mathbf{N}^*$)的求和,可构造函数 $f(x) = 2^x(a_1 x^m + a_2 x^{m-1} + a_3 x^{m-2} + \cdots + a_m x + a_{m+1})$,其中 a_1, a_2, a_3, $\cdots$, a_m, $a_{m+1} \in \mathbf{R}$,满足关系式 $f(x+1) - f(x) = 2^x \cdot x^m$,且 $a_1 = 1$,$a_k = -2 \cdot \sum_{i=1}^{k-1} \frac{a_{k-i}}{i! P_m^{k-i-1}} \cdot P_m^{k-1}$($k = 2, 3, \cdots$, $m+1$),则 $\sum_{k=1}^{n} a_k = f(n+1) - f(1)$.

证明 构造函数 $f(x) = 2^x(a_1 x^m + a_2 x^{m-1} + a_3 x^{m-2} + \cdots + a_m x + a_{m+1})$,其中 a_1, a_2, a_3, $\cdots$, a_m, $a_{m+1} \in \mathbf{R}$,满足关系式 $f(x+1) - f(x) = 2^x \cdot x^m$,则有

$$f(x+1) - f(x)$$

$$= 2^{x+1}[a_1(x+1)^m + a_2(x+1)^{m-1} + a_3(x+1)^{m-2} + \cdots + a_m(x+1) + a_{m+1}] -$$

$$2^x(a_1 x^m + a_2 x^{m-1} + a_3 x^{m-2} + \cdots + a_m x + a_{m+1})$$

$$= 2^x \{a_1[2(x+1)^m - x^m] + a_2[2(x+1)^{m-1} - x^{m-1}] + \cdots + a_m[2(x+1) - x] + a_{m+1}\}$$
$$= 2^x \cdot a_1[\mathrm{C}_m^0 x^m + 2\,\mathrm{C}_m^1 x^{m-1} + 2\,\mathrm{C}_m^2 x^{m-2} + \cdots + 2\,\mathrm{C}_m^{m-1} x + 2\,\mathrm{C}_m^m] +$$
$$\qquad 2^x \cdot a_2[\mathrm{C}_{m-1}^0 x^{m-1} + 2\,\mathrm{C}_{m-1}^1 x^{m-2} + \cdots + 2\,\mathrm{C}_{m-1}^{m-2} x + 2\,\mathrm{C}_{m-1}^{m-1}] +$$
$$\qquad 2^x \cdot a_3[\mathrm{C}_{m-2}^0 x^{m-2} + \cdots + 2\,\mathrm{C}_{m-2}^{m-3} x + 2\,\mathrm{C}_{m-2}^{m-2}] + \cdots +$$
$$\qquad 2^x \cdot a_m(x+2) + 2^x \cdot a_{m+1}.$$

根据等式恒成立条件易得：

$a_1\,\mathrm{C}_m^0 = 1,$

$2a_1\,\mathrm{C}_m^1 + a_2\,\mathrm{C}_{m-1}^0 = 0,$

$2a_1\,\mathrm{C}_m^2 + 2a_2\,\mathrm{C}_{m-1}^1 + a_3\,\mathrm{C}_{m-2}^0 = 0,$

……

$2a_1\,\mathrm{C}_m^m + 2a_2\,\mathrm{C}_{m-1}^{m-1} + 2a_3\,\mathrm{C}_{m-2}^{m-2} + \cdots + 2a_m\,\mathrm{C}_1^1 + a_{m+1} = 0.$

通过观察比较易解得：

$a_1 = 1,$

$$a_2 = -2 \cdot \frac{a_1}{1! \cdot \mathrm{P}_m^0} \cdot \mathrm{P}_m^1,$$

$$a_3 = -2 \cdot \left(\frac{a_1}{2! \cdot \mathrm{P}_m^0} + \frac{a_2}{1! \cdot \mathrm{P}_m^1}\right) \cdot \mathrm{P}_m^2,$$

$$a_4 = -2 \cdot \left(\frac{a_1}{3! \cdot \mathrm{P}_m^0} + \frac{a_2}{2! \cdot \mathrm{P}_m^1} + \frac{a_3}{1! \cdot \mathrm{P}_m^2}\right) \cdot \mathrm{P}_m^3,$$

……

$$a_{m+1} = -2 \cdot \left(\frac{a_1}{m! \cdot \mathrm{P}_m^0} + \frac{a_2}{(m-1)! \mathrm{P}_m^1} + \cdots + \frac{a_m}{1! \cdot \mathrm{P}_m^{m-1}}\right) \cdot \mathrm{P}_m^m.$$

由此易得，$a_1 = 1$，$a_k = -2 \sum\limits_{i=1}^{k-1} \dfrac{a_{k-i}}{i! \cdot \mathrm{P}_m^{k-i-1}} \cdot \mathrm{P}_m^{k-1}$ $(k = 2, 3, \cdots, m+1)$，同时 $\sum\limits_{k=1}^{n} a_k = f(n+1) - f(1)$.

推论二 对于数列 $\{a_n\}$（其中 $a_n = b^n \cdot n^m$，$b \neq 1$，$m \in \mathbf{N}^*$）的求和，可构造函数 $f(x) = b^x(a_1 x^m + a_2 x^{m-1} + a_3 x^{m-2} + \cdots + a_m x + a_{m+1})$，其中 $a_1, a_2, a_3, \cdots, a_m, a_{m+1} \in \mathbf{R}$，满足关系式 $f(x+1) - f(x) = b^x \cdot x^m$，且 $a_1 = \dfrac{1}{b-1}$，$a_k = \dfrac{b}{1-b} \cdot \sum\limits_{i=1}^{k-1} \dfrac{a_{k-i}}{i! \cdot \mathrm{P}_m^{k-i-1}} \cdot \mathrm{P}_m^{k-1}$ $(k = 2, 3, \cdots, m+1)$，则 $\sum\limits_{k=1}^{n} a_k = f(n+1) - f(1)$.

证明类推论一，这里不再赘述.

错位相减法本是平时常见的数列求和方式，但当指数上升时，其局限性也可见一斑. 因此，引入全新的函数构造法进行裂项相加是解决这一类问题的通法，同时，这一思想也可引入平时的学习中，起到事半功倍的效果.

数学一般通过直接激发创造精神和活跃思维的方式来提供其最佳服务.

————赫巴特(Herbart, J. F.)

通常在数学解题中会遇到求等差数列的通项与等比数列的通项的乘积作为通项的数列的求和,对于这种数列的求和,通常用错位相减法.童鑫来同学撰写的《利用构造函数法求一类复杂数列的和》一文指出:若数列 $\{a_n\}$ 中,当 $a_n = 2^n \cdot n^2$ 时,需要用两次错位相减法求 $\sum\limits_{k=1}^{n} a_k$ 时便显得有点冗长.一般地,对于形如 $a_n = 2^n \cdot n^m$,其中 $m \in \mathbf{N}^*$ 的求和,需要用 m 次错位相减法求 $\sum\limits_{k=1}^{n} a_k$,随着 m 的增大,用错位相减法解题越来越力不从心,甚至无法有信心坚持下去.

童鑫来同学对一道普通的运用错位相减法的习题,不断通过变化题中的字母的次数将问题加以一系列推广,即多次用错位相减法才能解决的问题,发现其解法特别烦琐.怎样简化解题的步骤呢? 他运用构造函数的方法,利用数学上已经证出的结论,用构造函数的方式进行裂项相加.此方法明显比多次运用错位相减法简单许多,而且具有推广价值.由此,他通过二项式定理及等式恒成立的条件的方法巧妙得出推论一、推论二两个新结论.这种对一类问题通法的探究能在解题中起到化繁为简的作用,令我们十分欣喜.

关于数学研究论文的创作历程

童鑫来

高二下半学期,我参加了汪杰良老师开设的"数学研究"选修课,虽然课程到暑假前就结束了,但我对于数学小论文创作的热情却并未消退.

高二升高三的暑假里,我对一道平时作业里的数列题产生了兴趣,题目本身是数列求和中常用的对错位相减法的一次巩固,即将原先用一次错位相减的过程提升为两次,但本质还是一样的.然而我却并没有止步于此,我想,假如对这道题再进行一次推广(通过汪老师的课程,我深刻地体会到了推广的思想在数学学习过程中所起到的重要作用,它使解决一道题变为了解决一类题,大大提高了学习的效率),再使用错位相减法便有些力不从心,甚至无能为力了.于是,我便开始探索有没有别的解决方案可以使这类问题更好更快地解决.

经过不断的尝试后我发现:如果引入构造函数的方式可以使问题得到简化,再运用裂项相加的方法便可以使问题得到解决.具体如下:错位相减法在形如 $a_n = 2^n \cdot n^m$,其中 $m \in \mathbf{N}^*$ 的求和中所遇到的主要问题是随着次数的上升,错位相减法使用的次数也随之上升,这大大加重了运算量,因而,解决这类问题的关键就在于降次,或是减少项数,使问题回到最初始的状态,以起到简化运算的作用.所以问题的根结便成了使用怎样的方法可以使次数下降或使项数减少.对此,我又进行了进一步的思考.考虑到数列是特殊的函数,如果将数列问题回到函数上去,运用函数的性质进行解题,或许可以有意想不到的收获.首先,我对最基本的数列 $\{a_n\}$,其中 $a_n = 2^n \cdot n$,求 $\sum\limits_{k=1}^{n} a_k$ 的问题进行研究,发现构造函数 $f(x) = 2^x(ax+b)$ 可以将 n 项转变为两项(注意到 $2^x \cdot x$ 可表示为 $f(x+1) - f(x)$,即回到了裂项相加的基本步骤),再加以推广,不难发现,对于数列 $\{a_n\}$(其中 $a_n = 2^n \cdot n^m$,$m \in \mathbf{N}^*$)的求和,可以构造函数 $f(x) = 2^x(a_1 x^m + a_2 x^{m-1} + a_3 x^{m-2} + \cdots + a_m x + a_{m+1})$,其中 a_1,a_2,a_3,$\cdots$,a_m,$a_{m+1} \in \mathbf{R}$ 来进行解决,同前述一样,新构造的函数满足关系式 $f(x+1) - f(x) = 2^x \cdot x^m$,可以使问题回到两项上来,使问题得到了很好的简化.

但新的问题又来了,虽然已经解决了项数的问题,但次数的问题还没有得到很好的解决,因此,还需要再找一个方法来化解次数上的难题.对此,我又想到了平时在进行拆项时常用的二项式定理,如果将二项式定理引入本题的解决中,或许可以大有帮助.正如所想的那样,引入了二项式定理后,我在这一问题的解决上又迈出了一大步.但在解方程时,我又面临了瓶颈,由于引入了二项式定理,方程中出现了组合数,这是在平时的学习中从来没有碰到过的,在这个问题上,再使用以前的老套路不可行了,势必要跳出平时的思维定势——这也是汪老师在课上一直强调的一点——解铃还须系铃人,只有用排列组合数的思想才有可能有所突破.通过不断的尝试与归纳总结,我发现其中还是存在一定的规律的,但是这样的方程的解与平时所碰到的是全然不同的,它不再是一个个具体的数字,而是带有数学符号的式子.通过这次探索的经历,我对方程的认识也更近了一步.

开学后,我将这篇小论文交给了汪老师,他肯定了我在解决这类题时所体现的知识点的融会贯通,并对其中所存在的一些小问题加以修正,鼓励我将这篇文章投至数学专业杂志《上海中学数学》,看看是不是达到了专业类数学论文的发表水平.过了10天左右,我便得到了《上海中学数学》编辑部的回音,我的文章可以发表了!当得知这一消息时,我的心情真是难以用言语形容,原本看似可望而不可及的专业类刊物如今竟这样地近在眼前,作为一名中学生,我的文章已经可以和专门从事数学教学与研究的教育工作者的著作处在同一个平台上了,这是一个多么振奋人心的消息!

这次数学研究性小论文的创作的经历,不仅使我对论文的创作有了更深的体会,对学术研究的严谨有了更深的认识,更指引着我在未来的论文撰写的道路上一路前行!

探讨到定点与到定直线的距离之差为定值的点的轨迹*

复旦大学附属中学 2014 届　徐嫣然　杜治纬

【摘　要】　本文探讨到定点与到定直线距离之差为定值的点的轨迹在不同定点定直线位置关系和定值不同的各种情况下何时存在,以及若存在则会是抛物线哪一部分的问题.

【关键词】　圆锥曲线;轨迹方程

圆锥曲线的第二定义是指命题:平面内到定点 $F(c, 0)$ 与到直线 $l: x = \dfrac{a^2}{c}$ 的距离之比为定值 e 的点的轨迹是圆锥曲线. 其中,当 $e > 1$ 时,轨迹为双曲线;当 $e = 1$ 时,轨迹为抛物线;当 $0 < e < 1$,轨迹为椭圆.

本文研究平面内到定点与到定直线距离之差为定值的点的轨迹及其方程.

问题　求到定点 $F(c, 0)(c > 0)$ 与到定直线 $l: x = b(b < 0)$ 距离之差为定值 a 的点的轨迹及其方程.

设 $P(x, y)$ 是轨迹上任意一点,则

$$|x - b| + a = \sqrt{(x - c)^2 + y^2}. \qquad (*)$$

两边平方,得 $|x - b|^2 + 2a|x - b| + a^2 = x^2 - 2cx + c^2 + y^2$.

整理,得 $-2bx + b^2 + 2a|x - b| + a^2 = -2cx + c^2 + y^2$.

1. 当 $x \geqslant b$ 时,

$$-2bx + b^2 + 2ax - 2ab + a^2 = -2cx + c^2 + y^2,$$
$$y^2 = 2(a - b + c)x + (a - b + c)(a - b - c)(x \geqslant b).$$

即

$$y^2 = 2(a - b + c)\left(x + \frac{a - b - c}{2}\right). \qquad (**)$$

---

*　原载东北师范大学《数学学习与研究》2013 年第 23 期.

对于 $x \geqslant b$,方程的轨迹是一条抛物线吗?显然,当 $2(a-b+c)\left(x+\dfrac{a-b-c}{2}\right)<0$ 时,方程($**$)对应虚轨迹.而对于 $2(a-b+c)\left(x+\dfrac{a-b-c}{2}\right) \geqslant 0$,我们分如下情况讨论,并应注意对($*$)左侧非负的检验.

(1) $a-b+c>0$ 时,即 $a>b-c$ 时,由于 $x \geqslant b(b<0)$,根据($**$)得到:

① 当 $\dfrac{b+c-a}{2}<b<0$ 且 $a>b-c$ 时,即 $a>|b-c|$ 时,在 $x \geqslant b$ 区域内,($**$)方程对应的轨迹是顶点为 $\left(\dfrac{b+c-a}{2},0\right)$,对称轴为 x 轴,开口向右的抛物线的一部分.

② 当 $b \leqslant \dfrac{b+c-a}{2}<c$ 且 $a>b-c$ 时,即 $-|b-c|<a \leqslant |b-c|=c-b$ 时,($**$)方程对应的轨迹是完整的顶点为 $\left(\dfrac{b+c-a}{2},0\right)$,对称轴为 x 轴,开口向右的抛物线.

(2) 当 $a-b+c<0$,即 $a<b-c$ 时,得 $x \leqslant \dfrac{b+c-a}{2}$,又由于 $x \geqslant b(b<0)$,于是

① 当 $\dfrac{b+c-a}{2} \leqslant b$ 且 $a<b-c$ 时,此情况矛盾.

② 当 $\dfrac{b+c-a}{2}>b$ 且 $a<b-c$ 时,($**$)方程对应的轨迹是顶点为 $\left(\dfrac{b+c-a}{2},0\right)$,对称轴为 x 轴,开口向左的抛物线的 $b \leqslant x<\dfrac{b+c-a}{2}$ 部分.但是,考虑($*$)式左边,发现 $|x-b|+a=x-b+a<\dfrac{a-b+c}{2}<0$,说明此轨迹并非满足原问题的解,而是在根式方程两边平方时增加的解.

(3) 当 $a-b+c=0$,即 $a=b-c$ 时,($**$)方程对应的轨迹是 x 轴上的射线 $y=0(x \geqslant b)$.

2. $x<b$ 时,得到

$$y^2 = -2(a+b-c)x+(a+b+c)(a+b-c) \quad (x<b).$$

即

$$y^2 = -2(a+b-c)\left(x-\dfrac{a+b+c}{2}\right). \qquad (***)$$

对于 $x<b$,轨迹若是一条抛物线 $y^2 = -2(a+b-c)\left(x-\dfrac{a+b+c}{2}\right)$,则顶点在点 $\left(\dfrac{a+b+c}{2},0\right)$.当 $-2(a+b-c)\left(x-\dfrac{a+b+c}{2}\right)<0$ 时,($***$)方程表示虚轨迹.对于 $-2(a+b-c)\left(x-\dfrac{a+b+c}{2}\right) \geqslant 0$,我们分如下情况讨论.

(1) $a+b-c>0$,即 $a>c-b$,得 $x \leqslant \dfrac{a+b+c}{2}$.又由于 $x<b(b<0)$,于是

① 当 $\dfrac{a+b+c}{2} \leqslant b$ 且 $a > c-b$，即此情况矛盾.

② 当 $\dfrac{a+b+c}{2} > b$ 且 $a > c-b$，即 $a > |b-c|$ 时，在 $x < b$ 区域内，(* * *) 方程表示的轨迹是顶点在点 $\left(\dfrac{a+b+c}{2}, 0\right)$，对称轴为 x 轴，开口向左的抛物线的 $x < b$ 部分.

（2）$a+b-c < 0$，即 $a < c-b$，得 $x \geqslant \dfrac{a+b+c}{2}$. 又由于 $x < b(b < 0)$，于是

① 当 $\dfrac{a+b+c}{2} < b$ 且 $a < c-b$，即 $a < -|b-c|$ 时，(* * *) 方程表示的轨迹是顶点在点 $\left(\dfrac{a+b+c}{2}, 0\right)$，对称轴为 x 轴，开口向右的抛物线的 $\dfrac{a+b+c}{2} < x < b$ 部分. 但是，此时 (*) 式左边 $|x-b| + a = b - x + a < \dfrac{a+b-c}{2} < 0$，因此，此轨迹不满足原问题的解.

② 当 $\dfrac{a+b+c}{2} \geqslant b$ 且 $a < c-b$，即 $b-c \leqslant a < c-b$ 时，点的轨迹不存在于 $x < b$ 区域内.

（3）$a+b-c = 0$，即 $a = c-b$ 时，(* * *) 方程对应的轨迹是 x 轴上的射线 $y = 0(x \leqslant b)$.

最终解决问题的决定因素依然是人而不仅仅是方法.

——马希克(Maschke, H.)

《探讨到定点与到定直线的距离之差为定值的点的轨迹》是徐嫣然、杜治纬合作撰写的第二篇数学论文.

高二学生学习解析几何,课本上只讲了椭圆的定义,平面内到两个定点的距离之和等于一个定值的点的轨迹叫作椭圆(这个定值大于这两个定点之间的距离).但现行课本是不讲椭圆的准线的,也不讲双曲线的准线,学到抛物线后却讲了抛物线的准线.

学生学了抛物线以后是否会有这样的疑问:椭圆和双曲线会有准线吗? 否则图形之间就不和谐了.我在"数学研究"选修课中给同学们讲了抛物线、椭圆、双曲线的统一定义:平面内到一个定点与到一条定直线的距离的比为一个定值 e 的点的轨迹,当 $e=1$ 时,此轨迹是抛物线;当 $0<e<1$ 时,轨迹是椭圆;当 $e>1$ 时,轨迹是双曲线.但平面内到定点与到定直线的距离之和(差)为定值的点的轨迹很少人再去思考它,可能是问题的计算太复杂的缘故.

徐嫣然、杜治纬不怕计算的困难和烦琐,利用分类思想讨论字母的范围,在一定条件下,轨迹是开口向右、开口向左的抛物线的一部分或完整的抛物线或射线或虚轨迹等,这种不怕麻烦、耐心细致的学习习惯是值得欣赏的.

数学论文不厌改

杜治纬

初写数学论文,我也并不清楚该怎么写,回想起汪杰良老师课上提到过的话:"如果同学们能够把数学的一个问题搞清楚、弄明白,不断推广,不就成为一篇数学论文了吗?不就很好,不用做一本一本的习题了吗? 如果能和一些其他学科问题结合起来,把这个问题应用搞一下子,不就更好了吗?"

"现在的同学的能力都很强,喜欢一个人搞数学课题研究.但是如果要拿出去比赛,那么就需要几个人一起的力量,这样做得大,做得好."

这些话让我决定和同上"数学研究"选修课的徐嫣然同学一起撰写论文.

订立主题的过程很简单,受到期末考试考题中一道把矩阵和圆锥曲线结合起来的题目启发,我们就确定了第一篇论文的主题:圆锥曲线的特征矩阵.一鼓作气,第一稿写完了椭圆平移、旋转、伸缩三种图形变化中的特征矩阵的变化.

恰逢寒假,我们还撰写了第二篇论文:关于到定点与到定直线距离之和或差为定值的轨迹问题.

两份论文的第一稿都很粗糙,像毛坯房一样,尽管我有些迟疑,还是在开学后投进了汪老师的信报箱.两天后,徐嫣然接到了汪老师的电话,约我们中午一点钟在大树下讲论文.

当天汪老师首先就表扬了我们论文的选题,接下来要求将手写稿件打印成电子稿件,并且下载公式编辑器来打印数学表达式.他还对一些论文的用语格式作了一些指导.本来我们写的两篇像毛坯房一样的文章,像是有了简单装修的计划方向似的,有了一定的发展方向.

接下来修改的过程看着简单做起来难.那段时间里,我很少有接触电脑的机会.一篇文章,内容并不多,但是要打印出来.我尽可能托同学帮我借来电脑、找机会去用电脑,却又由于操作公式编辑器不够熟练,以至于让我最后面对计算机花费了两个深夜熬到十一点才基本完成.在打印时,又由于编辑软件的版本不合,打印出来效果很差.而徐嫣然同学更是凭借她的毅力和速度,回家后花了一个晚上的时间,彻夜通宵,将第一稿打印到了纸上.汪老师收下了这两份打印稿,继续修改.

《圆锥曲线的特征矩阵》这篇论文条理相对清晰,线索比较明了.过了不久,汪杰良老师就联系我们,再次相约午后课前在大树下见面,主要讲这篇论文.当我们急匆匆地赶到大树下时,汪杰良老师已经坐在那里.他静静地看着论文,似乎正在对一件高深的艺术品进行精细的雕琢.他一手拿着论文稿件,迎着树叶间透下的阳光,另一手则仔细地在论文上指点着什么.我和徐嫣然两人在他对面坐下,此时他已经读到了论文中段.我看见打印稿上已经加上了许多细致的记号.从标点符号到字词的调整,他一个也不放过.接下来,他逐项作出说明.

"这里要加个逗号,逗一下才好……"

关于逗号的事情过了以后,他又讲到了参考文献的注法:

"先写作者,一个圆点后写书名或者期刊名称.再用方括号加上 M 表示这是一本书,用方括号打上 J 表示这是期刊.还是用一个点,最后写出版社——加个逗号——出版时间."

他又像想起什么的,追问一句:"这本书里是怎么讲的? 你们的内容和它有不同的吧?"

"不一样,书里都是很抽象的,主要谈二次曲线,并没有具体落实到椭圆.只是书里面也是矩阵和二次曲线有关系罢了."

汪老师最后这样评价道:"你们现在的内容,标题只能写'椭圆的特征矩阵'了,其他的几种曲线,我看也不要写在一篇里了."

当时在翻阅那本高校教材《线性代数》的时候,在最后几页看到了关于二次曲线的内容.说真的,书里的那些内容我们大多不懂,也和二次曲线没有关系.这篇论文更多的是自己看到了这个所谓的"椭圆的特征矩阵"就找些步骤算一算.姑且也就只能算到这样,这是我们最真实的水平.

这之后,汪老师又把我们叫去,修改了几次.有时在图书馆,有时还在大树下.他依旧是那样的细心.一次,他说:"这里是方程吧? 怎么只有左边?"的确,那行是方程.因为矩阵,有些复杂,打了左边,到打右边的时候都忘了这是个方程.

最后投稿时,汪老师推荐了苏州大学的《中学数学月刊》,没有回信,但是意外地过了初审.汪老师更是有信心地向我们推荐了其他杂志继续投稿.直到最终以《用特征矩阵表示椭圆方程》的标题发表在《数学学习与研究》2013 年第 19 期上,此时距离我们刚开始着手撰写这篇论文已经过去了十个月.

《用特征矩阵表示椭圆方程》由于版面的原因,最终发表的版本里删除了原来的平移变换.在这篇论文的形成过程中,大大小小的改动都是由汪杰良老师指导完成的,这是我和徐嫣然同学两个人学习论文写作的过程.汪杰良老师的辛勤工作和认真细致的作风,也从这篇论文的成果中体现出来.

与《用特征矩阵表示椭圆方程》一起完成草稿的,还有一篇论文《探究到一个定点与到一条定直线的距离之和或差为定值的点的轨迹方程》.这两篇论文一起,同时交给汪杰良老师,也是在他的帮助下进行修改的.

这一篇论文在打印稿完成之后,汪杰良老师提出的第一个意见就是把这篇文章拆开,分成讨论"和为定值"以及"差为定值"两个问题的两篇文章.并且,汪老师启示我们,我们还可以接下来写乘积、商之类的问题.

　　这篇论文的构思过程同样是在寒假里. 应该说,是受到了当时教材的影响,由于解析几何是高二年级重要的学习内容,但是总觉得圆锥曲线不像过去的二次函数图像,各个系数和图像的形状位置关系简洁清晰,圆锥曲线就很难把握. 于是有时候就想自己算算一些问题,同时也锻炼自己的计算能力.

　　我现在还保留着汪杰良老师修改过的稿件. 第一次修改,由于标题过长,他在标题上花了很多工夫,我们之间进行了许多讨论. 为了将标题字数控制在二十个字以内,汪杰良老师最终修修改改,确定以"探讨到定点与到定直线的距离之和为定值的点的轨迹"作为标题.

　　我为了节约时间,避免烦琐,在分类讨论的时候省去了"当……时"的结构,而是直接把条件写上去. 汪老师不厌其烦地用笔一处一处补回去.

　　我们第一次使用分类讨论,没有注意到序号的层次问题. 汪老师向我们普及了这一知识,把我们的序号一一修改正确:先使用阿拉伯数字加上点,再使用带括号的阿拉伯数字,第三层次使用带圈的阿拉伯数字.

　　第一次修改完成后,汪杰良老师看见结论里讲到抛物线时表述不够完整,只讲到顶点、对称轴,并没有讲到开口方向,又要求修改.

　　这次修改时,他在标题行之下的作者姓名和班级之间,以及两个作者名字中间,分别加入了一个空格. 他用水笔划上两个方框表示提醒.

　　他在文章的字里行间,就连直线方程前遗漏了表示直线的字母"l",也要做个箭头记号,要求补上.

　　给方程做上标记的星号之前,他也严格要求空出两个空格.

　　他作为示范修改了原来论文里"和为定值"的部分,并留下一句话:"仿照我所修改的,自己动手修改第二篇."

　　这篇论文讨论很多,牵涉的字母量大. 我完成草稿后,交给徐嫣然同学检查一遍. 她检查了不止一遍后,找出了遗漏的一些情况,又加上去. 我们的这篇论文在写作过程中就已经相当地艰难,非常真切地反映了解析几何当中字母量大、计算量大的事实. 在这样的过程中,我和徐嫣然同学对解析几何的运算逐渐了解,对于方程变形过程中牵涉的范围问题逐渐熟悉. 后来虽然没有再写乘积和商,但是之前的和以及差已经让我们获得了极大的锻炼.

　　汪杰良老师对这两篇论文,说实话,一直很用心地投入. 尽管除了计算还是计算,尽管这篇文章没有什么创新的地方,尽管只是完全依靠算算出来的,尽管这篇文章有可能在我们没有能够发觉的犄角旮旯里还有错误,但是,他仍旧非常投入地修改. 形式上的修改之前已经提过了,对形式的重视同样反映出对论文的重视.

　　投稿的过程也很复杂,"和为定值"第一部分投稿给了广州的《中学数学研究》杂志. 我们第一次认识到什么是漫长的审稿周期. 一个月过去,我们知道自己的文章通过了初审. 尽管三个月后,发来了退稿通知,但这个结果已经让我们非常欣喜. 这篇文章后来转投其他地方,但是都没有被录用. "差为定值"的第二部分投稿给《数学学习与研究》杂志,发表在了 2013 年的第 23 期上. 最终标题是"探讨到定点与到定直线距离之差为定值的点的轨迹".占用了一个版面.

这两篇文章的撰写和修改,是我们自己学习和提高的过程.汪杰良老师在选修课上的知识传授给我们提供了很好的储备材料.我们这两篇论文并不是最优秀的,也不那么创新,然而这是我们两个人合作学习的重要成果.正如之前讲到的,汪杰良老师对待论文的严谨态度体现了他是一位好老师,一位在数学上一丝不苟的老师,在生活上考虑非常精细的老师.汪杰良老师不厌其烦地找到我们并指导我们写作论文,有他最本质的想法,在我看来,他想要激发同学们的创新精神和探究精神.的确,数学学习没有探究是不行的.我们当初开始研究这两个问题,也是因为自己要解决一部分困惑.发表论文只是一个形式,有没有对于问题解决的本身都已经无所谓了.在我看来,写论文不厌其烦地修改是必然的,同样地,汪杰良老师不厌其烦地为我们修改,是他严谨求知的最好体现.他总对我们说,他要向辅导学生探究的"导师"方向转型,这是人生层面的大修改.我们学生在学习的道路上同样要多修改,必要时要有大改动,这些改动反映的就是个人的抱负.

我是怎样写数学论文的

徐嫣然

汪杰良老师偶尔曾在课上讲往届学生们在数学课题研究上的研究成果,使得同学们也有幸能有机会欣赏一下学兄、学姐们优秀的作品,尽管自知与他们相比还是有较大差距,但这对于我们来说无疑是一种激励.汪老师也常常启发我们要学会合作,建议我们组成几个人的研究小团队.汪老师认可同学们的能力和想要一个人搞数学研究的意愿,但课题的研究和论文的撰写和其他需要个人灵感滋养的创作活动不同,几个人的力量无疑是更大的.有些问题,一个人可能无法解决,可能遇到瓶颈,有研究不下去的情况;而团队合作、团队成员之间的讨论往往能很好地解决这个问题.

这些话启发了杜治纬和我,不久之后,我们两人组成了汪老师班级上的第一个"课题研究小组",我们这个小组在寒假期间共构思了三篇小论文,这篇文章就是其中之一.

当时,在学校的课程中,我们刚好学习完解析几何这个重要的板块.通过课本的学习,同学们都知道平面内到定点与到定直线距离相等的点的轨迹是抛物线.我们不禁联想到——到定点与到定直线距离之和为定值、之差为定值的点的轨迹又是什么呢?课本上没有给出答案.与杜治纬同学进行了一番讨论之后,我们决定研究下去,把它作为第二个研究课题.

实际上,高考题中也出现过类似的设问,不必像我们在文章中花大量的笔墨分类计算,运用直线的对称性便可得出答案.但很多同学在应用这个简便的解法时,常会忽略对 x 的取值范围的变化(所求轨迹只是椭圆和双曲线的一部分).这就说明,即便有了很巧妙的方法,我们也很难把握这个轨迹到底是什么.靠学习而来的真理,就好似移植来的皮肤,不如自己思索得来的自然.有些问题不自己证明一下,推演一遍,就很难对它们有清醒与明晰的认识.经过自己证明的定理和结论,才算"属于"自己,才不会随时间的推移烟消云散、模模糊糊地存在于我们的意识之间.证明的过程中还可以顺便锻炼计算能力,何乐而不为呢?于是我们便着手于《探究到定点与到定直线的距离之和或差为定值的点的轨迹方程》.

这篇论文的计算过程比较繁复,字母量较多,不像另一篇,简洁而有创造性.这一篇文章的主要内容就是分类讨论与计算、计算再计算;这类论题的结论也可能是被大家所熟知的,我们所做的只不过是花时间真正把它们证一遍罢了.但是,至少在我们看来,这种证明并非是无价值的.平平常常和屡见不鲜的东西常常会重新化为神奇,这乃是生活的普遍规律.

完成这篇论文后,我们很快把它交给汪杰良老师修改.由于篇幅太长,汪老师建议我们把这篇文章拆分成两个部分,分别讨论"和为定值"与"差为定值"两个问题,并鼓励我们继续研究乘积、比值的情况.我们当时的想法便是去完整地探讨这一类问题:两点间的距离之比相等、夹角相等、一点一线距离之积为定值、距离之商为定值等,在这个过程中我们也积累了不少的经验.

因为已经打印过一篇文章,对公式编辑器的使用算是熟练了一点,"和为定值"这篇论文的修改过程相比上一篇要容易.但汪老师对我们的要求却从未放松过,如从分类符号的修改到结构语言的添加、方程星号前空格的添加、抛物线开口方向的说明等.仿照老师的修改,我们把讨论"差为定值"的文章相应地作了补充与删减.我们多次检查这篇文章中的分类讨论,每次都能发现一些小的漏洞,最终把这篇文章修改到几近完美时,里面的内容可谓是字字领略、句句理会了.

对一道由物理题引发的数学问题的思考*

复旦大学附属中学 2015 届　俞　易

在做完一道简单的物理习题之后,经过反思解题过程,引出了一个值得探究的数学问题.

题目　如图 1,对于一定质量气体,其 $P\text{-}V$ 曲线为一个圆,判断是否存在 $T_{\max}$.

解　由克拉珀珑方程,可知 $PV = nRT$,即 $T = \dfrac{PV}{nR}$,$\therefore T_{\max} = \dfrac{(PV)_{\max}}{nR}$.

$\therefore$ 判断 T 最大值问题即为 PV 是否存在最大值问题.

此问题数学本质是:对于在第一象限的圆 $(x-a)^2 + (y-b)^2 = c^2 (c>0)$ 上任意一点 (x, y),判断 xy 是否存在最大值的问题.

经研究,得到如下定理:

定理　若 x, y 满足圆方程 $(x-a)^2 + (y-b)^2 = c^2$,且 $x>a>0, y>b>0, c>0$,则 xy 存在最大值.

证明　作三角代换,得
$$\begin{cases} x = a + c \cdot \cos\theta, \\ y = b + c \cdot \sin\theta. \end{cases}$$

设 $f(\theta) = x \cdot y$,依题意,$a>0, b>0, c>0, \theta \in (0, 2\pi)$.

$\therefore f(\theta) = c^2 \cdot \cos\theta \cdot \sin\theta + ac \cdot \sin\theta + bc \cdot \cos\theta + ab$.

$\therefore f'(\theta) = c^2 \cdot \cos 2\theta + ac \cdot \cos\theta - bc \cdot \sin\theta$.

$\therefore f''(\theta) = -2c^2 \cdot \sin 2\theta - ac \cdot \sin\theta - bc \cdot \cos\theta$.

(1) 证明使函数 $f(\theta)$ 存在最大值的 θ 满足的区间是 $\left[0, \dfrac{\pi}{2}\right]$.

① 当 $\theta_1 \in \left(0, \dfrac{\pi}{2}\right)$,且 $\theta_2 \in \left(\dfrac{\pi}{2}, \pi\right)$ 时,可取 $y_1 = y_2$.则 $x_1 > x_2$,$\therefore x_1 y_1 > x_2 y_2$.

② 当 $\theta_1 \in \left(0, \dfrac{\pi}{2}\right)$,且 $\theta_3 \in \left(\pi, \dfrac{3\pi}{2}\right)$ 时,显然 $x_1 > x_3$,$y_1 > y_3$.则 $x_1 y_1 > x_3 y_3$.

③ 当 $\theta_1 \in \left(0, \dfrac{\pi}{2}\right)$,且 $\theta_4 \in \left(\dfrac{3\pi}{2}, 2\pi\right)$ 时,可取 $x_1 = x_4$.则 $y_1 > y_4$,$\therefore x_1 y_1 > x_4 y_4$.

＊ 原载湖北大学《中学数学》2014 年第 2 期.

对于端点,即 $\theta = 0$, $\frac{\pi}{2}$, π, $\frac{3\pi}{2}$ 时,显然,最大值在 $\theta = 0$ 或 $\theta = \frac{\pi}{2}$ 时可能取到.

综合①,②,③可知,$f(\theta)$ 的最大值在 $\theta \in \left[0, \frac{\pi}{2}\right]$ 处取到.

(2) 证明仅存在一个使一阶导数值为零的值 θ_k.

$\because \theta \in \left[0, \frac{\pi}{2}\right]$, $\therefore 2\theta \in [0, \pi]$.

设 θ_1, θ_2 满足 $\theta_1 > \theta_2$,且 θ_1, $\theta_2 \in \left[0, \frac{\pi}{2}\right]$.

$\therefore f'(\theta_1) - f'(\theta_2) = c^2(\cos 2\theta_1 - \cos 2\theta_2) + ac(\cos \theta_1 - \cos \theta_2) + bc \cdot (\sin \theta_2 - \sin \theta_1) < 0$.

$\therefore f'(\theta_1) < f'(\theta_2)$. 即 $f'(\theta)$ 在 $\left[0, \frac{\pi}{2}\right]$ 上递减.

又 $\because f'(0) = c^2 + ac$, a, b, $c > 0$.

$\therefore f'(0) > 0$, $f'\left(\frac{\pi}{2}\right) = -c^2 - bc$.

同理 $f'\left(\frac{\pi}{2}\right) < 0$.

又 $f'(\theta)$ 连续,且 $f'(\theta)$ 递减.

$\therefore f'(0)$ 与 $f'\left(\frac{\pi}{2}\right)$ 仅存在一个使得 $f'(\theta_k) = 0$ 的值 θ_k.

$\therefore f'(\theta)$ 与 x 轴只有一个交点.

即只有一个值 θ_k,使 $f'(\theta) = 0$.

(3) 证明此时值 θ_k,使二阶导数的值为负数.

$\because f''(\theta_k) = -2c^2 \sin 2\theta_k - c \cdot \sqrt{a^2 + b^2} \cdot \sin(\theta_k + \varphi)$,且 $\sin \varphi = \dfrac{b}{\sqrt{a^2 + b^2}}$,$\cos \varphi = \dfrac{a}{\sqrt{a^2 + b^2}}$.

又 $\theta_k \in \left[0, \frac{\pi}{2}\right]$, $\varphi \in \left(0, \frac{\pi}{2}\right)$.

$\therefore 2\theta_k \in [0, \pi]$, $\theta_k + \varphi \in (0, \pi)$.

$\therefore \sin 2\theta_k \geqslant 0$, $\sin(\theta_k + \varphi) > 0$, $\therefore f''(\theta_k) < 0$.

$\therefore$ 对于 $\theta_k \in \left(0, \frac{\pi}{2}\right)$,存在唯一的值 θ_k,使 $f'(\theta_k) = 0$,且 $f''(\theta_k) < 0$.

综上可知,$f(\theta)$ 的图像在区间 $\left[0, \frac{\pi}{2}\right]$ 上,有且只有一个最大值点,即仅存在一个值 θ_k,使其一阶导数为零,且二阶导数为负数,即存在最大值.

特别地,当 $a = b$ 时满足定理条件时的圆上点,容易求得 xy 最大值.

推论 若 x, y 满足圆方程 $(x-a)^2 + (y-b)^2 = c^2$,且 $x > a > 0$, $y > b > 0$, $c > 0$,当 $a = b$ 时,则

$$(xy)_{\max} = \frac{1}{2}c^2 + \sqrt{2}ac + a^2.$$

数学史在人类文明史中的贡献具有极为重要的地位.因为人类进步与科学发展紧密相联,而对于数学与物理的研究成果正是理性进步的可靠记录.

——卡约里(Cajori, F.)

指导教师点评 10

俞易同学撰写的《对一道由物理题引发的数学问题的思考》的论文的素材来自一道平时学习中的物理题.他将此物理题去掉物理意义后归结为一个数学问题.要解决这个在一定条件下的圆的最值问题,他通过三角代换后又转化成一个三角问题,此三角问题超出了我们中学知识所能解决的范围,找不到一般的方法解决.于是他先考虑特殊情形,此时,问题即可用三角换元技巧加以解决,并得出 xy 的最大值,但一般情形很难求出 xy 的最大值.

用初等数学解决不了这个问题.为此,他与我交流,我告诉他,这类一般性的三角问题可以通过微积分解决.于是,他自学了微积分的有关内容,经过探索发现,将问题划分成若干个区间,通过分类讨论可以证明本文中的定理,即得出一个最大值的存在性定理.但他忽略了某些特殊点的值的讨论.

当我向他指出以后,他弥补了这个漏洞.由此可以看出,带着研究问题的需要,逐步学习有关知识,此时学知识变得更迫切、更直接,这是未来研究者必须拥有的素质,也不失为一种好的学习方法.

数学殿堂的引路人

俞　易

　　刚在复旦附中读书的时候,因为我酷爱数学这门学科,选修课里总是选数学课,开拓自己的视野.对于汪杰良老师和数学研究,我没有什么了解.直到高一的下半学期,我一个要好的同学有一天和我谈心,聊到汪老师和他开的选修课,说教得很好,只是他不那么喜欢数学,建议我可以考虑参加汪老师的课,一定会有不少收获.于是,在高一的下半学期我开始了汪老师开的数学研究方面的课程学习.

　　真的像我的好朋友说的那样,汪老师一上课,他讲解的内容、数学的概念和新颖的解题思路就给我一种以往没有的焕然一新的感觉,一个看似简单的问题,其实蕴藏着不一般的数学思维,是我以前根本没有想到的做法.很快,我就被他的讲课内容和风格牢牢地吸引住.有时,信息太多,来不及消化,我就按照他的指导,回去思考或翻阅相关的文献,把这些问题理清、想透.渐渐地我在数学方面的知识面不断地扩大起来,原来积累的知识和新的思路逐渐融会贯通.突然,有了一种想把自己感悟的东西写出来的冲动.

　　在那段时间里我写了很多小篇幅的习作,包括勾股定理、黄金分割等,每一块内容都是我对一个问题理解、整理后的思想里的闪光点.每周上汪老师课的时候,都带给他批阅.每次在下一周上课前,他都会抽出时间来就我的小习作给予点评,亮出他的观点,告诉我如何写可以写得更正确、更有深度,如何去挖掘隐藏在我内心深处的灵感.我突然感觉,数学已不是常人印象中一堆枯燥的数字和公式的堆积,它渐渐有了生命,它简直就是艺术,是音乐,是诗歌,我好像真的是在创作.汪老师看到我的进步,他也替我高兴,让我好好地慢慢体会其中的奥妙,告诉我不要操之过急,打好基础之后,一切会水到渠成的.

　　真如汪老师所说,在高二继续学习他的选修课后的一天,我在学校操场上散步,望着满天的星斗,只觉得我知道的数学知识一齐向我的头脑中涌来,我一直没有思考清楚的一个数学问题瞬间有了新的思路.我决定把它写下来.我文思泉涌,一发不可收,一下子就写出了我第一篇论文的雏形,兴冲冲地交给了汪老师.对于我的第一篇论文,虽然有很多问题,汪老师还是很耐心地指导我修改.我第一次开始知道什么是数学论文,它有什么样的格式,应该用什么样严谨的逻辑推理,文章是什么样的架构.我每周末回家修改,周一放在汪老师的信箱里让他修改,周三上课的时候,他再指出我的不足和需要改进的地方.来回几个礼拜下来,我感觉非常辛苦,更别说汪老师了,他为了挤时间,有时凌晨4点就起来帮我改论文,我真的很感动.几经修改之后,看到写好的论文真的是和我之前交给他的文章有了迥然不同的感觉,才悟道,原来之前还只能算是写出来的一个想法而已,而论文是需要经过仔细整理的,要有严密的思路、专业的术语,具备一定的科学性和创新性才行. 汪老师连细节方面也从不疏忽,最后一遍让我回去找错,保证文章内的每个字和标点符号都是正确的. 从汪老师的身上我知道了什么是治学严谨,一丝不苟. 这是我从老师身上学到的最宝贵的特质.

其实在修改第一、第二篇文章的时候,也有许多小波折. 就比如《对一道由物理题引发的数学问题的思考》,初稿很混乱,很多地方都是跳步的,汪老师就直接给我指出这些跳步是不可取的,这会使读者产生误解. 于是我立即将跳过的步骤都加上,使文章结构更加严谨. 到最后准备投稿的时候,我认为已经完全改好,于是头一天晚上粗粗地看了一下,感觉没什么问题,就交给汪老师了. 但是汪老师拿到我这篇论文的时候,却丝毫没有怠慢,反而像对待一篇新的文章一样,仔仔细细地验算核对了论文的每一个部分. 结果,文章中某一段的证明竟然是错的,但是我却没有发现! 汪老师那天上午急匆匆地赶来找我,我验算之后发现果然是有问题的. 暗自心惊的时候,也不禁敬佩汪老师做事事无巨细,不放过每一个潜在的问题.

还有一个细节,很让我感动,那就是每一次修改文章,汪老师一定是亲自来找我改,让我亲手将错误修正. 他曾对我说过:"我如果一次性地将你的文章修改好是一件很简单的事情. 但是如果我这样做的话,你就得不到锻炼了. 尽管文章写得很漂亮,但这都不是你写出来的,是我改出来的. 你其实还是不懂得怎么样写一篇优秀的论文."这段话一直刻在我的心里,让我体会到了汪老师的良苦用心.

第三篇文章的创作遇到了不少麻烦. 当时有一节课上,汪老师用三角、不等式等方法证明了四边形周长一定,当且仅当为正方形时面积最大. 我当时就想用一个更简便的方法将其证明. 与此同时,我也希望证明更一般的对于正多边形的等周定理. 于是也查阅了很多文章,希望通过理解别人的思路来创造我自己的方法. 记得当时有一篇网上的文章说利用了初等方法解决了等周问题,我从它的某一个角度出发,利用不等式也证明了等周定理. 但后来在我和汪老师的几次验算下发现我的证明有着不可回避的逻辑问题. 与此同时,我们又看了那篇文章,结果发现其原来的证明也大有问题. 虽然这篇文章最终流产,但是从中得到了很多宝贵的经验. 比如要用批判的眼光去看待别人的文章,学会发现自己论文的错误等. 这期间,汪老师陪着我做了很多工作,即使最后的证明还是错误的,并没有修改正确,但是他并没有责备我,只是鼓励我再多想多看.

在这几个月写论文的过程中,我的各方面能力得到了提高,特别是在数学逻辑思维方面. 写论文提高了我的思维高度,开阔了我的眼界,同时也使我思考问题更加严谨了. 而在这几个月中,我读的数学书籍几乎比我念书以来读的都要多. 这也与汪老师鼓励我们多去阅读和思考有关.

这段时间撰写论文的经历足以让我铭记一生,因为这样的机会是可遇而不可求的. 很感谢汪老师这几个月对我的无私的帮助,如果没有汪老师,就不会有我这几篇论文的诞生,我对数学的热情也无从表达,数学能力也不会有这么大的提高. 回想起汪老师每一次殚精竭虑地修改文章,连饭点都常常推迟,我的心中一阵感动. 同时也诚挚感谢复旦附中,如果当年我没有来到这里,就绝对没有可能成为现在的我.

构造对偶式证明几个不等式[*]

复旦大学附属中学 2016 届　倪临赟

【摘　要】 本文选取数学竞赛中典型的题目,利用构造对偶式的方法,巧妙证明几个不等式,并对解法进行了评析,归纳总结出一些解题技巧.

【关键词】 对偶式;构造;不等式

在数学解题中,构造对偶式的方法通常有和与差或积与商的对应、构造轮换式、共轭根式等.合理构造不等式,能使原来解法烦琐的题目变得解法简洁明了,大大减少了计算量.

例 1 已知:$a \geqslant b \geqslant c > 0$,求证:$\dfrac{a}{c} + \dfrac{c}{b} + \dfrac{b}{a} + abc \geqslant a + b + c + 1$.

证明 $a \geqslant b \geqslant c > 0 \Rightarrow \dfrac{a}{c} + \dfrac{c}{b} + \dfrac{b}{a} \geqslant \dfrac{c}{a} + \dfrac{b}{c} + \dfrac{a}{b}.$ （ * ）

$\because \dfrac{a}{c} + \dfrac{a}{b} + abc \geqslant 3a,\dfrac{b}{a} + \dfrac{b}{c} + abc \geqslant 3b,$

$\dfrac{c}{b} + \dfrac{c}{a} + abc \geqslant 3c,\dfrac{a}{c} + \dfrac{c}{b} + \dfrac{b}{a} \geqslant 3.$

$\therefore$ 将以上四式相加得

$$2\left(\dfrac{a}{c} + \dfrac{c}{b} + \dfrac{b}{a}\right) + \left(\dfrac{c}{a} + \dfrac{b}{c} + \dfrac{a}{b}\right) + 3abc \geqslant 3(a + b + c + 1).$$（ * * ）

由(*)式结合(* *)式可得:$3\left(\dfrac{a}{c} + \dfrac{c}{b} + \dfrac{b}{a}\right) + 3abc \geqslant 3(a + b + c + 1).$

$\therefore \dfrac{a}{c} + \dfrac{c}{b} + \dfrac{b}{a} + abc \geqslant a + b + c + 1.$

评析 本题(*)式的放缩看似放得轻松,却恰到好处地解决了问题.从这道题目中可以看到,当题目条件给出了变量的大小关系时,对偶式与原式就一定存在大小关系,本题正是利用这种大小关系才能通过均值不等式进行降次.

例 2 已知:$a \geqslant b \geqslant c > 0$,求证:$\dfrac{a^2 b}{c} + \dfrac{b^2 c}{a} + \dfrac{c^2 a}{b} \geqslant a^2 + b^2 + c^2$.

---

* 原载东北师范大学《数学学习与研究》2014 年第 4 期.

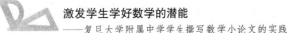

这道题是在《高中竞赛数学教程》中所见,书中给出的解答如下:

证明
$$\frac{a^2b}{c} + \frac{b^2c}{a} + \frac{c^2a}{b} - (a^2 + b^2 + c^2)$$

$$= \frac{a^2}{c}(b-c) + \frac{b^2c}{a} + \frac{c^2a}{b} - b^2 - c^2$$

$$\geq \frac{b^2}{c}(b-c) + 2c\sqrt{bc} - b^2 - c^2$$

$$= \frac{(\sqrt{b}-\sqrt{c})^2}{c}[b(\sqrt{b}+\sqrt{c})^2 - c^2] \geq 0.$$

$$\therefore \frac{a^2b}{c} + \frac{b^2c}{a} + \frac{c^2a}{b} \geq a^2 + b^2 + c^2.$$

评析 这种做法看似非常简洁,但是实际上这种破坏对称性的方法并没有太多的推广价值,而且最后一行的恒等变形对于代数功底的要求很高,那一步放缩也显得无迹可寻,看完解答后总有些知其然而不知其所以然的感觉.

重新审视这道题可以发现此题的条件和例 1 如出一辙,欲证不等式本身也有着一定对称性,因此我们可以尝试着使用构造轮换对偶式的方法.

证明 设 $A = \frac{a^2b}{c} + \frac{b^2c}{a} + \frac{c^2a}{b}$,$B = \frac{a^2c}{b} + \frac{b^2a}{c} + \frac{c^2b}{a}$,由柯西不等式得:$A \cdot B \geq (a^2 + b^2 + c^2)^2$.

又 $\because A - B = \frac{1}{abc}[(a^3b^2 + b^3c^2 + c^3a^2) - (a^3c^2 + b^3a^2 + c^3b^2)]$

$$= \frac{1}{abc}(a-b)(b-c)(a-c)(ab+bc+ca) \geq 0.$$

$$\therefore A \geq B.$$

$$\therefore A^2 \geq AB \geq (a^2 + b^2 + c^2)^2.$$

$$\therefore A \geq a^2 + b^2 + c^2.$$

评析 可以很明显地看到构造对偶式的方法比起上面那一种破坏对称性的方法漂亮得多,也没有太多对于恒等变形的技巧要求.

看到这道题目时一种很自然的想法就是利用柯西不等式,首先想到的可能是 $\left(\frac{a^2b}{c} + \frac{b^2c}{a} + \frac{c^2a}{b}\right)\left(\frac{c}{b} + \frac{a}{c} + \frac{b}{a}\right) \geq (a+b+c)^2$,但是这样就难以用到 $a \geq b \geq c > 0$ 的条件了.而使用构造轮换的对偶式的方法就能自然地用上这个条件,巧妙地证明了这道题.

对偶式与原式存在大小关系的情况除了题目条件给出变量大小关系,还有一种可能是对偶式与原式的差中含有平方式.这一种情况相比于前者较为难以想到,有时需要大胆地尝试.

例 3 证明:对任意实数 $x > 1$,$y > 1$,有不等式:$\frac{x^2}{y-1} + \frac{y^2}{x-1} \geq 8$.

证明 设 $A = \frac{x^2}{y-1} + \frac{y^2}{x-1}$,$B = \frac{x^2}{x-1} + \frac{y^2}{y-1}$.

则 $A-B=\dfrac{x^2-y^2}{y-1}+\dfrac{y^2-x^2}{x-1}=\dfrac{(x+y)(x-y)^2}{(x-1)(y-1)}\geqslant 0.$

$\therefore A\geqslant B.$

又 $\because B=x-1+\dfrac{1}{x-1}+y-1+\dfrac{1}{y-1}+4\geqslant 8.$

$\therefore A\geqslant 8.$

评析　A 式中 x 与 y 之间难以建立联系,因此很难直接处理,而巧妙地利用对偶式 B 进行放缩就能用简单的基本不等式解答此题.

参考文献

［1］熊斌,刘诗雄.高中竞赛数学教程[M].武汉:武汉大学出版社,1993.

［2］蔡小雄.代数变形[M].杭州:浙江大学出版社,2008.

那些能够克服困难而掌握数学知识的人感到学习数学是一种乐趣,有时甚至着了迷.数学离开宇宙的真实虽然还有相当的距离,但在数学领域中却包含着大量的、具有强烈的知识兴趣感的元素,求解数学问题时的奇妙手段能使充满智慧的头脑欢欣鼓舞,无数的科学结构使人们在惊奇中忘乎所以.

—— 贝因,亚历山大(*Bain, Alexander*)

指导教师点评 11

我们知道,构造对偶式是数学解题中一种重要的方法,此方法通常有正与负的对应、和与差的对应、积与商的对应、正弦与余弦的对应、构造轮换式、共轭根式或共轭复数等.合理构造对偶式,能使原来解法烦琐的数学题变得解法简洁明了,使解题具有美感,并且会大大减少计算量,为解题开辟新途径.

倪临赟同学高一上半学期选修了我的"数学欣赏"选修课,《构造对偶式证明几个不等式》是他作为由 14 个人组成的"数学欣赏与数学研究"团队参加 2014 年哈佛中国大智汇(China Thinks Big)活动的 16 篇数学习作中的一篇.此文以几个数学竞赛题为例,并利用构造对偶式的方法巧妙地证明了几个不等式,使人们充分感到构造对偶式解题的优越性.

在此论文例 1 的证明中,$a \geqslant b \geqslant c > 0 \Rightarrow \dfrac{a}{c} + \dfrac{c}{b} + \dfrac{b}{a} \geqslant \dfrac{c}{a} + \dfrac{b}{c} + \dfrac{a}{b}.$ (∗)

这一步并不是显然的,现证明如下:

∵ $a \geqslant b \geqslant c > 0$,设 $b = c + m_1$,$a = b + m_2$,则 $m_1 \geqslant 0$,$m_2 \geqslant 0$.

$\dfrac{a}{c} + \dfrac{c}{b} + \dfrac{b}{a} \geqslant \dfrac{c}{a} + \dfrac{b}{c} + \dfrac{a}{b} \Leftrightarrow \dfrac{a-b}{c} + \dfrac{b-c}{a} + \dfrac{c-a}{b} \geqslant 0 \Leftrightarrow \dfrac{m_2}{c} + \dfrac{m_1}{a} + \dfrac{-m_1-m_2}{b} \geqslant 0$

$\Leftrightarrow abm_2 + bcm_1 - acm_1 - acm_2 \geqslant 0 \Leftrightarrow (b+m_2)bm_2 + bcm_1 - (b+m_2)cm_1 - (b+m_2)cm_2 \geqslant 0$

$\Leftrightarrow b^2 m_2 + bm_2^2 - cm_1 m_2 - bcm_2 - cm_2^2 \geqslant 0$

$\Leftrightarrow (c+m_1)^2 m_2 + (c+m_1)m_2^2 - cm_1 m_2 - (c+m_1)cm_2 - cm_2^2 \geqslant 0$

$\Leftrightarrow m_1^2 m_2 + m_1 m_2^2 \geqslant 0.$ 此不等式显然成立,故 $\dfrac{a}{c} + \dfrac{c}{b} + \dfrac{b}{a} \geqslant \dfrac{c}{a} + \dfrac{b}{c} + \dfrac{a}{b}.$

在高一第二学期初,他就能在数学专业杂志上发表论文,我特别欣喜.之后,他还与梅灵捷、俞易同学一起代表"数学欣赏与数学研究"团队参加哈佛中国大智汇的半决赛,获优秀数学论文奖.

希望有更多的高一同学,在学习中善于归纳、善于总结、善于投稿交流.

关于写数学论文的一些体会

倪临赟

寒假前，我报名参加了 China Thinks Big(CTB,中国大智汇)比赛,我们小组的课题是"数学欣赏与数学研究",这就要求组员们进行数学小论文的创作.因为我从初中开始就一直参加数学竞赛,所以我将目光聚集在数学竞赛题的解题方法上.在各种不同的解题方法中,构造法一直是令我赞叹不已的一种方法,往往一种精巧的构造就能起到化腐朽为神奇的效果,使原本烦琐无比的题目变得简洁明了,大大减少计算量.但是,在欣赏了巧妙做法之后,我总会有种知其然却不知其所以然的感觉.于是我打算以不等式证明为切入点,试图寻找在不同的不等式证明中构造法的共同之处.

虽然在初中有过写小论文的经历,但是当时的文章更多的是对于网上资料的摘录和不加标注的引用,而现在我才发现一篇真正的论文是需要非常严谨地对待的.写文章前的构思永远是最困难的,我拿着几本竞赛教程来回翻阅其中的不等式章节,但是前几天可以说是毫无进展.几天后,一节数学竞赛课上,老师在评讲一道不等式的题目时说:"当题目条件给出了变量的大小关系时,对偶式与原式就会存在大小关系,这时我们可以考虑构造对偶式解决问题."我瞬间意识到这可能成为我构思小论文的突破口所在.

回到家后,我带着老师的这一句总结开始寻找条件给出了变量的大小关系的题目,并尝试着使用构造对偶式的方法加以解决.功夫不负有心人,在演算了十几道题目后,我找到了两道可以用构造法解决的题目.而在寻找的过程中,我又发现当对偶式与原式的差中含有平方式时两者也会存在大小关系.这样一来,文章的选题结束,我又花了几天时间把自己的想法加工成一篇小论文,发给了汪杰良老师.

汪老师很快就给了我回应,让我找个时间和他碰面,当面指导我如何修改.于是,第二天晚上八点,我和汪老师找了一家肯德基探讨文章.汪老师从包里拿出我写的文章,只见上面已经密密麻麻地写满了字.我惊讶于汪老师在两天之内就那么迅速地对我的文章进行了修改.汪老师先对我的文章表示了赞赏,接着就指出了文章的两个重大的问题,一是格式不够规范,二是措辞不够严谨.他先详细地向我讲解了论文基础的组成部分,从摘要、关键词、正文到参考文献等.汪老师还告诉我如何将严谨的逻辑性体现在行文中,手把手地教我改正文章中缺失或是错误的措辞,教我如何使文章变得简明扼要.经过汪老师一番讲解,我才意识到我起初的幼稚.时间过得很快,转眼已经快十点了,汪老师总算讲完了我文章中的不足之处.我想,汪老师的这种为了学生牺牲自己休息时间的做法,是多么的可敬!

几次修改以后,汪老师建议我可以尝试着将文章投稿,争取发表. 他向我介绍了几个数学杂志的办刊宗旨和特色. 我选择了向《数学学习与研究》杂志投稿,并被该杂志录用. 我成功地在数学专业杂志上发表了人生中的第一篇文章,这是我以前从未预料到的. 可以说,如果没有汪老师的耐心指导,我不可能写出这样的文章;如果没有汪老师的介绍,我也不会想到投稿. 衷心地感谢汪老师!

一类三角数列求和的探究*

复旦大学附属中学 2015 届 俞 易

在三角数列求和中,有三个值均为零的等式:

$$\cos\frac{2\pi}{3} + \cos\frac{4\pi}{3} + \cos\frac{6\pi}{3} = 0;$$

$$\cos\frac{2\pi}{5} + \cos\frac{4\pi}{5} + \cos\frac{6\pi}{5} + \cos\frac{8\pi}{5} + \cos\frac{10\pi}{5} = 0;$$

$$\sin\frac{2\pi}{7} + \sin\frac{4\pi}{7} + \sin\frac{6\pi}{7} + \sin\frac{8\pi}{7} + \sin\frac{10\pi}{7} + \sin\frac{12\pi}{7} + \sin\frac{14\pi}{7} = 0.$$

在这三个等式中,各式出现的角成等差数列,且各式中第一个角分别为 2π 的三等分、五等分和七等分的角. 这些角的余弦值的和或正弦值的和均为零.

如果一些角成等差数列,且这些角都是 2π 的 $2n+1$ 等分的倍数,那么还能得到这些角的余弦值的和或正弦值的和为零的结果吗?

经研究,得到如下定理:

定理 1 $\displaystyle\sum_{k=1}^{2n+1}\sin\frac{2k\pi}{2n+1} = 0$, $\displaystyle\sum_{k=1}^{2n+1}\cos\frac{2k\pi}{2n+1} = 0$.

证明 用倒排相加法,先证明 $\displaystyle\sum_{k=1}^{2n+1}\sin\frac{2k\pi}{2n+1} = 0$.

$$\sum_{k=1}^{2n+1}\sin\frac{2k\pi}{2n+1} = \sin\frac{2\pi}{2n+1} + \sin\frac{4\pi}{2n+1} + \cdots + \sin\frac{2\cdot 2n\pi}{2n+1} + \sin\frac{2(2n+1)\pi}{2n+1}$$

$$= \left(\sin\frac{2\pi}{2n+1} + \sin\frac{2\cdot 2n\pi}{2n+1}\right) + \left[\sin\frac{4\pi}{2n+1} + \sin\frac{2(2n-1)\pi}{2n+1}\right] + \cdots +$$

$$\left[\sin\frac{2n\pi}{2n+1} + \sin\frac{2(n+1)\pi}{2n+1}\right] + \sin 2\pi$$

$$= 2\sin\pi\cos\frac{(2n-1)\pi}{2n+1} + 2\sin\pi\cos\frac{(2n-3)\pi}{2n+1} + \cdots + 2\sin\pi\cos\frac{\pi}{2n+1} + \sin 2\pi$$

$$= 0.$$

---

* 原载陕西师范大学《中学数学教学参考》2014 年第 3 期.

其次,用凑项、裂项法证明 $\sum\limits_{k=1}^{2n+1}\cos\dfrac{2k\pi}{2n+1}=0$.

$$\sum_{k=1}^{2n+1}\cos\frac{2k\pi}{2n+1}=\cos\frac{2\pi}{2n+1}+\cos\frac{4\pi}{2n+1}+\cdots+\cos\frac{2(2n+1)\pi}{2n+1}$$

$$=\frac{2\sin\dfrac{\pi}{2n+1}\left[\cos\dfrac{2\pi}{2n+1}+\cos\dfrac{4\pi}{2n+1}+\cdots+\cos\dfrac{2(2n+1)\pi}{2n+1}\right]}{2\sin\dfrac{\pi}{2n+1}}$$

$$=\frac{2\cos\dfrac{2\pi}{2n+1}\sin\dfrac{\pi}{2n+1}+2\cos\dfrac{4\pi}{2n+1}\sin\dfrac{\pi}{2n+1}+\cdots+2\cos\dfrac{2(2n+1)\pi}{2n+1}\sin\dfrac{\pi}{2n+1}}{2\sin\dfrac{\pi}{2n+1}}$$

$$=\frac{\left(\sin\dfrac{3\pi}{2n+1}-\sin\dfrac{\pi}{2n+1}\right)+\left(\sin\dfrac{5\pi}{2n+1}-\sin\dfrac{3\pi}{2n+1}\right)+\cdots+\left(\sin\dfrac{4n+3}{2n+1}\pi-\sin\dfrac{4n+1}{2n+1}\pi\right)}{2\sin\dfrac{\pi}{2n+1}}$$

$=0.$

于是,进一步猜想是否有更一般的结论?如果一些角成等差数列且这些角是 2π 的 n 等分的倍数,那么还能得到这些角的余弦值的和或正弦值的和仍为零的结果吗?

经研究,我们得到如下定理:

定理 2　$\sum\limits_{k=1}^{n}\cos\dfrac{2k\pi}{n}=0(n\geqslant 2\text{ 且 }n\in\mathbf{N}^*)$,　$\sum\limits_{k=1}^{n}\sin\dfrac{2k\pi}{n}=0(n\in\mathbf{N}^*)$.

这个定理可以依照定理 1 的证明方法证明. 这里使用高次方程的韦达定理予以证明.

证明　二项方程 $x^n-1=0$ 的通解为

$$x_k=\cos\frac{2k\pi}{n}+\mathrm{i}\sin\frac{2k\pi}{n}(k=1,2,\cdots,n).$$

对于一元 n 次方程 $\sum\limits_{m=1}^{n}a_mx^m+a_0=0$ 的根 x_1,x_2,x_3,$\cdots$,x_n 有韦达定理

$$\begin{cases}x_1+x_2+x_3+\cdots+x_n=-\dfrac{a_{n-1}}{a_n}, & ① \\[2mm] x_1x_2+x_1x_3+\cdots+x_{n-1}x_n=\dfrac{a_{n-2}}{a_n}, & ② \\[2mm] \cdots\cdots & \\[2mm] x_1x_2x_3\cdots x_n=(-1)^n\dfrac{a_0}{a_n}. & ⓝ\end{cases}$$

考察①式,当 $n\geqslant 2$ 时,$\sum\limits_{k=1}^{n}\left(\cos\dfrac{2k\pi}{n}+\mathrm{i}\sin\dfrac{2k\pi}{n}\right)=0.$

由复数等于零的充要条件可知

$$\sum_{k=1}^{n}\cos\frac{2k\pi}{n}=0(n\geqslant 2,\text{且}\,n\in\mathbf{N}^*),\quad \sum_{k=1}^{n}\sin\frac{2k\pi}{n}=0(n\geqslant 2,\text{且}\,n\in\mathbf{N}^*).$$

又 $n=1$ 时,$\displaystyle\sum_{k=1}^{n}\sin\frac{2k\pi}{n}=\sin2\pi=0.$

故 $\displaystyle\sum_{k=1}^{n}\sin\frac{2k\pi}{n}=0(n\in\mathbf{N}^*).$

将定理 2 拓展结论,可得到如下定理:

定理 3 $\displaystyle\sum_{k=1}^{n}\cos\frac{(4k+2)\pi}{n}=0(n\geqslant3,且\,n\in\mathbf{N}^*)$,$\displaystyle\sum_{k=1}^{n}\sin\frac{(4k+2)\pi}{n}=0(n\in\mathbf{N}^*).$

证明 当 $n\geqslant3$ 时,

$$\sum_{k=1}^{n}\cos\frac{(4k+2)\pi}{n}=\cos\frac{6\pi}{n}+\cos\frac{10\pi}{n}+\cos\frac{14\pi}{n}+\cdots+\cos\frac{(4n+2)\pi}{n}$$

$$=\frac{1}{2\sin\dfrac{2\pi}{n}}\Big[2\cos\frac{6\pi}{n}\sin\frac{2\pi}{n}+2\cos\frac{10\pi}{n}\sin\frac{2\pi}{n}+$$

$$2\cos\frac{14\pi}{n}\sin\frac{2\pi}{n}+\cdots+2\cos\frac{(4n+2)\pi}{n}\sin\frac{2\pi}{n}\Big]$$

$$=\frac{1}{2\sin\dfrac{2\pi}{n}}\Big[\Big(\sin\frac{8\pi}{n}-\sin\frac{4\pi}{n}\Big)+\Big(\sin\frac{12\pi}{n}-\sin\frac{8\pi}{n}\Big)+$$

$$\Big(\sin\frac{16\pi}{n}-\sin\frac{12\pi}{n}\Big)+\cdots+\Big(\sin\frac{(4n+4)\pi}{n}-\sin\frac{4n\pi}{n}\Big)\Big]$$

$$=\frac{1}{2\sin\dfrac{2\pi}{n}}\Big[\sin\frac{(4n+4)\pi}{n}-\sin\frac{4\pi}{n}\Big]$$

$$=\frac{1}{2\sin\dfrac{2\pi}{n}}\cdot2\cos\frac{(2n+4)\pi}{n}\sin2\pi=0.$$

$$\sum_{k=1}^{n}\sin\frac{(4k+2)\pi}{n}=\sin\frac{6\pi}{n}+\sin\frac{10\pi}{n}+\sin\frac{14\pi}{n}+\cdots+\sin\frac{(4n+2)\pi}{n}$$

$$=\frac{1}{2\sin\dfrac{2\pi}{n}}\Big[2\sin\frac{6\pi}{n}\sin\frac{2\pi}{n}+2\sin\frac{10\pi}{n}\sin\frac{2\pi}{n}+$$

$$2\sin\frac{14\pi}{n}\sin\frac{2\pi}{n}+\cdots+2\sin\frac{(4n+2)\pi}{n}\sin\frac{2\pi}{n}\Big]$$

$$=\frac{1}{2\sin\dfrac{2\pi}{n}}\Big[-\Big(\cos\frac{8\pi}{n}-\cos\frac{4\pi}{n}\Big)-\Big(\cos\frac{12\pi}{n}-\cos\frac{8\pi}{n}\Big)-$$

$$\Big(\cos\frac{16\pi}{n}-\cos\frac{12\pi}{n}\Big)-\cdots-$$

$$\Big(\cos\frac{(4n+4)\pi}{n}-\cos\frac{4n\pi}{n}\Big)\Big]$$

$$=-\frac{1}{2\sin\dfrac{2\pi}{n}}\Big[\cos\frac{(4n+4)\pi}{n}-\cos\frac{4\pi}{n}\Big]$$

$$= -\frac{1}{2\sin\dfrac{2\pi}{n}} \cdot (-2)\sin\frac{(2n+4)\pi}{n}\sin 2\pi = 0.$$

当 $n = 1$ 时，$\displaystyle\sum_{k=1}^{n}\sin\frac{(4k+2)\pi}{n} = \sin 6\pi = 0$.

当 $n = 2$ 时，$\displaystyle\sum_{k=1}^{n}\sin\frac{(4k+2)\pi}{n} = \sin 3\pi + \sin 5\pi = 0$.

进一步推广得到如下定理：

定理 4

$$\sum_{k=1}^{n}\cos\frac{m^2+2k+2km+m}{n}\pi = 0\,(1 \leqslant m < n-1,\text{且 } m \in \mathbf{N}^*,\, n \in \mathbf{N}^*);$$

$$\sum_{k=1}^{n}\sin\frac{m^2+2k+2km+m}{n}\pi = 0\,(1 \leqslant m < n-1,\text{且 } m \in \mathbf{N}^*,\, n \in \mathbf{N}^*).$$

在证明定理 4 之前，先看如下引理：

引理　若 $n\in\mathbf{N}^*$，$\beta\neq 2k\pi$，$k\in\mathbf{Z}$，则有

$$\cos\alpha + \cos(\alpha+\beta) + \cos(\alpha+2\beta) + \cdots + \cos[\alpha+(n-1)\beta] = \frac{\sin\dfrac{n\beta}{2}}{\sin\dfrac{\beta}{2}}\cos\left(\alpha+\frac{n-1}{2}\beta\right).$$

$$\sin\alpha + \sin(\alpha+\beta) + \sin(\alpha+2\beta) + \cdots + \sin[\alpha+(n-1)\beta] = \frac{\sin\dfrac{n\beta}{2}}{\sin\dfrac{\beta}{2}}\sin\left(\alpha+\frac{n-1}{2}\beta\right).$$

对于角度成等差数列的余(正)弦的一次式的和，可采用分子、分母同乘以公差角一半的正弦函数的 2 倍，再积化和差，从而用错位相消法求出和，引理的证明从略。

证明　当 $1 \leqslant m < n-1$，且 $m \in \mathbf{N}^*$，$n \in \mathbf{N}^*$ 时，此时，$\alpha = \dfrac{2(m+1)+m(m+1)}{n}\pi$，

$\beta = \dfrac{2(m+1)}{n}\pi$.

$$\sum_{k=1}^{n}\cos\frac{2k(m+1)+m(m+1)}{n}\pi$$

$$= \cos\frac{2(m+1)+m(m+1)}{n}\pi + \cos\frac{4(m+1)+m(m+1)}{n}\pi + \cdots +$$

$$\cos\frac{2n(m+1)+m(m+1)}{n}\pi$$

$$= \frac{\sin(m+1)\pi}{\sin\dfrac{(m+1)\pi}{n}}\cos\left[\frac{2(m+1)+m(m+1)}{n}\pi + \frac{n-1}{2}\cdot\frac{2(m+1)}{n}\pi\right] (\text{运用引理})$$

$$= \frac{\sin(m+1)\pi}{\sin\dfrac{(m+1)\pi}{n}}\cos\frac{(n+1)(m+1)+m(m+1)}{n}\pi$$

$$= 0.$$

当 $1 \leqslant m < n-1$，且 $m \in \mathbf{N}^*$，$n \in \mathbf{N}^*$ 时，此时，$\alpha = \dfrac{2(m+1) + m(m+1)}{n}\pi$，$\beta = \dfrac{2(m+1)}{n}\pi$.

同理 $\displaystyle\sum_{k=1}^{n} \sin \dfrac{m^2 + 2k + 2km + m}{n}\pi$

$= \dfrac{\sin(m+1)\pi}{\sin \dfrac{(m+1)\pi}{n}} \sin \dfrac{(n+1)(m+1) + m(m+1)}{n}\pi$

$= 0.$

参考文献

[1] 汪杰良. 三角函数[M]. 福州：福建教育出版社，1999.

虽说认为在初等数学中已不可能再留下什么未被发现或可供改进之处的看法也属过于粗糙，然而依然可以断言，数学这块土地已被发掘得如此长久和仔细，所以任何不费气力的偶然发现都是不存在的.

——托德亨脱，依萨克（Todhunter, Isaac）

指导教师点评 12

俞易同学为了撰写《一类三角数列求和的探究》这篇数学论文，自学了有关复数的内容以及高次方程的有关知识.本文思维跳跃较大，解题方法也非常灵活，但论文中有若干处疏漏与错误，此书中已经加以修正.

虽然俞易的论文有疏漏和错误，可能是他思考问题不够细致所导致，但这些漏洞和错误都是可以修正的.他的这种从特殊到一般的猜想，灵活使用跨数学分支的知识加以证明的创新精神和实践能力是难能可贵的.这也正是需要我们教育工作者循循善诱、着力培养的.数学的研究不就是在产生新概念、创造新方法的过程中不断完善和发展的吗？数学这座宏伟大厦不就是数学家与数学爱好者们一砖一瓦共同建造的吗？

数学论文是这样产生的

俞 易

《一类三角数列求和的探究》是我在高中创作的第一篇数学小论文,其灵感来自高一时在《高中数学精编·代数》三角函数板块 C 组上的一道题. 这道题是让我们证明:

$$\sum_{k=1}^{13} \sin \frac{2k\pi}{13} = 0, \ \sum_{k=1}^{13} \cos \frac{2k\pi}{13} = 0.$$

当时我觉得这道题很难. 首先,题目中给出的角度绝大多数都不是特殊值;其次,项数较多,如果死算必定麻烦,反而得不到结果;最后,这个三角数列的求和竟然等于 0,等式左右难以建立关系. 思索片刻无果,于是我就先将它放在一边. 正巧当时我在自学有关复数的知识. 根据代数基本定理,我们知道,一个一元 n 次方程在复数域中必有 n 个根. 利用复数与代数基本定理的知识,我试着解方程:$x^n - 1 = 0$,并且得到结果:$x_k = \cos \frac{2k\pi}{n} +$ $i\sin \frac{2k\pi}{n} (k = 1, 2, \cdots, n)$. 得到这个式子后,我忽然发现它与之前没有做出来的题目中式子是相像的. 于是我立即将两个式子对比,发现题目中的三角数列通项与所得根在 $n = 13$ 的情况下相似. 思索片刻,将两个式子结合,便得到 $\sum_{k=1}^{13} x_k = 0$. 而这个结果是一定的!因为对于方程 $x^{13} - 1 = 0$ 应用韦达定理可知 $\sum_{k=1}^{13} x_k = 0$. 这个结果让我感到意外与惊喜,一道三角数列求和的题目却是利用复数的代数基本定理完成. 然而我在做完这道题后,并没有再作深入的讨论.

再次关注这个问题已是高二了. 高二时,我选修了汪杰良老师的"数学研究"课程,在某节课上汪老师谈到了一组有趣的三角数列求和,我立即想到了我高一时曾经研究过的这个三角数列求和. 在汪老师的鼓励下,我对这个问题作了一个探究,将等式推广到更一般的形式.

观察原来的解法,主要分为两步:第一步构造一个特殊的一元高次方程,使其根符合所求的三角数列通项;第二步是利用韦达定理,并根据复数的性质得到所求三角数列的和. 于是从这个角度出发,我选择一个特殊的一元 n 次高次方程,并直接结合韦达定理等得到结论:

$$\sum_{k=1}^{n} \cos \frac{2k\pi}{n} = 0, \quad \sum_{k=1}^{n} \sin \frac{2k\pi}{n} = 0.$$

这个结果促使我再次推广,我很快地得到了两个三角数列求和的等式:

$$\sum_{k=1}^{n} \cos \frac{m^2 + 2k + 2km + m}{n}\pi = 0, \quad \sum_{k=1}^{n} \sin \frac{m^2 + 2k + 2km + m}{n}\pi = 0$$
$$(k = 1, 2, 3, \cdots, n, \ m \leqslant n-1).$$

我将所研究的结果与汪老师作了交流. 针对我的定理1,汪老师利用了倒排相加法与凑项、裂项法将这个问题解决了. 这种做法形式整齐,并且利用了和差化积或积化和差的方法,使解题过程更优美. 汪老师也肯定了我这种做法简洁的优点. 通过与汪老师的交流,我将这些数学思想汇集并且写成数学论文,即《一类三角级数的探究》,汪老师建议我按现行教材的提法,将论文题目改成《一类三角数列求和的探究》. 当时,汪老师正在指导参加哈佛中国大智汇的"数学欣赏与数学研究"团队14名同学的数学论文,每位同学的论文都要与他交流. 汪老师告诉我:"仿照定理1的修改,自己去修改其他的几个定理吧!"在汪老师的引导和帮助下,我的论文不仅修改得很好,而且在中文核心期刊《中学数学教学参考》上发表了.

同时,我与14位伙伴在汪老师的指导下参加了CTB创新大赛,我们小组研究的课题是"数学欣赏与数学研究". 在参加CTB大赛的时候,汪老师要求我们将所有论文进行严格检查. 由于文章已发表,我就没有再检查,但是汪老师却一丝不苟地检查了我们所有的论文,包括这篇论文. 不料,我的文章是存在问题的. 2014年3月的一个晚上,汪老师突然给我打了一个电话,说我的《一类三角数列求和的探究》这篇文章需要修改. 当时惊得我一身冷汗,立即打开电脑查看. 汪老师一一指出了我文章的问题,我边听边看,果然,我在这些地方的处理的确是有问题的. 挂上电话后,我久久不能平静,躺在床上就在思考如何补救这个问题,结果思索了一整夜还是没有办法解决. 之后几天内,我利用所有的业余时间去研究,却也没办法修补我的漏洞. 而与此同时,汪老师也在帮我修改这个错误. 直到参加CTB半决赛的当天上午,汪老师拿出了一份文档,这份文档便是汪老师对我文章错误的修改稿. 我细细品读之后,感到茅塞顿开,这个问题终于解决了.

这件事带给我的影响很大,因为这是我的处女作,但却是一篇有问题的文章,有一段时间我的心中都有阴影. 但是汪老师一直安慰我说文章出错是正常的,只要改正便是了,让我不要背太多的负担. 虽然如此,可一想到由于我的错误让汪老师花费了很多心血,心中还是有一丝愧疚. 然而,这篇文章依然值得我珍藏,因为这篇小小的文章使我懂得"治学严谨"四字的意义,而这是任何其他活动不能带给我的.

一个格点最短路径问题的思考*

复旦大学附属中学 2014 届　金晓阳

【摘　要】　将平面格点最短路径问题,放在平面直角坐标系中研究比较便捷.本文用三种不同的方法解决了一种平面格点最短路径问题,进而将问题推广到空间情形.通过对问题的探究,最终成功推广了组合数性质.

【关键词】　格点;最短路径;概率;组合数性质

格点最短路径问题是十分有趣的数学问题.它与高中数学中的排列组合、概率等概念有很大关联,让我们先来做一道这样的问题:

例1　如图1所示,在平面直角坐标系中有一动点 P,t_0 时刻位于原点处,之后每一秒内,点 P 沿 x 轴正方向或 y 轴正方向运动一个单位,两种运动方式的概率相等.请问 6 秒后,点 P 运动了 6 个单位的路程,到达 $(3,3)$ 的概率为多少?

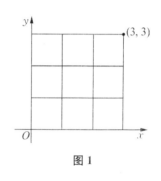

图1

分析　由于整个运动过程可能的路径即基本事件数是有限的,且向右运动 1 个单位与向上运动 1 个单位为等可能事件,即每个基本事件出现的可能性相等,故该模型符合古典概型.

解法一　点 P 到达某个格点之前,必然经过与该格点相邻的左方一个格点或下方一个格点,即到达某格点的最短路径数等于到达左方与之相邻格点的最短路径数和到达下方与之相邻格点的最短路径数之和.若到达 x 轴上的某个格点,之前必然由原点 O 开始不断沿着 x 轴正方向运动,这是唯一的选择,故到达 x 轴上每个格点的最短路径数都是 1,同理可得,到达 y 轴上每个格点的最短路径数也都是 1.由此可计算出到达任意格点的最短路径数.

6 秒后,点 P 一共移动了 6 个单位,可能到达 $(6,0)$,$(5,1)$,$(4,2)$,$(3,3)$,$(2,4)$,$(1,5)$,$(0,6)$,可由以上方法求出 6 秒后运动到这些格点的最短路径条数(如图2所示),这些路径中任意两条出现的概率相等.

设 A 表示"6 秒后点 P 通过某种路径运动到 $(3,3)$ 的事件",它包含基本事件数为 20,

* 原载东北师范大学《数学学习与研究》2014 年第 5 期.

基本事件总数为 $1+6+15+20+15+6+1=64$.

$$\therefore P(A)=\frac{20}{64}=\frac{5}{16}.$$

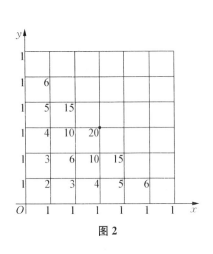

图 2

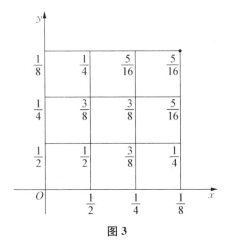

图 3

解法二 到达某个格点 (a,b) 的概率等于少运动一个单位的情况下到达 $(a,b-1)$ 概率的一半与到达 $(a-1,b)$ 概率的一半之和,到达 x 轴上 $(x,0)(x\in\mathbf{N})$ 的概率为 $\left(\frac{1}{2}\right)^x$,到达 y 轴上 $(0,y)(y\in\mathbf{N})$ 的概率为 $\left(\frac{1}{2}\right)^y$. 由此可以计算出到达任一格点的概率(如图 3 所示).

$$\therefore P(A)=\frac{5}{16}.$$

解法三 6 秒后点 P 到达 $(3,3)$ 即 6 次运动中恰有 3 次沿 x 轴正方向运动,另有 3 次沿 y 轴正方向运动,A 的基本事件数为 C_6^3,而每一次运动都有两种等可能的情况,基本事件总数为 2^6.

$$\therefore P(A)=\frac{C_6^3}{2^6}=\frac{5}{16}.$$

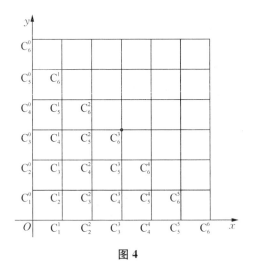

图 4

由解法三,我们可以归纳得出一般结论:经过 $a+b$ 秒($a,b\in\mathbf{N}$,不都为 0),点 P 恰好移动到 (a,b) 的不同路径有 C_{a+b}^a 条.

将解法一平面直角坐标系中每个格点的路径数都用组合数表示(如图 4),再根据解法一的思路,我们可以发现 $C_{a+b}^a=C_{a+b-1}^a+C_{a+b-1}^{a-1}$. 由此易得组合数性质:$C_n^m+C_n^{m-1}=C_{n+1}^m$.

以下将例 1 的平面情形推广到空间情形.

例 2 在空间直角坐标系中,有一动点 P,t_0 时刻位于原点处,之后每一秒内,点 P 沿 x 轴正方向或 y 轴正方向或 z 轴正方向运动一个单位,三种运动方式的概率相等. 求:

(1) 6 秒后,点 P 运动了 6 个单位的路程,到达 $(1,2,3)$ 的概率为多少?

（2）经过 $a+b+c$ 秒（$a,b,c\in\mathbf{N}$，不都为 0），点 P 运动了 $a+b+c$ 个单位的路程，恰好到达 (a,b,c) 的概率为多少？

分析 本题与例 1 相似，符合古典概型，也同样可采用例 1 的三个解法进行求解．然而如果采用解法一与解法二，解题会比较烦琐，图形也难以绘出，而解法三的优势就体现得更加明显，故在此仅采用这种解法．

解 （1）设 A 表示"6 秒后点 P 通过某种路径运动到 $(1,2,3)$ 的事件"．

6 秒后点 P 到达 $(1,2,3)$，即 6 次运动中恰有 1 次沿 x 轴正方向运动，其余 5 次运动中有 2 次沿 y 轴正方向运动，另外 3 次都是沿 z 轴正方向运动．A 的基本事件数为 $C_6^1 C_5^2 C_3^3$，而每一次运动都有三种等可能的情况，基本事件总数为 3^6．

$$\therefore P(A)=\frac{C_6^1 C_5^2 C_3^3}{3^6}=\frac{20}{243}.$$

（2）设 B 表示"$a+b+c$ 秒后点 P 通过某种路径运动到 (a,b,c) 的事件"．

$a+b+c$ 秒后点 P 到达 (a,b,c)，即 $a+b+c$ 次运动中恰有 a 次沿 x 轴正方向运动，其余 $b+c$ 次运动中有 b 次沿 y 轴正方向运动，另外 c 次都是沿 z 轴正方向运动．B 的基本事件数为 $C_{a+b+c}^a C_{b+c}^b C_c^c$，而每一次运动都有三种等可能的情况，基本事件总数为 3^{a+b+c}．

$$\therefore P(B)=\frac{C_{a+b+c}^a C_{b+c}^b C_c^c}{3^{a+b+c}}=\frac{C_{a+b+c}^a C_{b+c}^b}{3^{a+b+c}}.$$

我们用这种解法很简便地找到更一般的规律．当然，用例 1 解法一的思考方法，容易得到：运动到格点 $(a,b,c)(a,b,c\in\mathbf{N}^*)$ 的最短路径数等于到达 $(a-1,b,c)$，$(a,b-1,c)$，$(a,b,c-1)$ 三个格点的最短路径数之和．由此，我们可以归纳得出这样的恒等式 $C_{a+b+c}^a C_{b+c}^b C_c^c=C_{a+b+c-1}^{a-1}C_{b+c}^b C_c^c+C_{a+b+c-1}^a C_{b+c-1}^{b-1}C_c^c+C_{a+b+c-1}^a C_{b+c-1}^b C_{c-1}^{c-1}$．将其简化和推广，我们可以得到这样的结论：对于任意大于 1 的正整数 p,q,r,s，若 $p>r$ 且 $q>s$，则 $C_p^r C_q^s=C_{p-1}^{r-1}C_q^s+C_{p-1}^r C_{q-1}^{s-1}+C_{p-1}^r C_{q-1}^s$．证明如下：

$$C_{p-1}^{r-1}C_q^s+C_{p-1}^r C_{q-1}^{s-1}+C_{p-1}^r C_{q-1}^s$$

$$=\frac{(p-1)!q!}{(r-1)!(p-r)!s!(q-s)!}+\frac{(p-1)!(q-1)!}{r!(p-r-1)!(s-1)!(q-s)!}+$$

$$\frac{(p-1)!(q-1)!}{r!(p-r-1)!s!(q-s-1)!}$$

$$=\frac{(p-1)!q!r+(p-1)!(q-1)!(p-r)s+(p-1)!(q-1)!(p-r)(q-s)}{r!(p-r)!s!(q-s)!}$$

$$=\frac{(p-1)!(q-1)!(qr+ps-rs+pq-rq-ps+rs)}{r!(p-r)!s!(q-s)!}$$

$$=\frac{(p-1)!(q-1)!pq}{r!(p-r)!s!(q-s)!}$$

$$=\frac{p!q!}{r!(p-r)!s!(q-s)!}$$

$$=C_p^r C_q^s.$$

由此，我们成功地推广了组合数性质．

如果我们从一开始就能够预见到：遵循某种解法能达到我们的目的，甚至能够证明这一点，则这种解法是完善的.

——**莱布尼茨**

指导教师点评 13

金晓阳同学撰写的《一个格点最短路径问题的思考》的初稿是《格点最短路径问题引发的一系列思考——从小学奥数谈起》，并且从一道小学的奥林匹克数学竞赛题推广到高中的一道概率题，即本文中的例1，然后引申推出组合数的两个性质，最后提到可以用类似的方法解决本文中的例2，但他没有解答例2.

我想写从小学奥数谈起的论文要在以高中及大学知识为背景的数学专业杂志上投稿，如果作者不是著名的专家和学者的话，编辑是不会予以受理的，必须以高中数学的排列、组合、概率改写问题以更符合数学专业杂志的要求.我给他提出修改意见：(1)论文题目不够精炼，需要加以简化.尤其是副标题不能要.(2)原文中的例1及分析和解答应舍去.(3)原文中的例2作为本文中的例1，直接通过建立坐标系研究，格点问题不是更符合专业数学杂志的读者的要求吗？(4)原文中推出的组合数的两条性质，课本上已经有了，是大家都知道的常识，这些内容也要删去.(5)原文最后提到可以用类似的方法解决的问题有三小题，我感到第1小题太简单，可以删去，保留求概率的后两小题可以作为本文的例2，我想，本文的价值正是这个空间情形，故要求他把例2的解答完整地、详细地写出来.(6)在空间情形，推出类似于平面组合数的性质.

金晓阳同学根据修改意见，去认真修改了论文.他在例2的基础上，进一步研究得到组合数性质在空间的推广情形，发现了一个新的组合恒等式.这种从平面到空间的类比，从特殊问题到一般结论的探索，是思维过程的飞跃，是一个学生追求卓越的具体表现.

卓越的复旦附中人

金晓阳

去年暑假末,那是升入高三之际,我创作了一篇数学论文,名曰《一个格点最短路径问题的思考》,汪杰良老师帮忙修改润色了一番,我便很快投稿了,东北师范大学《数学学习与研究》录用了我的拙作,这算是我的处女作了.为此,我也十分荣幸地得到了附中的"追求卓越奖学金"二等奖.回想创作这篇论文的经历,我仔细思考了"卓越的附中人"是怎么一个概念.

或许很多人觉得,附中人的卓越毋庸置疑,我也始终这么觉得.前一阵子准备复旦自主招生面试,我重新审视我们作为附中人卓越的、异于常人的地方,有了更深刻的理解.从学习的角度来看附中人,最关键的有两个:其一,是"全面",最直接的,就是我们的选修课分为八大板块,要求学生每个板块都要涉及,另外艺术课丰富的学习内容也很能体现这一点,很像复旦大学强调的通识教育;其二,是"自主",最直接的,就是我们的选修课、体育课的具体课程由我们自主选择,还包括劳技课上我们能够自己设计制作小车和单片机."全面"而"自主"地学习是科学的学习方式,也是卓越的附中人异于常人的地方.

汪老师开设"数学研究"选修课,指引我们多思考,并把自己的想法写出来.对一个问题,每个人都有自己独特的想法和思路,而每个人想的问题、关注点也千差万别,那如果用纸和笔把各自所想表达出来,必然不是千篇一律,而是百花齐放,彰显出每个个体思考的特色、创新的见解,这便是一种"自主"学习的集中体现.

这种附中人独有的"自主"学习的卓越精神,不是容易培养的,因为我们学习的大环境并不赋予我们培养这种精神的好机会.

中国的基础教育确实比较好,上海丰厚的教育资源更使其基础教育世界领先,但这基本上是由反复的操练(作业与考试)换来的,是知识强行灌输的结果,我们的基础教育并没有培养起学生的自主学习能力,反而固化了学生的思维.具有讽刺意义的是,许多学生反复操练了多年的、似乎根深蒂固的数学知识,高考考完,暑假一过,就忘记了大半,这不仅可笑,而且可悲.我们的教育往往培养流水线工人,很少培养出卓越的科学家、数学家.其实这些都是众人皆知、老生常谈的问题了,我也无法逃脱这样教育体制的束缚.

事实上,在高中之前,我并不懂得自主学习,这正是多年来知识强行灌输的后果,是附中的氛围使我初步明白什么是自主学习,"数学研究"的课程在其中起了不小的作用.

最初,汪老师对我们提出期望,期待我们能出好的论文.但我很疑惑,我们如今学习的

这些知识,都是过往一代代数学家的成果,仅凭我们如今浅陋的见识,哪里能够想出什么比他们更高明的东西呢?那时我也试图去想一些问题,但总是被框死在已知的东西中,突破不了.

课堂上,汪老师通过联想式的思考推出了一个又一个精妙的数学公式和结论,例如只利用正弦定理,我们见证了他一步一步推导出我们熟悉的和不熟悉的三角公式.好像是经受了"旷代全智者智慧的催逼",经过一学期的学习,潜移默化之中,我好像领会了一些数学研究的思路和方法,懂得了如何思考问题.这其实是一种自主学习的能力.

我一直对排列组合有兴趣,从学小学奥数开始就如此,对高二上课的一些例题,我不仅可以用高中刚学的方法来做,小学奥数的做法仍很有用,格点最短路径问题正符合这一点.暑假里,我便把一道格点最短路径的例题用两种方法解答的过程付诸笔墨,并分析了两种方法的联系,我出乎意料地发现,这背后竟然是组合数性质.而当时我们也刚学习了空间向量,引入了空间直角坐标系,我便尝试把二维的格点最短路径问题推广到三维,也用了小学奥数和高中的两种方法做了思考,竟然发现了一个组合数的恒等式,我未曾学到过它,但它很可能是对的.这时候,我异常欣喜,很快就用组合数的定义证明出了我发现的恒等式.

虽然我得出的结论一点也不高级,完全是课后思考不经意间的小发现,实在不值得称赞,但我觉得并不容易,因为想什么问题是一方面,想明白是另一方面,表达清晰又是一个方面,加之电脑水平低,从来没有使用过数学符号编辑器、几何画板,而且学业压力挺繁重.但我终于还是写出来了,不能说是轻松的.

但更重要的,是这一过程中我有幸切身体会到了"自主"学习的卓越精神,这是附中人特有的."数学研究"给我最大的收获就是"自主",不是所有上"数学研究"课的同学都有文章发表,但大家一定能够感同身受.在自主学习、自主探究的过程中,我越发感到数学是很精妙的,而附中人是很了不起的.

而附中人的精神远不止"全面"和"自主".

数学,虽然是一门大家普遍重视的学科,但平时生活中哪里需要用到什么三角函数、解析几何?大多数人学它,主要是因为高考要考,不得不学,这是功利的,但认为数学本身却是无用的.西方近代的许多科学家、哲学家,他们很多都是"钟鸣鼎食之家",本来就衣食无忧才去搞科学研究,那些肚子填饱都成问题的劳苦大众哪里有闲情雅致去研究这些高深莫测的东西呢?同理,做数学研究、写论文本身是一件奢侈的事情,至少是相当高雅、曲高和寡的,不是一般人愿意去做的,他们考大学都没有多么好的保证,哪里有工夫去管这些无用的事情呢?

但庄子说过:"无用之用,方为大用."我们附中人到底是附中人,懂得这个道理.报名参加"数学研究"课的不少同学都写出了论文.写论文不是一件高产出的事情,而是一件艰难的事情.我们却迎难而上,愿意去做,敢于去做,这便足以证明附中人的卓越了.

对于数学论文的写作,我认为,更难能可贵的一点,是愿意走、敢于走这条光荣荆棘路的附中人不仅限于理科班与创新班的学生,我们平行班的学生同样有这样的勇气和自主学习能力.作为一名平行班的学习委员,我一直致力于塑造班级良好的学习氛围,致力于与理科班、创新班的"学霸"们竞争.我从不认为理科班与创新班的学生有异于我们平行班学生的基因,平行班的优秀学生完全可以与他们"日月光华同灿烂".

理科班和创新班的数学比平行班优秀,但这并不妨碍我们平行班同学对学术真理的追求,对数学的思考.参与"数学研究"课程的同学中有很大一部分来自平行班,其中不少同学有论文得以发表,还有的同学发表了不止一篇,我们没有让数学研究的事业被理科班与创新班垄断,这让我很欣慰.

在学术面前,无论你来自哪里,是什么身份,头顶有没有光环,脚上有没有战靴,都是平等的.只要你有想法,就可以说出来,要敢于说出来,但也绝对不搞"学术霸权主义",学术真理从不被某某人控制,从不被具有某某身份的人控制.附中是一个"学术独立,思想自由,政罗教网无羁绊"的巍巍学府,卓越的附中人应该永远坚守这一点.

我想,这些便是附中人的精神:自主,学术平等.卓越的附中人拥有这些精神,更应该薪火相传,使附中人永远卓越,越来越卓越.

离毕业只有九十天左右了,学业很紧张,心理上的压力也不小.汪杰良老师希望我能够谈一谈写作论文的一些事情,本来不知从何写起,但我仔细分析一下,发现还是可以谈一谈,也有必要谈一谈,所以写了这篇文章,与所有卓越的复旦附中人共勉.

怎样裁剪纸板能使无盖盒容积最大[*]

复旦大学附属中学 2014 届　童鑫来

【摘　要】 本文研究生活中一个怎样节省材料,使制作的无盖盒容积最大的问题.不断探索用直接的"拼凑方法"求解,但不具有一般性.进而引入一个待定系数 m,进一步地联想,引入两个待定系数 m, n,使解法变得有一般规律可循.通过此题的探究,我们发现,合理地引入待定系数是解此类问题的通法.

【关键词】 容积;最大值;待定系数

在生活中,我们遇到了这样一个问题:

现有一块长为 120 cm,宽为 75 cm 的长方形纸板,在其四角各截去一边长为 x 的小正方形块(如图 1).问当 x 取何值时,由剩余纸板做成的无盖盒容积最大?

一看到这道题,最先想到的是用常规方法求解,过程如下:

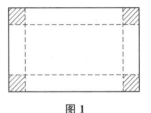

图 1

解　设无盖盒容积为 V,则

$$V = x(120-2x)(75-2x)$$
$$= \frac{1}{4} \cdot 4x(120-2x)(75-2x)$$
$$\leqslant \frac{1}{4}\left(\frac{4x+120-2x+75-2x}{3}\right)^3$$
$$= \frac{1}{4} \times 65^3 = 68\,656.25\,(\text{cm}^3),$$

当且仅当 $4x = 120-2x = 75-2x$ 时,等号成立.

但此时 x 无解! 所以这一思路在此题上行不通.

经过反复尝试后,我又找到了如下的解法:

解法 1　设无盖盒容积为 V,则

$$V = x(120-2x)(75-2x)$$
$$= 2x(60-x)(75-2x)$$

$$= \frac{2}{3} \cdot 3x(60-x)(75-2x)$$

$$\leqslant \frac{2}{3} \left(\frac{3x+60-x+75-2x}{3} \right)^3$$

$$= \frac{2}{3} \times 45^3 = 60\,750 (\text{cm}^3).$$

当且仅当 $3x = 60 - x = 75 - 2x$，即 $x = 15$ cm 时，容积 V 取到最大值.

但这一解法的局限性非常大，为了得出不等式中的三组数据需要经过多次"凑"结果，所以不具有一般性. 但从这一解题过程中不难看出使用这一类不等式时所需的两个条件，即：

(1) 三组数中，未知数 x 的系数和须为 0；

(2) 三组数两两相等时，x 须有解.

因此，想到引入一个待定系数 m，有如下解法：

解法 2 设无盖盒容积为 V，则

$$V = \frac{1}{m} \cdot x(120m - 2m \cdot x)(75 - 2x)$$

$$= \frac{1}{m(2m+2)} (2m+2)x(120m - 2m \cdot x)(75 - 2x)$$

$$\leqslant \frac{1}{m(2m+2)} \left[\frac{(2m+2)x + 120m - 2m \cdot x + 75 - 2x}{3} \right]^3$$

$$= \frac{1}{m(2m+2)} (40m + 25)^3 \text{ 为常数.}$$

当且仅当 $(2m+2)x = 120m - 2m \cdot x = 75 - 2x$，即 $m = \frac{1}{2}$，$x = 15$ 时，容积 V 取

到最大值，且 $V_{\max} = \frac{2}{3} \times 45^3 = 60\,750 (\text{cm}^3)$.

进一步地联想，若引入两个待定系数 m，n，有如下解法：

解法 3 设无盖盒容积为 V，则

$$V = x(120 - 2x)(75 - 2x)$$

$$= 2x(60 - x)(75 - 2x)$$

$$= \frac{2}{m \cdot n} \cdot x(60m - m \cdot x)(75n - 2n \cdot x).$$

由前述条件可知

$$\begin{cases} m + 2n = 1, \\ 60m - m \cdot x = 75n - 2n \cdot x = x. \end{cases}$$

解得 $\begin{cases} m = \dfrac{1}{3}, \\ n = \dfrac{1}{3}, \\ x = 15. \end{cases}$

$$\therefore V = 18x\left(20 - \frac{1}{3}x\right)\left(25 - \frac{2}{3}x\right)$$

$$\leqslant 18 \cdot \left(\frac{x + 20 - \frac{1}{3}x + 25 - \frac{2}{3}x}{3}\right)^3$$

$$= 18 \times 15^3 = 60\,750(\text{cm}^3).$$

当且仅当 $x = 15$ 时，容积 V 取到最大值.

通过探究此题的求解过程，我们发现，合理地引入待定系数是解此类问题的通法.

宇宙之大，粒子之微，火箭之速，化工之巧，地球之变，生物之谜，日用之繁，无处不用数学.

——华罗庚

指导教师点评14

童鑫来撰写的《怎样裁剪纸板能使无盖盒容积最大》的论文难能可贵之处是去研究数学的应用.关于此问题，我在"数学研究"选修课上讲了有趣的不等式链，将n个正数的算术平均数、几何平均数、调和平均数、平方平均数严格地按数学推理证明了出来，同时讲到它们的应用，其中包含这一问题.童鑫来同学课外作了认真的探索，本文从通常解题中容易出现的错误出发，用"凑法"解决了问题.但此法需要智慧，不是一般的同学都能凑成功的.他为了寻找一般的方法，借助于设一个待定系数，从而将问题加以解决，此方法虽然比"凑法"麻烦一点，但有一般的规律可循.进一步，他引入了设两个待定系数将问题更容易地解决.这种不断求新、追求卓越的思想大大提高了他的解题能力，一题多解的良好学习品质值得提倡.我们追求的是最好、最便捷的方法，请关注身边的数学应用问题，如果你能够将实际问题抽象出数学模型，进而用数学方法解决，那么你的数学能力就大大提高了.

数学的应用是中学数学教学比较容易忽视的问题.往往同学们遇到数学应用的问题就手忙脚乱、无从下手.我国古代的祖先们是比较崇尚数学应用的，如最早的数学古书《周髀算经》《九章算术》等，都是有关数学应用的书籍，我国古代有辉煌的数学成就.而西方的欧几里得几何的代表作——《几何原本》，是以公理化系统编写成的数学巨著.当今的数学大多数分支、物理学中的一些分支都以公理化体系建立起学科体系，因此，近现代西方数学和自然科学迅速地发展了起来.

现在生活中，计算机给人们带来了美好的生活与享受，这一切都要归功于计算数学打下的基础.数学家吴文俊能成为首届国家最高科学技术奖两位获得者中的一位（另一位是杂交水稻之父袁隆平），其主要原因是吴文俊先生首先用计算机统一证明了平面几何定理，现在还可以用计算机统一证明微分几何定理，等等，这一方法被世界公认为"吴方法".

在吴文俊教授获得2000年度国家最高科学技术奖之前，1999年，在我编写的一本由福建教育出版社出版的著作《三角函数》中，特别提到吴文俊教授对数学的贡献："我国著名数学家吴文俊教授在70年代提出了初等几何判定问题与机械化证明的方法，用'吴法'在微机上能很快地证明困难的几何定理，用'吴法'不仅证出了欧氏几何的全部定理，还发现了几个新的平面几何定理."吴文俊先生将他独树一帜的创新思想归功于我国古代人民擅长的算法思想的启迪.

探究数学很有趣

童鑫来

到了高二，便常听人说起汪杰良老师开设的"数学研究"这门选修课含金量很高，能听到很多平时听不到的知识，同时还能对数学这门学科建立起一种全新的认识. 加之自身对数学的热爱，在高中最后一次选课时我毫不犹豫地选了这门课程. 如今看来，这次选择没错！

通过这门课程的学习，我不仅巩固与提高了已有的知识，更对"研究"二字背后的思想与价值有了更深的认识，明白了数学论文的创作不仅是创新思维的体现，更是一丝不苟的为学理念的表现与严谨治学的学术态度的彰显.

在汪老师的指导下，我开始了数学研究性小论文的创作，将平时学习过程中所产生的灵感通过精炼准确的数学语言进行表达，架起了不同知识点间沟通的桥梁.

以我所创作的第一篇小论文《怎样裁剪纸板能使无盖盒容积最大》为例，这篇文章的灵感来源于课上汪老师在讲"有趣的不等式链"时提出的一道思考题，而全文也是围绕在解决这一问题的过程中思考的不断深入来展开的. 起初，对于论文的撰写我还没有丝毫的头绪，只是将这一思考过程写下来交给了汪老师（汪老师十分注重我们的数学写作，要求我们每堂课后都要写一些心得体会或是创作思路，这对我日后的数学研究性小论文的创作是极有裨益的），得到了汪老师的肯定. 汪老师说这篇文章的视角很新颖，再加以修改，写成论文的形式，可以尝试着去向杂志投稿. 这对我无疑是极大的鼓励，也是全新的挑战，"论文"这个熟悉而又陌生的词语第一次如此真切地摆在了眼前，我要去征服它，是的，我要写出一篇属于我自己的论文！

汪老师在第一堂课上便给我们每人发了一本由他亲自挑选编订的《复旦附中"数学研究"选修课论文（阅读与思考）》的刊物. 通过对其中文章的仔细阅读与研究，我对数学论文的大体格式有了初步的了解，并开始着手将之前简单粗糙的思考过程转变为严谨精准的论文形式，对其中一些结论进行推广，使之成为一篇比较完整的数学小论文.

在对文章进行二次修改的过程中，汪老师就文章中的一些细节问题提出了相应的修改意见，并对一些文字的严谨性进行了推敲，以期使这篇文章不留瑕疵. 听取了汪老师的意见与建议后，我对该文又作了反复的修改与核对. 在经历了一段漫长的精加工后，汪老师建议我可将这篇小论文寄往杂志社，看看能不能达到专业类论文的发表水平.

虽然第一次的尝试没有得到回音，但这丝毫没有阻挡我在数学研究之路上的继续前行,反而更加坚定了我要在专业数学杂志上发表论文的决心. 在高二升高三的暑假中,我依然坚持创作,从平时的练习中的一道数列题中得到灵感,综合数列、函数、二项式定理、排列组合数等多个知识点,对其进行推广与延伸,写成了《利用构造函数法求一类复杂数列的和》一文. 开学后,通过与汪老师进一步的沟通与交流,对文中一些细节问题进行了修改,并在汪老师的建议下将该文寄往了《上海中学数学》杂志.

过了将近 10 天,《上海中学数学》编辑部便来了回音,可以发表了! 当得知这一消息时,我的心情真是难以用言语形容,这些日月的辛劳都化为了最甘甜的露水,我做到了!我做到了!!!

之后,在汪老师的鼓励下,我又将之前的那篇《怎样裁剪纸板能使无盖盒容积最大》拿了出来,再作修改,并投往了东北师范大学的《数学学习与研究》杂志. 大概一周后也得到了回复,将在 2014 年第 5 期上发表,2014 年 3 月 5 日出刊. 这是一件多么振奋人心的消息,虽然已经有了一篇论文发表的经历,但在得知又一篇论文可以发表时,我还是按捺不住心中的激动,止不住的欢呼雀跃.

后来,在汪老师的推荐下,我参加了哈佛中国大智汇比赛,与我校共 14 名同学组成了"数学欣赏与数学研究"课题组,进行课题研究,并在高三寒假中又撰写了《对于多项式高次展开式项数的一些探讨》一文,经过汪老师的修改,成为了课题的一部分.

再后来,我参加了复旦的千分考并进了面试,面试时教授们都对我的论文创作经历表现出了极大的兴趣,认为这是在当今的中学生中少有的经历. 得益于这一年来汪老师的悉心指导与关怀,我顺利地通过了面试,拿到了预录取的资格. 感谢这一年里关于数学小论文创作的点点滴滴,感谢这一年来汪老师的鼓励与帮助,正是这一切如春风化雨般的浸润与熏陶,使我踏上了这条充满了光明与希望的人生之路.

中外古诗词中的数学妙趣*

复旦大学附属中学 2016 届　周昊优

高中生也能写学术论文！仅仅在复旦附中，学生去年在数学专业期刊上发表的学术论文就有 13 篇. 看点是，这些学生都是中等生，数学成绩并非最好. 这得益于学校设计的拓展课程体系，并进而展开的中学生学术计划.

复旦附中为学生开设了八大课程板块，分别为人文与经典、语言与文化、社会与发展、数学与逻辑、科学与实验、技术与设计、艺术与欣赏、体育与健康. 单单数学拓展板块就有数学与哲学、博弈论初步、数学与文化等 9 门拓展课. 其中汪杰良老师教授的"数学欣赏"与"数学研究"课程，吸引了不同群体的学生.

"我在初中参加过数学竞赛，但过去我对数学的兴趣仅仅满足于用巧妙的方法解出一些难题，直到上了数学欣赏课，我的'数学价值观'才彻底改变. 原来数学也很美丽." 已经被上海交通大学密歇根学院预录取的高三学生姚源说，而他也是复旦附中实行拓展课程以后，第一位在专业数学杂志上发表论文的学生.

据统计，复旦附中学生发表的学术论文课题，有三分之二是学生在拓展课的课外阅读中得到的启发. 学者认为，学生在中学时期的兴趣非常重要. 学生如果能及早发现自己的兴趣，到了大学才会比较快速适应大学的学习和生活.

美学家李泽厚说："美感是尚待发现和解答的某种未知的数学方程式." 在文学、艺术、科学等任何领域，数学之美都无处不在. 即便是看似与数学风马牛不相及的古诗词，也不难发现其中的数学之美.

诗中的形式之美

诗之所以可以给人一种美的享受，首先在于它的形式. 一般的古诗两句为一组，依次向下排开，一联中上下句字数相同，一首好诗甚至在出句和对句中的每个词词性相同、意义相对，加以对偶在诗词中的运用，使诗句整齐划一，工整匀称，形成强烈的数学对称之美，这是一种自然美的客观反应. 古希腊的著名数学家毕达哥拉斯说："一切立体图形中最美的是球形，一切平面图形中最美的是圆形." 球形和圆形之美，便在于它们直观的对称

---

* 原载《文汇报》2014 年 6 月 13 日文汇教育栏目.

性.不论是几何还是文学,在形式上它们都有着奇妙的同一性,其对称性,便是和谐,便是美.

谈及诗词形式美,不得不提的是回文数与回文诗——

在正整数中,一个数无论从左往右读还是从右往左读都是同一个数,这个数就被称为回文数;比如 11,575,89 111 198……还有一种回文算式,如 $3 \times 51 = 153$,$6 \times 21 = 126$,$4\ 307 \times 62 = 267\ 034$,$9 \times 7 \times 533 = 33\ 579$.

回文诗则是根据汉字语言特点创造的修辞方法,正过来念和倒过来念都能够成立.

广东茂名市有一座观山寺,石壁上也刻有一首回文诗,不论是顺读倒读都是一首渔舟唱晚七律诗,浑成自然,无限妙趣——悠悠绿水傍林偎,日落观山四壁回.幽林古寺孤明月,冷井寒泉碧映台.鸥飞满浦渔舟冷,鹤伴闲亭仙客来.游径踏花埋上走,流溪远棹一篷开.

宋代诗人李禺更有一首别致的回文诗,称作《夫妻互忆》诗,顺读是一首情诗,抒发丈夫对妻儿的眷恋;倒读又表达了年轻女子对远方丈夫的思念——枯眼望遥山隔水,往来曾见几心知.壶空怕酌一杯酒,笔下难成和韵诗.途路隔人离别久,讯音无雁寄回迟.孤灯夜守长寥寂,夫忆妻兮父忆子.

回文诗有各种各样的撰写方式,但它们都能体现数学的对称之美.例如下面这一例,传说是秦少游所作,全诗 14 个字,却是一首七言绝句,甚至和数学的轮换对称之美有着异曲同工之妙:"赏花归去马如飞酒力微醒时已暮."

分解开就是——赏花归去马如飞,去马如飞酒力微.酒力微醒时已暮,醒时已暮赏花归.

比起回文诗、回文联,回文词的难度更大.清代董以宁的《雪江晴月》顺读时为《卜算子》,倒读时平仄韵脚改变,则成了《巫山一段云》,可见作者用词用句之奇巧——顺读词云:明月淡飞琼,阴云薄中酒.收尽盈盈舞絮飘,点点轻鸥咒.晴浦晚风寒,青山玉骨瘦.回看亭亭雪映窗,淡淡烟垂岫.

倒读则为:岫垂烟淡淡,窗映雪亭亭.看回瘦骨玉山青,寒风晚浦晴.咒鸥轻点点,飘絮舞盈盈.尽收酒中薄云阴,琼飞淡月明.

诗词中的数字之美

数字深受诗人青睐,数字与诗歌结合,可以形成意想不到的效果.

诗词中数字的运用往往可以使诗歌对仗工整,朗读时可以使音节更为铿锵,富有韵律美,如清代陈沆有一首诗:"一帆一桨一渔舟,一个渔翁一钓钩.一俯一仰一顿笑,一江明月一江秋."

郑板桥也有咏雪数字诗:"一片二片三四片,五六七八九十片;千片万片无数片,飞入梅花永不见."诗句构思巧妙,虽然语言朴实无华,但细读别有韵味.

诗词中运用数字进行的对比也成为诗词的一大亮点.如李白的《早发白帝城》.汉代司马相如到了长安,官运亨通,被拜为中郎将,欲休其妻卓文君另攀高枝,便派人送卓文君一信,内容是:一、二、三、四、五、六、七、八、九、十、百、千、万.此书虽只有短短几个数字,寓

意却全在其中,一、二、三、四、五、六、七、八、九、十、百、千、万,岂曰无"亿"? 无亿,无意,无忆. 卓文君猜到家信休妻寓意,当即悲愤地用上述数字巧妙地写下回信,广为人知.

诗词和数学看似非常遥远,一旦结合,却能擦出令人意想不到的火花,诗词往往"以美启真",而数学往往又是"以真启美",虽方向不同,实则同一.(作者为复旦附中高一学生)

【相关链接】

中国古代趣味

清人徐子云《算法大成》中有一首诗:

　　　　巍巍古寺在山林,不知寺中好几僧.

　　　　三百六十四只碗,众僧刚好都用尽.

　　　　三人共食一碗饭,四人共吃一碗羹.

　　　　请问先生名算者,算来寺内几多僧?

我国古算书《孙子算经》中,有这样的问题:

"今有物,不知其数. 三三之数,剩二,五五之数,剩三,七七之数,剩二,问物几何?"明代数学家程大位在其《算法统宗》中用诗歌概括了这个问题的解法:三人同行七十稀,五树梅花廿一枝. 七子团圆月正半,除百零五便得知.

国外的趣味诗题

古希腊数学家丢番图(大约生活于公元 246 年到公元 330 年)对代数学发展有巨大贡献. 他的《算术》一书,共十三卷. 这些书收集了许多有趣的问题,每道题都有出人意料的巧妙解法,后人把这类题目叫作丢番图问题.

但丢番图唯一的简历是从《希腊诗文集》中找到的. 这是由麦特罗尔写的丢番图的"墓志铭". "墓志铭"是用诗歌形式写成的:

"过路的人! 这儿埋葬着丢番图. 请计算下列数目,便可知他一生经过多少寒暑.

他一生的六分之一是幸福的童年,

十二分之一是无忧无虑的少年.

再过去七分之一的年程,

他建立了幸福的家庭.

五年后儿子出生,

不料儿子竟先其父四年而终,

只活到父亲岁数的一半.

晚年丧子老人真可怜,

悲痛之中度过了风烛残年.

请你算一算,丢番图活到多大,

才和死神见面?"

请你算一算,丢番图到底活到多少岁?

希腊名著《希腊文选》上著名的数诗题"爱神问题"——爱神的烦忧:

爱神爱罗斯正在发愁,女神基朴里达问根由:"你为什么烦忧? 我亲爱的朋友!"

"我在黑里康山采回仙果,路遇缪斯诸神嬉戏抢夺.攸忒皮攫十二分之一,克里奥拿走五分之一,退里亚取了八分之一,廿分之一属了麦蓬麦尼.四分之一被忒普息科里抢走,七分之一到了厄拉托之手,坡力欣尼亚拿得最少,也还有三十个仙果进口.攸累尼亚占了一百二十个,卡来奥皮更有三百个之多,我回家时几乎两手空空,唯有缪斯们留给我的五十个仙果."

爱罗斯当初采摘,共有仙果几颗?

几何似乎是属于现实的,而诗歌则应纳入幻想的框架. 但在理性的王国中,两者又是非常一致的. 对于每个年轻人来说,几何与诗歌都是宝贵的遗产.

——密尔奈尔,佛罗伦斯(*Milner, Florence*)

周吴优同学是我校高一文科实验班的学生,她撰写了数学与诗词相结合的论文《中外古诗词中的数学妙趣》.

2014 年 5 月份,恰巧《文汇报》记者姜澎来复旦附中专访,我将学校设计选修课和研究课以来,指导学生撰写数学小论文的工作向她作了介绍. 特别提到学生在撰写论文中所反映出来的创新思想令人欣喜,并将周吴优同学的这篇非常有创意的数学欣赏论文推荐给她.

《中外古诗词中的数学妙趣》一文,通过古今中外诗词的形式、格律和内容,潜移默化地展现了数学之美,阐述了数学的有关概念以及数字在诗词中的妙用,品味诗词和数学相辅相成的独具匠心. 该文从数学中的回文数联想到古诗词中的回文诗,从数学中抽象的数字联想到历史上著名的有关数字的诗,使数学与诗歌珠联璧合.

周吴优同学的数学论文,使我们深深感受到数学与诗词的结合所体现的无穷魅力,感受到诗中有数,数中有诗之美.

在撰写数学论文中成长

周昊优

收到汪杰良老师的邮件是一个下午,通知我论文已经在《文汇报》和附中的校报上发表了,这样的结果似是情理之中,又是意料之外,回首从创作到发表走过的 6 个月时间,有太多的感慨.

未接触汪老师的"数学欣赏"选修课之前,或许从小被当成文科女培养的我从未想过有一天会可以独立写出一篇完整的数学论文,但正是因为这样一个契机,也因为一次偶然的汪老师来找我参加 China Thinks Big 创新大赛的机会,激发了我无限可能中的小小潜能.

回想整个参赛的过程,14 个人的团队之中有两位已是有多篇论文发表的学霸,这对于以前从未正式地完成过一篇学术论文的我的确是一个不小的挑战,常常都是写论文到半夜一两点都没有思路,面对着一摞高高的数学理论书不知所措. 现在想来,却倒也变成了一笔珍贵的财富,正是这次创新大赛和这样一个课题,才让我真正了解了那些所谓的应试教育以外的数学,通过第一次接触"数学欣赏"这门选修课,到自主积极地通过自己的兴趣点查找资料,阅读课外书籍,研究、探讨、撰写论文,我第一次感到曾经让自己头疼的数学原来还可以这么美. 抛开分数和题目之外的东西,来看待不一样妙趣横生的数学之美,正是如此,才让我扩大了自己的知识面,才会第一次在看到建筑、音乐、诗词时有了第二种眼光,想起曾经看过的黄金分割、勾股定理,运用其中,韵味无穷. 我也因此选择了《中外古诗词中的数学妙趣》这样一个很少有人涉足的角度,我想说明,数学不仅仅是枯燥的证明和复杂的运算,我们更可以选择自己所感兴趣和擅长的东西,就算是不同领域,也能碰撞出不一样的火花. 即使自己算不上是什么数学学霸,通过自主研究,也可以写出立意独特、别开生面的论文,也可以在这一片天地里收获不一样的精彩.

创作论文时,最要感谢的还是汪老师,我想如果不是他的坚持和肯定,不是他一次次地给我这样那样的机会,帮我不厌其烦地修改论文、查找资料,我也不会那么快就能取得现在的成果. 还记得在 CTB 创新大赛的最后一个阶段,每个人都手忙脚乱地在一个小会议室里做自己的任务,一直忙到晚自修的铃声响起,其间汪老师的手机铃声响了,是他的夫人打来的,我们才得知原来那天是汪老师的生日,而他却把家里的聚会一推再推,只为了先帮我们完成那天要完成的项目. 那次我们几乎是异口同声地跟汪老师说了生日快乐,尽管是一件小事,却仿佛被注入了强心剂一样,大家干活也更有劲了. 这份对数学的热忱

和对学生的爱深深地感染着我们每一个人,也成为了鼓励我创作中不轻言放弃的不竭动力.或许每一次成功光鲜亮丽的背后离不开的,是无法计量的心血和汗水,于我,更是汪老师帮助、陪伴我对论文无数次的修改和完善,他会帮我一起仔仔细细地核对每一个细节,就连一个标点符号都不放过.这份对每一步的准确性和科学性的执着,认真严谨的态度和钻劲,或许是我所收获的最有用的东西.在数学论文创作的道路上,汪老师是一个指路人,他会教导你如何去做、去改,更注重培养你自主研究的能力.还记得他曾经对我们说过:"这个东西需要你们自己去改,我当然可以全都帮你们完成,但如果这样,这就都是我的东西了,只有你们自己去做,去研究,才能变成你们自己的东西."我刚开始创作《中外古诗词中的数学妙趣》时,也曾质疑过以这样一个角度来欣赏数学是否合适,能否得到别人的肯定.但在汪老师收到我的论文的当天,他就打电话来赞赏我的创意.正是汪老师这样真挚的对数学的爱、对学生的爱、对教育事业的爱,关怀、激励着我们,如逢伯乐,亦师亦友.

我想,这几个月的心路历程是任何一个奖杯、一纸证书或是一篇论文的发表证明换不来的,创作过程中每一件看起来不值一提的小事,于我而言,都像每一个细节、每一份收获一样在整个过程中弥足珍贵,更让我学会了抛开这个课题本身来讲的更多的东西,而我想这些东西,以后都将在我的生活中熠熠闪光.或许现在有人提起创新大赛、数学论文的时候,我第一反应还是会想起那些过程中曾经翻旧的书页和淌过的汗水,那些一个人在电脑屏幕前敲击键盘打出一个个生涩的数学字符熬到很晚的夜晚,那些寒假里为了出来讨论课题特地从青浦赶到杨浦一个人捧着论文走过的路.但除去这些,更是那些被通知到进入下一阶段时无法用言语来描绘和形容的惊喜,翻阅学术书籍时被赋予的一种更宽阔、更活跃的眼光与思维,课题遇到变故时处变不惊的心境和马上继续投入分析、修改的态度,以及完整地写完一篇论文后在不知不觉间拓宽的知识面和提升的逻辑思维能力.或许,收获的又更是一个好老师.汪老师激励的话语始终贯穿在我的创作过程中,第一次有人这样肯定和看好我,一遍遍地帮我一起修改论文,核实语言和数据;努力争取机会帮我的论文发表,把我的创意和才华展现在更多人的面前;又或是发邮件祝贺我,鼓励我尝试创作新的论文……正是因为这一个个瞬间,让我第一次主动积极地想把这样一个看似艰深、遥远的课题做到最好;让我有了继续学习、研究、创作的动力,成为了我高中生活中最珍贵的记忆.

数学论文的创作道路,我,还在路上.愿,不忘初心,不移此情.

用解析法解决几个三角形"五心"问题[*]

复旦大学附属中学 2016 届　唐昊天

【摘　要】　本文依据三角形"五心"的几何性质在解析几何中的简洁表述,探讨一些复杂的平面几何问题在解析几何当中的解决方法.

【关键词】　三角形"五心";坐标表示;欧拉线

三角形的内心、外心、重心、垂心、旁心称为三角形的"五心". 在三角形的"五心"中,如果知道 A,B,C 的坐标,则重心 G 的坐标公式可由定比分点公式求得. 鉴于线段的中垂线和点到直线的垂线方程在解析几何当中非常容易求出,外心和垂心的坐标计算可以合理建立坐标系而得到简化,因此不需要用一个冗长的公式去描述,下面的例题(欧拉线)体现了利用解析法解决关于重心、外心、垂心的问题的思路.

例 1　已知 $\triangle ABC$ 的外心为 O,重心为 G,垂心为 H. 求证:O,G,H 三点共线,并且 $HG = 2OG$.

证明　如图 1,作 $AD \perp BC$ 于 D,以 BC 所在直线为 x 轴,以 AD 所在直线为 y 轴建立直角坐标系,并设 $A(0, a)$,$B(b, 0)$,$C(c, 0)$.

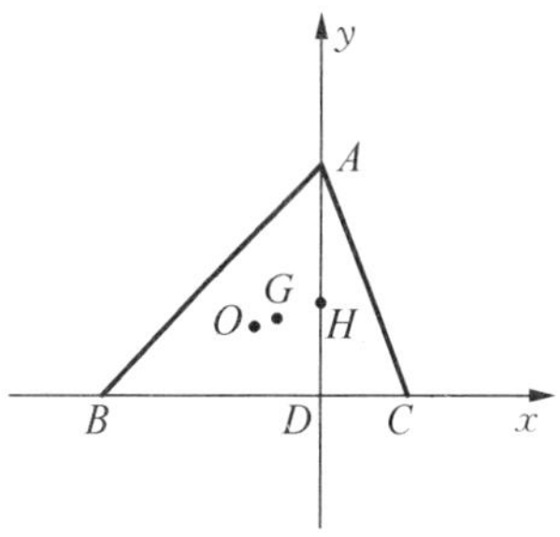

则 $G\left(\dfrac{b+c}{3}, \dfrac{a}{3}\right)$,$x_H = 0$,$x_O = \dfrac{b+c}{2}$.

显然,B 到 AC 的垂线点斜式方程为

图 1

$$y = \frac{c}{a}(x - b) \Rightarrow H\left(0, \frac{-bc}{a}\right);$$

AB 的垂直平分线方程为

$$y - \frac{a}{2} = \frac{b}{a}\left(x - \frac{b}{2}\right) \Rightarrow O\left(\frac{b+c}{2}, \frac{bc + a^2}{2a}\right).$$

---

*　原载东北师范大学《数学学习与研究》2015 年第 7 期.

要证明 O, G, H 三点共线,只需证 $\begin{vmatrix} \dfrac{b+c}{3} & \dfrac{a}{3} & 1 \\ 0 & \dfrac{-bc}{a} & 1 \\ \dfrac{b+c}{2} & \dfrac{bc+a^2}{2a} & 1 \end{vmatrix} = 0$,

即证 $\dfrac{-bc}{a}\begin{vmatrix} \dfrac{b+c}{3} & 1 \\ \dfrac{b+c}{2} & 1 \end{vmatrix} - \begin{vmatrix} \dfrac{b+c}{3} & \dfrac{a}{3} \\ \dfrac{b+c}{2} & \dfrac{bc+a^2}{2a} \end{vmatrix} = 0$,即 $\dfrac{bc(b+c)}{6a} - \left[\dfrac{(b+c)(bc+a^2)}{6a} - \right.$

$\left. \dfrac{a^2(b+c)}{6a} \right] = 0$.

此式显然成立,故 O, G, H 三点共线.

用两点间距离公式平方得

$$OG^2 = \left(\frac{b+c}{6} \right)^2 + \left(\frac{3bc+a^2}{6a} \right)^2,$$

$$HG^2 = \left(\frac{b+c}{3} \right)^2 + \left(\frac{a}{3} + \frac{bc}{a} \right)^2 = 4\left(\frac{b+c}{6} \right)^2 + 4\left(\frac{3bc+a^2}{6a} \right)^2.$$

$\therefore HG = 2OG$.

关于三角形的内心和旁心,我们先证明一个引理,然后利用向量的性质可以得到它们轮换对称的坐标表示.

引理 1 在 $\triangle ABC$ 中,若 $BC = a$, $AC = b$, $AB = c$,则 I 是 $\triangle ABC$ 的内心的充要条件是 $a\overrightarrow{IA} + b\overrightarrow{IB} + c\overrightarrow{IC} = \vec{0}$.

证明 先证充分性.

$\because \overrightarrow{IB} = \overrightarrow{IA} + \overrightarrow{AB}$, $\overrightarrow{IC} = \overrightarrow{IA} + \overrightarrow{AC}$, $a\overrightarrow{IA} + b\overrightarrow{IB} + c\overrightarrow{IC} = \vec{0}$.

$\therefore (a+b+c)\overrightarrow{IA} + b\overrightarrow{AB} + c\overrightarrow{AC} = \vec{0}$.

$\therefore \overrightarrow{AI} = \dfrac{b}{a+b+c}\overrightarrow{AB} + \dfrac{c}{a+b+c}\overrightarrow{AC}$.

$\therefore \overrightarrow{AI} = \dfrac{bc}{a+b+c}\left(\dfrac{\overrightarrow{AB}}{AB} + \dfrac{\overrightarrow{AC}}{AC} \right)$.

亦即 I 在 $\angle A$ 平分线上,同理可证 I 在 $\angle B$ 和 $\angle C$ 平分线上,故 I 是 $\triangle ABC$ 的内心.

再证必要性.

$$\overrightarrow{IB} = \overrightarrow{IA} + \overrightarrow{AB}, \ \overrightarrow{IC} = \overrightarrow{IA} + \overrightarrow{AC} \Rightarrow a\overrightarrow{IA} + b\overrightarrow{IB} + c\overrightarrow{IC}$$
$$= (a+b+c)\overrightarrow{IA} + b\overrightarrow{AB} + c\overrightarrow{AC}.$$

不妨假设 $\angle A$ 平分线交 BC 于 D,则 $\overrightarrow{AB} = \overrightarrow{DB} - \overrightarrow{DA}$, $\overrightarrow{AC} = \overrightarrow{DC} - \overrightarrow{DA} \Rightarrow b\overrightarrow{AB} + c\overrightarrow{AC}$

$= -(b+c)\overrightarrow{DA}$. 而 $\dfrac{DA}{IA} = \dfrac{a+b+c}{b+c} \Rightarrow b\overrightarrow{AB} + c\overrightarrow{AC} = -(a+b+c)\overrightarrow{IA}$.

于是 $a\overrightarrow{IA} + b\overrightarrow{IB} + c\overrightarrow{IC} = \vec{0}$.

假设 $A(x_1, y_1)$，$B(x_2, y_2)$，$C(x_3, y_3)$，由引理及向量的坐标表示易得 $I\left(\dfrac{ax_1 + bx_2 + cx_3}{a+b+c}, \dfrac{ay_1 + by_2 + cy_3}{a+b+c}\right)$. 类似地，对于旁心有以下结论：$I_A$ 是 $\triangle ABC$ 的旁心（定义 $BC = a$，$AC = b$，$AB = c$，而且 I_A 在 $\angle A$ 的内角平分线上）的充要条件是 $a\overrightarrow{I_A A} - b\overrightarrow{I_A B} - c\overrightarrow{I_A C} = \vec{0}$.

因此 $I_A\left(\dfrac{ax_1 - bx_2 - cx_3}{a-b-c}, \dfrac{ay_1 - by_2 - cy_3}{a-b-c}\right)$.

同理有 $I_B\left(\dfrac{bx_2 - ax_1 - cx_3}{b-a-c}, \dfrac{by_2 - ay_1 - cy_3}{b-a-c}\right)$，$I_C\left(\dfrac{cx_3 - bx_2 - ax_1}{c-b-a}, \dfrac{cy_3 - by_2 - ay_1}{c-b-a}\right)$.

下面的例题体现了三角形内心和旁心坐标公式的应用.

例 2 如图 2，已知在 $\triangle ABC$ 中，$BC = a$，$AC = b$，$AB = c$. I，G 分别是 $\triangle ABC$ 的内心和重心，而且 $AB + AC = 3BC$，求证 $IG \perp BC$.

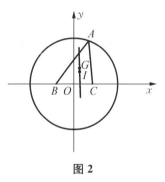

图 2

证明 由椭圆的定义，A 在以 B，C 为焦点，长轴长度为 $3BC$ 的椭圆 M 上，以 BC 所在直线为 x 轴，BC 的垂直平分线为 y 轴建立直角坐标系，设 $B(-t, 0)$，$C(t, 0)$，椭圆 M 的方程为 $\dfrac{x^2}{9t^2} + \dfrac{y^2}{8t^2} = 1$.

设 $A(x_1, y_1) \Rightarrow G\left(\dfrac{x_1}{3}, \dfrac{y_1}{3}\right)$.

而 $x_I = \dfrac{2tx_1 - tb + tc}{2t + c + b}$.

注意到 $c - b = 2ex_1$，$c + b = 6t \Rightarrow x_I = \dfrac{2tx_1 + \dfrac{2}{3}tx_1}{8t} = \dfrac{1}{3}x_1 = x_G$，又因为 BC 所在直线为 x 轴，故 $IG \perp BC$.

引理 2 如图 3，已知在 $\triangle ABC$ 中，设 $AB > AC$，过 A 作 $\triangle ABC$ 的外接圆的切线 L. 又以 A 为圆心，AC 为半径作圆分别交线段 AB 于 D；交直线 L 于 E，F. 则 DF 过 $\triangle ABC$ 的旁心 I_A.

说明 引理 2 为 2005 年全国高中数学联赛第二试第一题.

例 3 如图 3，已知在 $\triangle ABC$ 中，$BC = a$，$AC = b$，$AB = c$. 设 $AB > AC$，过 A 作 $\triangle ABC$ 的外接圆的切线 L. 又以 A 为圆心，AC 为半径作圆分别交线段 AB 于 D；交直线 L 于 E，F. 过点 C 作 DF 平行线交 L 于 P，求证：$AP = \dfrac{ab - b^2}{c}$.

证明 由引理，$I_A \in l_{DF}$.

以 A 为原点，EF 为 x 轴，EF 中垂线为 y 轴建立直角坐标系，并设 $B(x_1, y_1)$，$C(x_2, y_2)$，$E(b, 0)$，$F(-b, 0)$.

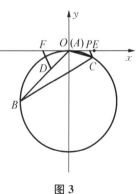

图 3

$$\therefore l_{DF}:\ y=\frac{y_1}{x_1+c}(x+b),\ I_A\left(\frac{bx_1+cx_2}{b+c-a},\ \frac{by_1+cy_2}{b+c-a}\right).$$

$$I_A\in l_{DF}\Rightarrow \frac{y_1}{x_1+c}\left(\frac{bx_1+cx_2+b(b+c-a)}{b+c-a}\right)=\frac{by_1+cy_2}{b+c-a}$$

$$\Rightarrow \frac{y_1}{x_1+c}(bx_1+bc+cx_2+b^2-ab)=by_1+cy_2\Rightarrow y_2=\frac{y_1}{x_1+c}\left(x_2-\frac{ab-b^2}{c}\right).$$

注意到,这个结论等价于过$(x_2,\ y_2)$且以$\dfrac{y_1}{x_1+c}$为斜率的直线横截距为$\dfrac{ab-b^2}{c}$,而

$$\because l_{CP}\ /\!/\ l_{DF},\ \therefore k_{l_{CP}}=\frac{y_1}{x_1+c}.$$

$$\because C(x_2,\ y_2)\in l_{CP}.$$

$$\therefore AP=\frac{ab-b^2}{c}.$$

如果代数与几何各自分开发展,那它的进步将十分缓慢,而且应用范围也很有限.但若两者结合而共同发展,则会相互加强,并以快速的步伐向着完美化的方向前进.

——拉格朗日(*Lagrange*)

在平面几何中,很多难题需要添加多条辅助线才能加以证明.因此,解决平面几何的难题是极具思考力和创意的.

笛卡尔的解析几何将数形结合,以计算代替纯推理,这种数学工具的出现,使得解决平面几何的较难问题变得容易了起来.

唐昊天同学撰写的《用解析法解决几个三角形"五心"问题》用解析法解决平面几何问题之后,积极联想,通过向量这一工具,证明了两个引理之后,进一步解决了全国高中数学联赛的一个问题.

此论文初稿只涉及三角形的"四心",即三角形的外心、内心、重心、垂心.我感到只研究三角形的"四心"不够完美,虽然现在教材上不学三角形的"旁心",但平面几何发展的历史进程中,曾研究过它,将它与"四心"放在一起,结构更完整.因此,我建议唐昊天同学引入三角形"旁心"的定义,选择有关三角形旁心的问题,将三角形的"五心"放在一起研究.他采纳了我的建议.

探索数学的奥妙

唐昊天

最近，我的第一篇数学论文《用解析法解决几个三角形"五心"问题》在《数学学习与研究》2015 年第 7 期上正式发表. 其实这篇文章很久之前就已经写完并被录用，不过这个正式的写作感想还是留到了文章正式发表后才着手完成.

我写作数学论文的想法源于高二时参加汪杰良老师主讲的"数学研究"选修课. 在选这门课之前我翻看了汪老师写的课程介绍，本来以为他只是向我们对课本知识进行一些拓展（当然事实上这些对课本知识的拓展也是十分重要的，而且大部分拓展的专题都是很好的论文写作材料），没想到第一节课开始汪杰良老师就向我们介绍了往届学生在他的指导下写作数学论文的经历，并呼吁我们加入这些学生的队伍中，这使得原本对数学方面比较感兴趣的我产生了尝试写作数学论文的想法. 随后，我阅读了汪杰良老师主编的往届学生数学论文集，在大致了解了学长学姐们的选题思路和写作手法后开始了自己的尝试.

我的第一篇论文并不是纯数学的，大致是用计算机编程解决几个斐波那契数列的变形并且构建了一个世界人口增长的模型. 当我将论文的草稿递交给汪杰良老师审阅时，汪老师肯定了我的研究精神，并告诉我，我研究的这个课题在 20 世纪 50 年代已被广泛研究过，而且一些结论在数学上也很难严格证明，因此我的第一篇论文可以说有些失败. 在这次尝试后，老师提示我可以去试着解决一些数学史上的趣题或者是撰写一些解题思路类的问题，因此第二次我就换了个方向：研究解题方法.

当时是高二上学期，我们正在学习解析几何. 而恰逢 2014 年北京大学数学夏令营刚刚结束，其中一道平面几何考试题目吸引了我的注意力：已知在 $\triangle ABC$ 中，$BC = a$，$AC = b$，$AB = c$. I，G 分别是 $\triangle ABC$ 的内心和重心，而且 $AB + AC = 3BC$，求证 $IG \perp BC$. 注意到条件 $AB + AC = 3BC$，这在平面几何中是一个很特别的条件，但是在解析几何中却不少见，点 A 的轨迹是一个椭圆，这意味着本题存在使用解析几何解决的可能.

再注意到要证的结论 $IG \perp BC$，既然决定了用解析几何，这个结论在以 BC 为 x 轴的情况下便等价于 G 和 I 的横坐标相等，到这一步问题其实已经非常简单了——鉴于三角形重心 G 的坐标在高二数学课本中有，那么现在的问题就是如何推导三角形内心的坐标公式，而这一点对于我来说并不困难，只需用到一些向量的知识即可解决. 有了以上的思维过程之后，这道题很快迎刃而解，随之我得到了三角形内心坐标公式这一重要结论.

但我并不就此满足. 众所周知，三角形内心是三条内角平分线的交点，那么三角形两个角的外角平分线和另一个角的内角平分线的交点(旁心)的坐标公式如何表示呢? 联想到汪老师上课提到的触类旁通的思路,我对推导"内心坐标公式"的过程稍作修改,便得到了旁心坐标公式,它的结构和内心坐标公式非常接近.

我得到了三角形内心和旁心的坐标公式,并且发现这两个结论可以帮助我们用解析法解决平面几何中的一类问题后,很自然地便想到可以把三角形另外三心(外心、重心、垂心)在解析几何中的性质加以应用.

于是,随后我以这道题目为核心并参照理科班同学已经发表的一篇论文的格式完成了我的论文初稿,并将它交给汪杰良老师审核. 一开始我的这篇文章只选了两个例题,另外一个是欧拉线,但是汪老师指出就这篇文章而言,这两道例题远远不够,而且我自己也认为"欧拉线"的例题有凑数之嫌,毕竟这个结论的解析证法早已被大多数人熟知. 汪老师建议我从竞赛题和大学的自主招生题中寻找一些灵感,于是我开始寻找近十年的高中数学联赛平面几何题,顺利地发现了几个和三角形五心有关的题目,又在其中找到了2005年二试的第一题,并用解析法和我自己推导的三角形内心、旁心坐标公式对其加以推广,得到了一个新的结论. 这道题的含金量显然令人满意,而且解题的过程很好地体现了三角形"五心"坐标公式的应用,我当时就相信这道题非常适合出现在我的论文之中,因此我很快把自己的解题过程输入了我的文档中. 此后,稍加润色,我的第一篇文章的雏形就这样形成了.

当然,这仅仅只是雏形而已. 作为一篇基本是在写几何的文章,我居然没有配图. 所幸汪老师在第二次审阅这篇文章时非常敏锐地发现了这一点,并且建议我附上标准的插图. 虽然曾经用过几何画板这样的作图工具,但我的配图还是经历了多次修改. 汪老师不厌其烦地多次指出我在配图上的不规范之处,例如坐标轴的美观性、字母的标注及图的说明等. 这些建议虽然都是细节层面的,但却是一篇合格的论文所必不可缺的. 我在这样琐碎的修改过程当中学习到了不少论文写作的规范,可谓获益匪浅.

随后,汪杰良老师建议我向《数学学习与研究》杂志投稿,等待文章的发表. 总的来说,我认为我写作论文的经历还是比较顺利的,相比《专辑1》中学长学姐们心得体会中所说的改了又改,我的文章真正意义上的大幅改动只有一次,其他细节性的改动次数也并不是非常多. 相比第二次写作数学论文,这次经历可以说运气非常不错,也有可能是研究的问题本身比较简单.

在写作论文的过程中,我除了在论文规范性方面的体会以外,最大的收获无疑是思维层次上的提升. 对于我的文章中的那道竞赛题,如果按照以前的想法,也许我根本不会去推广得到新的结论,也不会发现它和北京大学的自主招生题有任何的关联之处. 而论文写作却让我发现了这两道题之间的共同点,并且这一共同点指向的主题(也就是我论文的标题)还存在挺高的研究价值,这样的思考是我之前不曾尝试过的. 以前只知道三角形重心的问题经常可以用解析法解(例如经典的"三角形重心到三角形各顶点的距离的平方和最小"这个问题的证明),而从来没有想过三角形内心也存在很简洁的坐标公式表达,更没有想过有关三角形内心的问题一旦和三角形重心问题联系在一起,解析法会有如此妙用. 这些思维的过程,都是这次写作论文的经历所带给我的;虽然可能没有怎么提升我自己的所谓"解题能力",但是我却初步掌握了汪杰良老师所经常强调的"触类旁通"的问题分析方法,这对我平时的学习显然大有裨益.

可以说,写作数学经历是我高中生涯中最独特的经历之一,我体验到了一些大学生甚至是研究人员工作的模式和其中的各种艰辛.将一个如此简单的问题发展成一篇千字级别的论文尚且花掉了我近一个月的时间,可以窥见科研工作中所需要的努力.虽然我未必会像前辈一样在将来致力于数学方面的科研工作,但是这段难忘的经历必然会使我将数学作为未来的一个业余爱好,也许将来我会尝试其他的方式和载体,来继续探索数学的奥妙.

几道题的复数解法与三角解法比较[*]

上海浦东复旦附中分校 2016 届　陈子弘

在高中数学中,三角问题是解题技巧性最强的版块之一.大家或许会发现,和差化积、积化和差或是多倍角公式往往难以记忆,而应用这些公式的时机和具体方法更是难以捉摸的,这也造成了解三角问题的诸多困难.然而,复数这个听起来有些陌生、抽象的概念,却能化解许多这类的困难.在跟随汪杰良老师学习了三角数列以及众多的解题技巧以后,我自主了解了复数的三角形式及应用后认识到,复数的三角形式比起复数的代数形式应用得更广泛,尤其是对多个复数的乘积、复数的乘方,如果运用复数的代数形式,会有较大的局限性,很多时候复数的代数形式解决问题很烦琐或无法解决,复数的商的运算与复数形式的开方的运算也是如此.复数的三角形式不仅结果简单,而且复数的积与商的几何意义也非常形象、直观,相当于向量的旋转以及伸缩的结果,具有优美的几何意义.有许多在三角问题上的技巧和难点都可以用复数的知识来解决.著名的欧拉公式 $e^{ix} = \cos x + i\sin x$,让我们把复数三角形式转化为复数的指数形式,从而将原本需要用复杂的三角技巧解决的问题转化为熟悉的等比数列求和或是多项式运算.虽然这在一定程度上可能会增加计算量,但却能把问题变得更直观,从而达到解题的"化繁为简"的功效.

例 1　已知 $\beta \neq 2k\pi$, $k \in \mathbf{Z}$,求 $\sin\alpha + \sin(\alpha+\beta) + \cdots + \sin(\alpha+(n-1)\beta)$ 的值.

解法 1　用三角解法:$\because \beta \neq 2k\pi$, $k \in \mathbf{Z}$, $\therefore \sin\dfrac{\beta}{2} \neq 0$.

设 $S = \sin\alpha + \sin(\alpha+\beta) + \cdots + \sin(\alpha+(n-1)\beta)$.

由于 α, $\alpha+\beta$, $\cdots$, $\alpha+(n-1)\beta$ 成等差数列,我们可以给 S 乘上一个辅助因子 $2\sin\dfrac{\beta}{2}$,从而用化积为差的方法求出 S.

$$
\begin{aligned}
\left(2\sin\frac{\beta}{2}\right)S &= 2\sin\frac{\beta}{2}\left[\sin\alpha + \sin(\alpha+\beta) + \cdots + \sin(\alpha+(n-1)\beta)\right] \\
&= 2\sin\frac{\beta}{2}\sin\alpha + 2\sin\frac{\beta}{2}\sin(\alpha+\beta) + \cdots + 2\sin\frac{\beta}{2}\sin(\alpha+(n-1)\beta) \\
&= \left[\cos\left(\alpha-\frac{\beta}{2}\right) - \cos\left(\alpha+\frac{\beta}{2}\right)\right] + \left[\cos\left(\alpha+\frac{\beta}{2}\right) - \cos\left(\alpha+\frac{3}{2}\beta\right)\right] + \cdots +
\end{aligned}
$$

*　原载上海《中学生导报》2015 年 6 月.

$$\left[\cos\left(\alpha+\left(n-\frac{3}{2}\right)\beta\right)-\cos\left(\alpha+\left(n-\frac{1}{2}\right)\beta\right)\right]$$

$$=\cos\left(\alpha-\frac{\beta}{2}\right)-\cos\left(\alpha+\left(n-\frac{1}{2}\right)\beta\right).$$

$$\therefore S=\frac{\cos\left(\alpha-\frac{\beta}{2}\right)-\cos\left(\alpha+\left(n-\frac{1}{2}\right)\beta\right)}{2\sin\frac{\beta}{2}}=\frac{\sin\frac{n\beta}{2}\sin\left(\alpha+\frac{n-1}{2}\beta\right)}{\sin\frac{\beta}{2}}.$$

上述方法虽然巧妙,但难以直接想到.如果用复数方法来解,虽然过程比较烦琐,但容易得到思路,也容易解决问题.

解法 2 用复数解法:

$\because \beta\neq 2k\pi$, $k\in \mathbf{Z}$, $\therefore \sin\frac{\beta}{2}\neq 0$.

设 $S=\sin\alpha+\sin(\alpha+\beta)+\cdots+\sin(\alpha+(n-1)\beta)$.

$\because \sin x=\dfrac{e^{ix}-e^{-ix}}{2i}$.

$$\therefore S=\sum_{k=1}^{n}\frac{e^{[\alpha+(k-1)\beta]i}-e^{[-\alpha-(k-1)\beta]i}}{2i}$$

$$=\frac{1}{2i}\left(\sum_{k=1}^{n}e^{[\alpha+(k-1)\beta]i}-\sum_{k=1}^{n}e^{[-\alpha-(k-1)\beta]i}\right)$$

$$=\frac{1}{2i}\left(e^{i\alpha}\sum_{k=1}^{n}e^{i\beta(k-1)}-e^{-i\alpha}\sum_{k=1}^{n}e^{-i\beta(k-1)}\right).$$

利用等比数列求和:

$$S=\frac{1}{2i}\left(e^{i\alpha}\frac{1-e^{in\beta}}{1-e^{i\beta}}-e^{-i\alpha}\frac{1-e^{-in\beta}}{1-e^{-i\beta}}\right)$$

$$=\frac{1}{2i}\left[\frac{e^{i\alpha}(1-e^{in\beta})(1-e^{-i\beta})-e^{-i\alpha}(1-e^{-in\beta})(1-e^{i\beta})}{(1-e^{i\beta})(1-e^{-i\beta})}\right]$$

$$=\frac{1}{2i}\frac{(e^{i\alpha}-e^{-i\alpha})-(e^{i(\alpha-\beta)}-e^{-i(\alpha-\beta)})}{2-(e^{i\beta}+e^{-i\beta})}+$$

$$\frac{1}{2i}\frac{-(e^{i(\alpha+n\beta)}-e^{-i(\alpha+n\beta)})+(e^{i(\alpha+(n-1)\beta)}-e^{-i(\alpha+(n-1)\beta)})}{2-(e^{i\beta}+e^{-i\beta})}$$

$$=\frac{[\sin\alpha-\sin(\alpha-\beta)]-[\sin(\alpha+n\beta)-\sin(\alpha+(n-1)\beta)]}{2-2\cos\beta}$$

$$=\frac{2\cos\left(\alpha-\frac{\beta}{2}\right)\sin\frac{\beta}{2}-2\cos\left(\alpha+\left(n-\frac{1}{2}\right)\beta\right)\sin\frac{\beta}{2}}{4\sin^2\frac{\beta}{2}}$$

$$=\frac{\cos\left(\alpha-\frac{\beta}{2}\right)-\cos\left(\alpha+\left(n-\frac{1}{2}\right)\beta\right)}{2\sin\frac{\beta}{2}}$$

$$= \frac{\sin\left(\alpha + \frac{n-1}{2}\beta\right)\sin\frac{n\beta}{2}}{\sin\frac{\beta}{2}}.$$

例 2　求 $\sin 2° \sin 4° \sin 6° \cdots \sin 90°$ 的值.

解法 1　用三角解法：

首先,我们需要知道一个关于三倍角的公式：

$$\sin 3\alpha = 4\sin(60° - \alpha)\sin\alpha\sin(60° + \alpha).$$

设 $S = \sin 2° \sin 4° \sin 6° \cdots \sin 90°$.

$$
\begin{aligned}
S &= (\sin 2° \sin 58° \sin 62°) \cdot (\sin 4° \sin 56° \sin 64°) \cdots (\sin 28° \sin 32° \sin 88°) \cdot \\
&\quad (\sin 30° \sin 60° \sin 90°) \\
&= \frac{\sqrt{3}}{4} \cdot \frac{1}{4^{14}} \cdot (\sin 6° \sin 12° \cdots \sin 84°) \\
&= \frac{\sqrt{3}}{4^{15}} \cdot \big[(\sin 6° \sin 54° \sin 66°) \cdot (\sin 12° \sin 48° \sin 72°) \cdots \\
&\quad (\sin 24° \sin 36° \sin 84°)\big] \sin 30° \sin 60° \\
&= \frac{3}{4^{20}} \cdot (\sin 18° \sin 36° \sin 54° \sin 72°) \\
&= \frac{3}{4^{20}} \cdot (\sin 18° \cos 18° \sin 36° \cos 36°) \\
&= \frac{3}{4^{21}} \cdot \sin 36° \sin 72°.
\end{aligned}
$$

利用黄金三角形,我们可以求出 $\sin 72° = \dfrac{\sqrt{10 + 2\sqrt{5}}}{4}$, $\sin 36° = \dfrac{\sqrt{10 - 2\sqrt{5}}}{4}$.

因此 $S = \dfrac{3}{4^{21}} \cdot \dfrac{\sqrt{5}}{4} = \dfrac{3\sqrt{5}}{2^{44}}$.

这种解法中用到了三倍角公式,并需要大量的分组与计算,比较麻烦.

为解题需要,我们引用复数中一个重要定理：

定理　若 $\omega = \mathrm{e}^{\frac{2\pi i}{n}}$, n 为大于 1 的整数,则 $\prod\limits_{k=1}^{n-1} |\omega^k - 1| = n$(证明见参考文献[1]).

解法 2　用复数解法：令 $\omega = \mathrm{e}^{\frac{2\pi i}{90}}$,则 $S = \prod\limits_{n=1}^{45} \sin 2n° = \prod\limits_{n=1}^{45} \dfrac{\omega^n - 1}{2\mathrm{i}\omega^{\frac{n}{2}}}$.

由正弦函数的对称性,以及 $\sin 90° = 1$ 可知：

$$\because \prod_{n=1}^{45} \sin 2n° = \prod_{n=46}^{89} \sin 2n°.$$

$$\therefore \left(\prod_{n=1}^{45} \sin 2n°\right)^2 = \prod_{n=1}^{89} \sin 2n°$$

$$= \prod_{n=1}^{89} \frac{e^{i(2n^\circ)} - e^{-i(2n^\circ)}}{2i}$$

$$= \prod_{n=1}^{89} \frac{e^{i(4n^\circ)} - 1}{2i e^{i(2n^\circ)}} = \prod_{n=1}^{89} \frac{e^{\frac{2\pi n i}{90}} - 1}{2i e^{\frac{\pi n i}{90}}}$$

$$= \prod_{n=1}^{89} \frac{(e^{\frac{2\pi i}{90}})^n - 1}{2i (e^{\frac{2\pi i}{90}})^{\frac{n}{2}}} = \prod_{n=1}^{89} \frac{\omega^n - 1}{2i \omega^{\frac{n}{2}}}.$$

两边取模,得:$\left| \prod_{n=1}^{45} \sin 2n^\circ \right|^2 = \left| \prod_{n=1}^{89} \frac{\omega^n - 1}{2i \omega^{\frac{n}{2}}} \right| = \prod_{n=1}^{89} \left| \frac{\omega^n - 1}{2} \right| = \frac{90}{2^{89}}.$

故 $S = \sqrt{\left| \prod_{n=1}^{45} \sin 2n^\circ \right|^2} = \frac{3\sqrt{5}}{2^{44}}.$

利用上述定理,我们还可以证明一个有趣的三角恒等式.

例 3 若 n 为大于 1 的整数,则 $\sin \frac{\pi}{n} \sin \frac{2\pi}{n} \cdots \sin \frac{n-1}{n} \pi = \frac{n}{2^{n-1}}.$

分析 要利用三角方法来证明这个公式是极为困难的. 但事实上,这个公式仅仅是本文所引用定理的另一种表达形式.

证明 $\prod_{k=1}^{n-1} \sin \frac{k\pi}{n} = \prod_{k=1}^{n-1} \left| \sin \frac{k\pi}{n} \right| = \prod_{k=1}^{n-1} \left| \frac{e^{\frac{k\pi}{n}i} - e^{-\frac{k\pi}{n}i}}{2i} \right| = \prod_{k=1}^{n-1} \left| \frac{e^{\frac{2k\pi}{n}i} - 1}{2i e^{\frac{k\pi}{n}i}} \right| = \prod_{k=1}^{n-1} \frac{\left| e^{\frac{2k\pi}{n}i} - 1 \right|}{2}$

令 $\omega = e^{\frac{2\pi i}{n}}$,则

$$\prod_{k=1}^{n-1} \sin \frac{k\pi}{n} = \prod_{k=1}^{n-1} \frac{\left| e^{\frac{2k\pi}{n}i} - 1 \right|}{2} = \prod_{k=1}^{n-1} \frac{\left| \omega^k - 1 \right|}{2} = \frac{1}{2^{n-1}} \cdot \prod_{k=1}^{n-1} \left| \omega^k - 1 \right| = \frac{n}{2^{n-1}}.$$

在高中数学里,复数是看似较为抽象和复杂的一个工具. 但从上述题目中可以看出,利用复数法,我们可以将一些复杂的三角问题转化为更直观的计算,并联系了不同数学分支的知识,从而得出一些美妙的结论.

参考文献

[1] 张思汇. 复数与向量[M]. 上海:华东师范大学出版社,2012.

由于大量的数学符号,往往使得数学被认为是一门难懂而又神秘的科学.当然,如果我们不了解符号的含义,那就什么也不知道.而且对于一个符号,如果我们只是一知半解地使用它,那也是无法掌握和运用自如的.实际上,对于各行各业的技术术语而言,同样都要训练有素才能灵活应用.但是,不能认为这些术语和符号的引入,增加了这些理论的难度.相反,这些术语和符号的引入,往往是为了理论能易于表述和解决问题.特别是在数学中,只要细加分析,即可发现符号化给数学理论的表述和论证带来极大的方便,甚至是必不可少的.

——怀特黑德(Whitehead, A. N.)

指导教师点评 17

陈子弘同学撰写的《几道题的复数解法与三角解法比较》的论文显示作者自学了一些超越现行数学教材的内容,如复数的三角形式以及复数的三角形式的加、减、乘、除、乘方、开方运算,运算的几何意义以及复数的指数表示等.对数学知识进行整体的学习,有利于看到各种运算的相互联系,看到这门数学分支的完美概貌,而不是知其局部.这对提高学生的审美意识,引发学生的学习兴趣十分重要.

该文对几个例题都进行了三角解法和复数解法的比较,显示出复数解法的优越性,通过引入复数中的一个定理,巧妙地证明了一个非常困难的三角恒等式问题.

如果我们将欧拉公式 $e^{ix} = \cos x + i\sin x$ 中的 x 赋值 π,即 $e^{i\pi} = \cos \pi + i\sin \pi$,通过移项,得 $e^{i\pi} + 1 = 0$.它将数学中最重要的5个数 1,0,i,π,e 完美地呈现在一个等式之中.

作者除了此文之外,还撰写了《从闵可夫斯基不等式一个特例引发的联想》和《一个有关代数方程的定理及其推论》两篇文章,我对两篇文章进行了修改并对他进行了指导.

以上种种说明,作者对数学特别感兴趣,自学了大量的数学知识.2016年,陈子弘同学被哈佛大学录取.

四个人的数学研究课

陈子弘

其实最初得知这学期的数学研究课只有我们分校三个学生的时候,感觉压力蛮大的,因为从没有上过这么"小班化"的课程.但随着课程开始,才感到这是多么难得的机会.记得第一节课上,汪杰良老师很热情地向我们介绍了自己和学生的许多经历、见闻,包括和几位菲尔兹奖和诺贝尔奖获得者的谈话、合照.这么多趣事,不仅让我拓宽了眼界,也让我觉得汪老师是一个耐心和投入的老师,不急着赶进度,而是先把我们带进这门课的"状态"中去.同时,也看到了汪老师的自信和从容,确实是与众不同的.

之后的课程里,每一节课都会涉及一些新的知识点,就是为选择研究提供思路和灵感.当然,这门数学研究课最重要的部分并不是在课堂上,而在于课后的自主研究和查阅资料.这个过程并不复杂,但是需要耐心,因为研究一个自己感兴趣的数学课题和做竞赛题仍有区别.你并不知道答案,也不知道是否会有答案.因此,纯粹的自主探索是很容易失败的,毕竟很少有人能在一开始就找到最巧妙的方法,走到正确的路上,这也预示着在整个研究过程中利用老师上课所讲的知识以及书本、杂志上已有成果作为基础的重要性.我研究的第一个课题是"利用复数法解三角问题".最初有这个想法是因为汪老师在课上介绍了几个三角数列的求和问题,而在课堂上,我自己也利用欧拉公式的代换又算了一遍,发现结果是正确的,只不过用等比数列代替了三角公式.之后,我又对前段时间参加的PUMaC(普林斯顿大学数学竞赛)往年的竞赛题进行整理,也发现了几道可以有多种解法的题目,于是便选出一道进行了两种解法的分析,而对其中的复数解法进行了推广.这样加起来,也就大体完成了第一篇论文的结构.

对于我来说,数学研究就是寻找从自己能力范围延伸到探索未知领域的过程:把陌生和复杂的知识通过一些技巧转化为简单的知识,是我认为最有效的学习和研究的方式.而寻找材料、研究的方向以及"技巧"的最好方法,仍然是参考已有的文献,在文献的基础上思考,而不是空想,这一点是非常重要的.

不过这门课给我的另一大启发,或说是提醒,便是写完论文之后反复核查的必要性.这一点是汪老师非常强调的,但也是我之前很不情愿做的一件事.我自己的习惯是在写论文的时候反复算几遍,如果一切能够顺利地算下来,那么就默认中间是没有错误的,写完以后也并不会多加核查.可能这来自考试的习惯吧,完成以后从不检查,哈哈.然而,事实证明我在论文中还是挺容易出现错误的,尤其是定义的不规范和步骤的不完整.自己在写作时总没有意识到,但是每当老师指出以后,还是挺惭愧的.因为数学最讲究的就是精确性,精确的表述、计算也是所有理论的基础.对于论文的复查,汪老师常常做得比我自己还认真.记得在准备投稿前的那一个星期,汪老师在连着两节课上只做了一件事,就是和我一起,把我的论文中的每一步计算、每一处语言表述都进行了核对和修改,包括几处带有"跳步"嫌疑的,也都将过程补完."一般人写论文的时候都是按自己的思路写的,不会考虑别人的思路是怎么样的.这样的情况下,即使你全是正确的,别人也常常看不懂,因为写论文的人和看论文的人的思路是不同的.所以要尽量把过程写全,这样别人也好理解."这是汪老师在那节课上说的话,很谦虚,也让我感触颇深.把过程写全,哪怕有些事自己觉得简单得可以省略的步骤,也尽量写出来,为了能让读者有更清晰的理解.这么做可以说是站在别人的位置考虑,也能够时刻提醒自己不要总以自身的思路作为"标准".其实,让别人更好地理解,也就等于让自己更好地被理解,而这亦是写数学论文的一大要点.

　　总的来说,在高中做一点数学研究,并不是为了搞出什么大发现(这也是不太可能的),而是为了能在过程中学习自主探究的能力,也学习老师的思想,作为今后自己的研究方法和思想的基础;同时,因为自己的兴趣,探索数学本身亦是富有挑战和快乐的.在这一方面,汪老师的热情、细心、幽默也都是对我极为珍贵的启发.

模尔外得公式在解三角形中的应用[*]

上海浦东复旦附中分校 2016 届　秦予帆

在高中课本中,有关三角形的公式我们学习过正弦定理、余弦定理.汪杰良老师在"数学研究"课上,又为我们介绍了许多三角形中的公式和定理,如:射影定理、角余弦定理、正切定理、余切定理、海伦公式、模尔外得公式等,并运用严格的数学证明将这些公式联系起来.在这些公式中,我对模尔外得公式最感兴趣,它优美的形式深深吸引了我,它将三角形中三条边、三个角这六个元素完美地结合到了一个公式中,形象生动地描绘了三角形三边、三角元素间惟妙惟肖的内在规律性.模尔外得公式不仅具有美学价值,在解题中有着其独特的作用,使解题过程更为简洁,解题思路更为灵活、丰富.

模尔外得公式是指:任意三角形两边的和(差)与第三边之比,等于这两边所对角的差的一半的余弦(正弦)值与第三角的一半的正弦(余弦)值的比.

即在△ABC 中,$\dfrac{a+b}{c} = \dfrac{\cos\dfrac{A-B}{2}}{\sin\dfrac{C}{2}}$,$\dfrac{a-b}{c} = \dfrac{\sin\dfrac{A-B}{2}}{\cos\dfrac{C}{2}}$.

下面给出模尔外得公式的证明:

证明　$\because \dfrac{a}{\sin A} = \dfrac{b}{\sin B} = \dfrac{c}{\sin C} = 2R$,其中 R 是 △ABC 外接圆的半径.

$\therefore a = 2R\sin A$,$b = 2R\sin B$,$c = 2R\sin C$.

又 $\because \sin A + \sin B = \sin\left(\dfrac{A+B}{2} + \dfrac{A-B}{2}\right) + \sin\left(\dfrac{A+B}{2} - \dfrac{A-B}{2}\right)$

$$= 2\sin\dfrac{A+B}{2}\cos\dfrac{A-B}{2}.$$

$\therefore \dfrac{a+b}{c} = \dfrac{2R\sin A + 2R\sin B}{2R\sin C} = \dfrac{\sin A + \sin B}{\sin(A+B)}$

$$= \dfrac{2\sin\dfrac{A+B}{2}\cos\dfrac{A-B}{2}}{2\sin\dfrac{A+B}{2}\cos\dfrac{A+B}{2}} = \dfrac{\cos\dfrac{A-B}{2}}{\cos\dfrac{A+B}{2}} = \dfrac{\cos\dfrac{A-B}{2}}{\sin\dfrac{C}{2}}.$$

＊　原载上海《中学生导报》2015 年 6 月.

同理,易证 $\dfrac{a-b}{c}=\dfrac{\sin\dfrac{A-B}{2}}{\cos\dfrac{C}{2}}$.

模尔外得公式等号左边是三角形三条边这三个元素组成的式子,右边则是三角形的三个角作为元素,而且还包含正弦、余弦符号所组成的式子,形式简单,便于记忆.下面探讨它在解三角形中的应用.

例 1 在 $\triangle ABC$ 中,$B+C=2A$,求证:$b+c\leqslant 2a$.

分析 要证 $b+c\leqslant 2a$,即证明 $\dfrac{b+c}{2a}\leqslant 1$,易联想到用正弦定理将边的形式转化为角的正弦形式,再利用和差化积化简为余弦函数,利用其有界性得证.

解法 1 $\because \dfrac{a}{\sin A}=\dfrac{b}{\sin B}=\dfrac{c}{\sin C}=2R$,其中 R 是 $\triangle ABC$ 外接圆的半径.

$\therefore a=2R\sin A$,$b=2R\sin B$,$c=2R\sin C$.

$\therefore \dfrac{b+c}{2a}=\dfrac{\sin B+\sin C}{2\sin A}=\dfrac{2\sin\dfrac{B+C}{2}\cos\dfrac{B-C}{2}}{2\sin A}$.

$\because B+C=2A$.

$\therefore \dfrac{b+c}{2a}=\dfrac{2\sin A\cos\dfrac{B-C}{2}}{2\sin A}=\cos\dfrac{B-C}{2}$.

$\because -\pi < B-C < \pi$.

$\therefore -\dfrac{\pi}{2} < \dfrac{B-C}{2} < \dfrac{\pi}{2}$.

$\therefore 0 < \dfrac{b+c}{2a}\leqslant 1$.

$\therefore b+c\leqslant 2a$.

此题其实质是求两边和与第三边的商,与模尔外得公式等号左边的形式相契合.根据已知条件,可以求出 $\sin\dfrac{A}{2}$ 的值,再代入模尔外得公式,就能证得 $\dfrac{b+c}{a}=2\cos\dfrac{B-C}{2}\leqslant 2$.

解法 2 模尔外得公式解法:

$\because A+B+C=\pi$.

$\therefore \sin\dfrac{A}{2}=\cos\dfrac{B+C}{2}$.

$\because B+C=2A$.

$\therefore \sin\dfrac{A}{2}=\sin\dfrac{B+C}{4}$.

$\therefore \cos\dfrac{B+C}{2}=\sin\dfrac{B+C}{4}$.

而 $\cos\dfrac{B+C}{2}=1-2\sin^2\dfrac{B+C}{4}$,$\therefore 1-2\sin^2\dfrac{B+C}{4}=\sin\dfrac{B+C}{4}$,即 $2\sin^2\dfrac{B+C}{4}+$

$$\sin \frac{B+C}{4} - 1 = 0.$$

解得 $\sin \dfrac{B+C}{4} = \dfrac{1}{2}$ 或 $\sin \dfrac{B+C}{4} = -1$（不合题意，舍去）.

$\therefore \ \sin \dfrac{A}{2} = \dfrac{1}{2}.$

由模尔外得公式得 $\dfrac{b+c}{a} = \dfrac{\cos \dfrac{B-C}{2}}{\sin \dfrac{A}{2}}.$（＊）

将 $\sin \dfrac{A}{2} = \dfrac{1}{2}$ 代入（＊）式得 $\dfrac{b+c}{a} = \dfrac{\cos \dfrac{B-C}{2}}{\dfrac{1}{2}} = 2\cos \dfrac{B-C}{2} \leqslant 2.$

$\therefore \ b+c \leqslant 2a.$

例2 在 $\triangle ABC$ 中，求证：$\dfrac{\sin(A-B)}{ab} + \dfrac{\sin(B-C)}{bc} + \dfrac{\sin(C-A)}{ac} = 0.$

分析 此题中求证的是两角差的正弦与边的关系，一般解法是利用正弦定理将分母转化为角的形式，用两角差的正弦公式将分子展开，化简后得零，较为烦琐. 模尔外得公式的解法是先利用二倍角公式将两角差的正弦转化为两角差的一半的三角形式，再利用模尔外得公式的变形和正弦定理，代入化简，将三角形式全部转化为边的形式，使解题思路变得丰富多彩，解题方法也别具一格.

解法1 一般解法：

$\because \ \dfrac{a}{\sin A} = \dfrac{b}{\sin B} = \dfrac{c}{\sin C} = 2R$，其中 R 是 $\triangle ABC$ 外接圆的半径.

$\therefore \ a = 2R\sin A,\ b = 2R\sin B,\ c = 2R\sin C.$

$\therefore \ \dfrac{\sin(A-B)}{ab} + \dfrac{\sin(B-C)}{bc} + \dfrac{\sin(C-A)}{ac}$

$= \dfrac{\sin A\cos B - \cos A\sin B}{4R^2\sin A\sin B} + \dfrac{\sin B\cos C - \cos B\sin C}{4R^2\sin B\sin C} + \dfrac{\sin C\cos A - \cos C\sin A}{4R^2\sin C\sin A}$

$= \dfrac{1}{4R^2}(\cot B - \cot A + \cot C - \cot B + \cot A - \cot C)$

$= 0.$

解法2 模尔外得公式解法：

由二倍角的正弦公式，得 $\sin(A-B) = 2\sin \dfrac{A-B}{2}\cos \dfrac{A-B}{2}.$

由模尔外得公式变形，得 $\sin \dfrac{A-B}{2} = \dfrac{a-b}{c}\cos \dfrac{C}{2}$，$\cos \dfrac{A-B}{2} = \dfrac{a+b}{c}\sin \dfrac{C}{2}$，

$\therefore \ \sin(A-B) = \dfrac{2(a^2-b^2)}{c^2}\sin \dfrac{C}{2}\cos \dfrac{C}{2}.$

$\therefore \ \dfrac{\sin(A-B)}{ab} = \dfrac{\left(2\sin \dfrac{C}{2}\cos \dfrac{C}{2}\right)(a^2-b^2)}{abc^2} = \dfrac{(a^2-b^2)\sin C}{abc^2}.$

又 $\sin C = \dfrac{c}{2R}$（R 为 $\triangle ABC$ 外接圆半径），

$\therefore \dfrac{\sin(A-B)}{ab} = \dfrac{a^2-b^2}{2Rabc}$.

同理，$\dfrac{\sin(B-C)}{bc} = \dfrac{b^2-c^2}{2Rabc}$，$\dfrac{\sin(C-A)}{ac} = \dfrac{c^2-a^2}{2Rabc}$.

$\therefore \dfrac{\sin(A-B)}{ab} + \dfrac{\sin(B-C)}{bc} + \dfrac{\sin(C-A)}{ac}$

$= \dfrac{a^2-b^2+b^2-c^2+c^2-a^2}{2Rabc} = 0$.

例 3 α,β,γ 是一个给定三角形的三个内角，求证：

$$\csc^2\frac{\alpha}{2} + \csc^2\frac{\beta}{2} + \csc^2\frac{\gamma}{2} \geqslant 12.$$

分析 看到三角的余割形式，易想到将其转化为正弦形式，此题的一般解法是利用三个元素的基本不等式及凸函数性质得证. 模尔外得公式解法则是由模尔外得公式的变形代换正弦形式，利用余弦函数的有界性及重要不等式加以证明，较为直观，又抓住了此题中元素可以轮换对称的特点，十分巧妙.

解法 1 一般解法：

$\because \csc^2\dfrac{\alpha}{2} + \csc^2\dfrac{\beta}{2} + \csc^2\dfrac{\gamma}{2} \geqslant 3\left(\csc\dfrac{\alpha}{2}\csc\dfrac{\beta}{2}\csc\dfrac{\gamma}{2}\right)^{\frac{2}{3}}$，且 $\left(\sin\dfrac{\alpha}{2}\cdot\sin\dfrac{\beta}{2}\cdot\sin\dfrac{\gamma}{2}\right)^{\frac{1}{3}}$

$\leqslant \dfrac{\sin\dfrac{\alpha}{2} + \sin\dfrac{\beta}{2} + \sin\dfrac{\gamma}{2}}{3} \leqslant \sin\dfrac{\dfrac{\alpha}{2}+\dfrac{\beta}{2}+\dfrac{\gamma}{2}}{3} = \sin\dfrac{\pi}{6} = \dfrac{1}{2}$.

$\therefore \csc^2\dfrac{\alpha}{2} + \csc^2\dfrac{\beta}{2} + \csc^2\dfrac{\gamma}{2} \geqslant 3\left(\csc\dfrac{\alpha}{2}\csc\dfrac{\beta}{2}\csc\dfrac{\gamma}{2}\right)^{\frac{2}{3}} = 3\left(\sin\dfrac{\alpha}{2}\cdot\sin\dfrac{\beta}{2}\cdot\sin\dfrac{\gamma}{2}\right)^{-\frac{2}{3}}$

$\geqslant 3\left(\dfrac{1}{2}\right)^{-2} = 12$.

解法 2 模尔外得公式解法：

$$\csc^2\frac{\alpha}{2} + \csc^2\frac{\beta}{2} + \csc^2\frac{\gamma}{2} = \frac{1}{\sin^2\dfrac{\alpha}{2}} + \frac{1}{\sin^2\dfrac{\beta}{2}} + \frac{1}{\sin^2\dfrac{\gamma}{2}}.$$

令 a,b,c 分别为 α,β,γ 的对边，由模尔外得公式，

$$\sin\frac{\alpha}{2} = \frac{a\cos\dfrac{\beta-\gamma}{2}}{b+c},\quad \sin\frac{\beta}{2} = \frac{b\cos\dfrac{\alpha-\gamma}{2}}{a+c},\quad \sin\frac{\gamma}{2} = \frac{c\cos\dfrac{\alpha-\beta}{2}}{a+b}.$$

$\therefore \csc^2\dfrac{\alpha}{2} + \csc^2\dfrac{\beta}{2} + \csc^2\dfrac{\gamma}{2}$

$= \dfrac{(b+c)^2}{a^2\cos^2\dfrac{\beta-\gamma}{2}} + \dfrac{(a+c)^2}{b^2\cos^2\dfrac{\alpha-\gamma}{2}} + \dfrac{(a+b)^2}{c^2\cos^2\dfrac{\alpha-\beta}{2}} \geqslant \dfrac{(b+c)^2}{a^2} + \dfrac{(a+c)^2}{b^2} + \dfrac{(a+b)^2}{c^2}$

$$= \frac{b^2}{a^2} + \frac{c^2}{a^2} + \frac{c^2}{b^2} + \frac{a^2}{b^2} + \frac{a^2}{c^2} + \frac{b^2}{c^2} + \frac{2bc}{a^2} + \frac{2ac}{b^2} + \frac{2ab}{c^2}$$

$$\geqslant 2\sqrt{\frac{a^2}{c^2} \cdot \frac{c^2}{a^2}} + 2\sqrt{\frac{a^2}{b^2} \cdot \frac{b^2}{a^2}} + 2\sqrt{\frac{b^2}{c^2} \cdot \frac{c^2}{b^2}} + 3\sqrt[3]{2 \times 2 \times 2} = 12.$$

当且仅当 $\cos\frac{\alpha-\beta}{2} = \cos\frac{\alpha-\gamma}{2} = \cos\frac{\beta-\gamma}{2} = 1$，即 $\alpha = \beta = \gamma$ 时，等号成立.

我们在解决三角形中的三角恒等式或三角不等式问题时，看到半角常会想到半角公式，如 $\sin\frac{\alpha}{2} = \pm\sqrt{\frac{1-\cos\alpha}{2}}$（公式中根号前的"±"号，由角 $\frac{\alpha}{2}$ 的终边在直角坐标系中的位置确定），然而正负号的选取容易出错，换一种思路，联想到模尔外得公式中的半角关系，将公式变形后代换半角，是否能使问题更为直观呢？当我们看到两边和（差）与第三边关系时，往往运用正弦定理或余弦定理将边的形式全部转化为角的形式，而这样做过于麻烦，可直接利用模尔外得公式进行求解.

模尔外得公式有利于开拓解题思路，是一种解有关三角问题的新颖、有效的方法.

数学除了有助于敏锐地了解真理和发现真理之外，它还有造型的功能，即它能使人们的思维综合为一种科学系统.

——格拉斯曼(*Grassmann，H.*)

指导教师点评 18

众所周知，我们学过的正弦定理和余弦定理都不可能将三角形的三条边、三个角同时放在同一个等式之中.使秦予帆同学感兴趣的是模尔外得公式可以奇妙地使三角形的六个元素同时出现在同一个等式之中.她撰写了《模尔外得公式在解三角形中的应用》的论文.

她推导出模尔外得公式之后，选取了典型例题，说明模尔外得公式和其他三角公式在解不等式、证明三角恒等式以及三角不等式中的应用.我们发现，用模尔外得公式可以使解题方法变得灵活、新颖，甚至可以避免通常解题中不能准确运用半角公式所带来的错误.

论文中例 1 的解法 2 模尔外得公式解法得到 $\sin \dfrac{A}{2} = \dfrac{1}{2}$ 的推导太烦琐，以下推导则非常简单.

$\because A+B+C=\pi$，$B+C=2A$，可得 $A=\dfrac{\pi}{3}$，$\therefore \sin \dfrac{A}{2}=\dfrac{1}{2}$.

模尔外得是德国数学家，他在天文学、数学方面均有著述.但在模尔外得发现这两个公式之前，奥贝尔于 1746 年已经得出这两个公式.其中第一个早已被英国著名数学家牛顿发现，英国数学家辛卜生在他所著述的三角课本中已经有这两个公式的详细证明.

一段可贵的学习体验

秦予帆

这个学期的选修课选了汪杰良老师的"数学研究",一则是出于对数学的浓厚兴趣,二则是受到了同学的强烈推荐.他们说,在这门课上能够真正学到课本上所没有的东西,而这学期我自己的亲身体验告诉我这句话所言非虚.

这门课与传统的课程不太一样,课后作业不是大量的数学习题,而是让我们自己选题研究、写数学文章.课堂上汪老师也不仅仅是传授新的知识,而且将许多时间用来评讲、修改我们的文章,与我们讨论交流,带我们去图书馆教我们该怎样查阅有关资料、怎样选杂志投稿,这些对我们来说是难能可贵的学习体验.更为幸运的是,由于这学期选这门课的同学只有三人,我们的课堂以小组互动的形式进行,师生围坐,有了更多面对面交流的机会.

面对这种新的学习模式,面对第一次着手写数学文章,一开始的确有些无措.我写的第一篇文章是《模尔外得公式在解三角形中的应用》,课题方向的选定十分顺利,却在寻找例题上花了不少力气.我首先研究模尔外得公式的解法在哪些条件下适宜运用,得出的结论是:(1)出现两边和/差与第三边关系时;(2)出现三角形的内角、半角时;(3)若未出现三角形的半角,只出现三角形的内角也无妨,可通过半角公式构造半角.我又查阅了大量历年的有关三角形的数学竞赛题,先用传统解法做一遍,再思考能否运用模尔外得公式的解法,并尝试进行解答.最终我选定了几道典型题目,用模尔外得公式得到了新的更为巧妙的解题过程.题目虽少,而选题的过程可谓大浪淘沙,需要耐心和不断的思考总结.终于,我完成了初稿,满怀欣喜地交给了汪老师.

等初稿返还到我手中,上面已满是圈划修改的痕迹."这句话这么说是不是更简练呢?"汪老师与我们一起句句推敲,力求把语言修改到最精炼.之后我又将初步修改好的文章打成电子稿,由于是第一次写此类的文章,格式不规范的地方有许多."这个符号要在公式编辑器里打。""句号要用句点,还有这里……"汪老师拿着笔伏案精心修改,不放过一个符号、一个标点,其一丝不苟的敬业态度令我们心生敬佩.数学是一门严谨的学科,学好数学不仅需要灵感和智慧,也需要规范和细致.

有了第一次写作的经验,第二篇文章的创作便顺利了许多、规范了许多.而今第二篇文章还在修改中,还需要细细地推敲.在这样的学习过程中,我受益良多,不仅自身开阔了视野,获得了进步,也在团队学习合作中收获了快乐.在面对面的交流中,汪老师教会了我们许多做人的道理.汪老师对我而言,不仅是学习上的导师,也是前行道路上的良师益友.

很感谢学校为我们提供了这样具有浓厚学术氛围的学习平台,在高中生活中,能有这么一段潜心学习数学、研究数学的经历,实在是幸运.而这样的经历所带给我的,足以受益终身.

例谈三角代换的妙用[*]

上海浦东复旦附中分校 2016 届　梁正之

三角函数既是初等数学的核心内容之一，又是高考中的重点内容. 在高中阶段，三角函数知识是解决许多数学题的必要工具. 因此，熟练掌握三角函数的各种解题技巧极为重要. 在众多方法之中，三角代换可谓另辟蹊径，在优化解题过程中起到了化繁为简的作用. 在一些代数问题中，为解题需要可将代数形式代换为三角形式，有利于运用三角知识解决问题，这样的代换叫作三角代换. 有时根据解题需要，也可以把三角函数式进行换元，这样就可以将三角问题转化为代数问题，从而用代数方法解决问题. 本文结合实例说明三角代换以及代数换元的思想，从而巧妙地解决有关求最值、证明不等式、解决数列问题和解方程(组)中的数学难题.

一、三角函数值的换元

例 1　对于任意 θ，求 $32\cos^6\theta - \cos 6\theta - 6\cos 4\theta - 15\cos 2\theta$ 的值. (2013 年北约自主招生试题)

此例作为北约热门试题，曾在文[1]中给出过常规解法：

解法 1　由 $\cos 2\theta = 2\cos^2\theta - 1$，$\cos 3\theta = 4\cos^3\theta - 3\cos\theta$ 得

原式 $= 32\cos^6\theta - (2\cos^2 3\theta - 1) - 6(2\cos^2 2\theta - 1) - 15(2\cos^2\theta - 1)$

$= 32\cos^6\theta - [2(4\cos^3\theta - 3\cos\theta)^2 - 1] - 6[2(2\cos^2\theta - 1)^2 - 1] - 15(2\cos^2\theta - 1) = 10.$

在本例中，我们不难看出，记忆、使用三倍角公式后的运算较为烦琐且难度较大. 此时通过三角函数值换元为代数字母，可将三角运算转化为代数运算. 这样就降低了运算难度，大大增加了解题的趣味性.

解法 2　令 $\cos\theta = t$，则 $\cos 2\theta = 2\cos^2\theta - 1 = 2t^2 - 1$.

同理 $\cos 4\theta = 2(2t^2 - 1)^2 - 1 = 8t^4 - 8t^2 + 1$.

$\cos 6\theta = 4\cos^3 2\theta - 3\cos 2\theta = 4(2t^2 - 1)^3 - 3(2t^2 - 1) = 32t^6 - 48t^4 + 18t^2 - 1$.

原式 $= 32t^6 - (32t^6 - 48t^4 + 18t^2 - 1) - 6(8t^4 - 8t^2 + 1) - 15(2t^2 - 1) = 10$.

---

[*] 原载上海《中学生导报》2015 年 6 月.

二、无理函数的代换

例 2 已知函数 $y = \sqrt{1-x} + \sqrt{x+3}$ 的最大值为 M,最小值为 m,则 $\dfrac{m}{M}$ 的值为

_____.(2008 年重庆市高考数学试题)

分析 形如 $y = \sqrt{ax+b} + \sqrt{cx+d}$ 的无理函数最值求法一直是解题的难点,我们往往用函数思想解题,用到不易想到的平方凑定值的方法.

解法 1 由题意知,$D = [-3, 1]$.

$\because y \geqslant 0$, $y^2 = 1 - x + x + 3 + 2\sqrt{1-x} \cdot \sqrt{x+3}$

$\qquad\qquad = 4 + 2\sqrt{-x^2 - 2x + 3}$

$\qquad\qquad = 4 + 2\sqrt{-(x+1)^2 + 4}$.

当 $x = -1$ 时,$y_{\max}^2 = 4 + 4 = 8$.

当 $x = -3$ 或 $x = 1$ 时,$y_{\min}^2 = 4$.

因此,$\dfrac{m}{M} = \sqrt{\dfrac{4}{8}} = \dfrac{\sqrt{2}}{2}$.

现在来看看三角解法又能如何巧妙地解决这道难题呢?

分析 首先想到的是两个根号下的被开方数之和是 4,并且 $(\sqrt{1-x})^2 + (\sqrt{x+3})^2 = 4$.因此,想到了三角恒等式 $(2\cos\theta)^2 + (2\sin\theta)^2 = 4$,$\theta \in \left[0, \dfrac{\pi}{2}\right]$.作三角代换就可以将根号化去.

解法 2 令 $\sqrt{1-x} = 2\cos\theta$,$\sqrt{x+3} = 2\sin\theta$,$\theta \in \left[0, \dfrac{\pi}{2}\right]$.

则 $1 - x + x + 3 = 4(\cos^2\theta + \sin^2\theta) = 4$.

那么 $y = 2(\cos\theta + \sin\theta) = 2\sqrt{2}\sin\left(\theta + \dfrac{\pi}{4}\right)$.

$\because \theta \in \left[0, \dfrac{\pi}{2}\right]$,$\therefore \theta + \dfrac{\pi}{4} \in \left[\dfrac{\pi}{4}, \dfrac{3\pi}{4}\right]$.

$\therefore \sin\left(\theta + \dfrac{\pi}{4}\right) \in \left[\dfrac{\sqrt{2}}{2}, 1\right]$.

$\therefore y \in [2, 2\sqrt{2}]$.

当 $\theta = \dfrac{\pi}{4}$,即 $x = -1$ 时,$M = 2\sqrt{2}$.

当 $\theta = 0$ 或 $\theta = \dfrac{\pi}{2}$,即 $x = -3$ 或 $x = 1$ 时,$m = 2$.

综上,$\dfrac{m}{M} = \dfrac{\sqrt{2}}{2}$.

在此,笔者将常规函数的三角代换方法总结,便于读者记忆:

对于形如 $R(\sqrt{a^2 - x^2})$ 的函数,可作代换 $x = a\cos\theta$ 或 $x = a\sin\theta$.

对于形如 $R(\sqrt{a^2+x^2})$ 的函数,可作代换 $x=a\tan\theta$ 或 $x=a\cot\theta$.

对于形如 $R(\sqrt{x^2-a^2})$ 的函数,可作代换 $x=a\sec\theta$ 或 $x=a\csc\theta$.

对于形如 $R(\sqrt{x-a})$ 的函数,可作代换 $x=a\sec^2\theta$ 或 $x=a\csc^2\theta$.

三、有理函数的极值求法

例3 若实数 a, b, c 满足 $a^2+b^2\leqslant c\leqslant 1$. 求 $a+b+c$ 的最大值和最小值. (2013 年全国高中数学联赛试题)

分析 文[2]曾利用二次函数的性质采用配方法,给出了如下解法:

解法1 $\because$ 实数 a, b, c 满足 $a^2+b^2\leqslant c\leqslant 1$.

$\therefore a+b+c\geqslant a+b+a^2+b^2=\left(a+\dfrac{1}{2}\right)^2+\left(b+\dfrac{1}{2}\right)^2-\dfrac{1}{2}\geqslant -\dfrac{1}{2}$,当 $a=b=-\dfrac{1}{2}$,

$c=\dfrac{1}{2}$ 时等号成立.

$\therefore (a+b+c)_{\min}=-\dfrac{1}{2}$.

不难发现,利用此解法,很难求出最大值. 因此,解法是具有一定的特殊性. 下面给出异于原文的三角解法.

解法2 令 $a=r\cos\theta$, $b=r\sin\theta$,其中 $0\leqslant r\leqslant\sqrt{c}\leqslant 1$, $\theta\in[0,2\pi)$.

则 $a+b+c\geqslant r\cos\theta+r\sin\theta+r^2=r^2+\sqrt{2}r\sin\left(\theta+\dfrac{\pi}{4}\right)\geqslant r^2-\sqrt{2}r=\left(r-\dfrac{\sqrt{2}}{2}\right)^2-$

$\dfrac{1}{2}\geqslant -\dfrac{1}{2}$.

当且仅当 $r=\dfrac{\sqrt{2}}{2}$,且 $\theta=\dfrac{5\pi}{4}$,即 $a=b=-\dfrac{1}{2}$, $c=\dfrac{1}{2}$ 时等号成立.

故 $(a+b+c)_{\min}=-\dfrac{1}{2}$.

$\because a+b+c=r(\sin\theta+\cos\theta)+c=\sqrt{2}r\sin\left(\theta+\dfrac{\pi}{4}\right)+c$.

又 $\because \sin\left(\theta+\dfrac{\pi}{4}\right)\in[-1,1]$, $\therefore a+b+c\in[-\sqrt{2}r+c,\sqrt{2}r+c]$.

又 $\because 0\leqslant r\leqslant\sqrt{c}\leqslant 1$, $\therefore \sqrt{2}r+c\leqslant 1+\sqrt{2}$. 当且仅当 $r=1$,且 $\theta=\dfrac{\pi}{4}$ 时,即 $a=b=$

$\dfrac{\sqrt{2}}{2}$, $c=1$ 时等号成立.

故 $(a+b+c)_{\max}=1+\sqrt{2}$.

综上, $a+b+c$ 的最大值为 $1+\sqrt{2}$,最小值为 $-\dfrac{1}{2}$.

例4 若 $x^2+2xy-y^2=7(x,y\in\mathbf{R})$,求 $(x^2+y^2)_{\min}$. (2013 年浙江大学自主招生试题)

分析 根据常规解法用 x, y 中的任意一个表示另一个都会十分烦琐,若使用几何方法不容易想到,因此我们考虑使用三角代换解决此问题.

解法1 设 $x^2 + y^2 = r^2$, $x = r\cos\alpha$, $y = r\sin\alpha$. 代入 $x^2 + 2xy - y^2 = 7(x, y \in \mathbf{R})$,得

$$(r\cos\alpha)^2 + 2r^2\sin\alpha\cos\alpha - (r\sin\alpha)^2 = 7.$$

即 $r^2\cos^2\alpha + r^2\sin 2\alpha - r^2\sin^2\alpha = 7$. $r^2(\cos 2\alpha + \sin 2\alpha) = 7$.

$\therefore \sqrt{2}r^2\sin\left(2\alpha + \dfrac{\pi}{4}\right) = 7.$

$\therefore r^2\sin\left(2\alpha + \dfrac{\pi}{4}\right) = \dfrac{7\sqrt{2}}{2}.$

$\therefore r^2 = \dfrac{\dfrac{7\sqrt{2}}{2}}{\sin\left(2\alpha + \dfrac{\pi}{4}\right)}.$

又 $\because r^2 > 0$, $\therefore 0 < \sin\left(2\alpha + \dfrac{\pi}{4}\right) \leqslant 1$.

$\therefore r^2 \geqslant \dfrac{7\sqrt{2}}{2}.$

综上 $(x^2 + y^2)_{\min} = r^2_{\min} = \dfrac{7\sqrt{2}}{2}.$

同时在仔细观察之后发现,除了三角中作常用的正弦、余弦代换之外,运用正割、正切代换也能解出此题.

解法2 由 $x^2 + 2xy - y^2 = 7$ 得 $(x+y)^2 - 2y^2 = 7$.

设 $\begin{cases} x + y = \sqrt{7}\sec\theta, \\ \sqrt{2}y = \sqrt{7}\tan\theta. \end{cases} \Rightarrow \begin{cases} x = \sqrt{7}\sec\theta - \dfrac{\sqrt{14}}{2}\tan\theta, \\ y = \dfrac{\sqrt{14}}{2}\tan\theta. \end{cases}$

$\therefore x^2 + y^2 = \left(\sqrt{7}\sec\theta - \dfrac{\sqrt{14}}{2}\tan\theta\right)^2 + \left(\dfrac{\sqrt{14}}{2}\tan\theta\right)^2$

$= 7 \times \dfrac{\sin^2\theta - \sqrt{2}\sin\theta + 1}{1 - \sin^2\theta} = 7 \times \left(\dfrac{\sqrt{2}\sin\theta - 2}{\sin^2\theta - 1} - 1\right).$

设 $\sqrt{2}\sin\theta - 2 = t$, $t \in (-2 - \sqrt{2}, -2 + \sqrt{2})$.

$\therefore x^2 + y^2 = 7 \times \left(\dfrac{2t}{t^2 + 4t + 2} - 1\right) = 7\left[\dfrac{2}{t + \dfrac{2}{t} + 4} - 1\right] \geqslant 7 \times \left(\dfrac{2}{4 - 2\sqrt{2}} - 1\right) = $

$\dfrac{7\sqrt{2}}{2}.$

$\therefore (x^2 + y^2)_{\min} = \dfrac{7\sqrt{2}}{2}.$

因此,三角代换在高考数学、全国高中数学联赛以及各著名高校的自主招生中运用较

广,是解题的必要工具. 若能熟练掌握三角代换的方法,将为解题带来极大的便利.

参考文献

［1］甘忠国. 三角函数及三角恒等变换[J]. 新高考：高三数学,2014(12).

［2］王耀. 例谈"三角换元法"在解题中的应用[J]. 数学通讯,2014(22).

数学揭示并阐明了思维世界的奥秘,它演绎地展开了美与序的深思熟虑,它的各部分之间是如此和谐地互相联系着,并直接关联着真理的无穷层次及其存在的绝对证明,这一切都是数学最为令人确信的基础.数学是完美而无懈可击的,它是宇宙的计划,就像一幅尚未卷起的世界地图展现在人们的面前,数学是那些创造真谛的人们的思维结晶.

——塞尔维斯脱(Sylvester, J.J.)

指导教师点评 19

梁正之同学撰写的《例谈三角代换的妙用》的论文以近几年全国各地的自主招生题以及高中数学竞赛试题为载体,说明三角数值换元、无理函数代换、有理函数的极值求法的妙用.尤其是对于形如 $R(\sqrt{a \pm x})$,$R(\sqrt{a^2 - x^2})$,$R(\sqrt{a^2 + x^2})$,$R(\sqrt{x^2 - a^2})$,$R(\sqrt{x - a})$ 的无理函数,通过一系列的三角代换技巧,将问题变得简单易解.此文对每道题都采用了多种解法,显示出了作者善于多角度思考问题,创意性强.

当然,除了文章所列举的换弦、换切、换割的三角代换之外,还有其他形形色色的三角代换.如:万能代换,对于形如 $R\left(\dfrac{2t}{1+t^2}, \dfrac{1-t^2}{1+t^2}, \dfrac{2t}{1-t^2}\right)$,可作代换 $t = \tan\dfrac{\theta}{2}$;对于形如 $\dfrac{x+y}{1-xy}$,$\dfrac{x-y}{1+xy}$,可作代换 $x = \tan\alpha$,$y = \tan\beta$;对于形如 $x+y+z = xyz$,可作代换 $x = \tan A$,$y = \tan B$,$z = \tan C (A + B + C = \pi)$. 这些代换,在解题中会发挥较大的作用.

因此,学数学要善于总结、归纳、整理,使之成为一个相互联系的整体.

欣赏数学，感悟数学

梁正之

起初，选择数学研究课是因为希望在最后一个选修课学期上能有所得．然而，却并没有想到能遇见或许将影响我一生的导师——汪杰良老师．

在感受汪老师课堂之前，对于研究型论文我还一窍不通．就像对待懵懂的孩子般，汪老师一步一步指引着我以及两个小伙伴在数学之旅上前行．

汪老师每节课都精心准备讲义，并在课堂上一点一点给我们演算，与我们一同探讨．值得一提的是，不知为何，由于这学期只有我们分校的三位同学报了这门选修课，所以与其说这是一门选修课，不如说这是大学导师所带学生的研究课．这样的长时间与老师和伙伴的直接交流、接触，着实让自己受益匪浅，也更佩服汪老师对于数学的热爱．

在汪老师的课堂启迪与鼓励下，我便第一次尝试创作了《例谈三角代换的妙用》这篇文章．说实在的，在自己将手写稿输入电脑，看到完整的一篇数学文章后，自己内心除了激动还略有些自信．就当自己信心满满地将文章发给汪老师后，第二周再拿到文章之时上面便已布满了密密麻麻的修改记号，我尤为记忆深刻的是汪老师在页眉处写上了两个大字："推敲"．

那时，才发现自己是多么无知．然而汪老师就是这样一点点给我当面指导，将一个毫无学术规范性可言的无知少年逐渐引领着、教导着并向着学术规范靠拢．在这篇文章创作伊始再到最终定稿，汪老师无疑付出了巨大的心血，从手写的一稿到最终的八稿，每份稿件上都有他一点点修改、点评的痕迹．

甚至有时候，当我自己都已经完完全全认为没有问题之时，汪老师还会仔细地与我一同演算，力保没有任何差错．这样的严谨性让我也着实大开眼界．

经投稿后，当得知自己的第一篇文章就能发表时，心情毋庸置疑是兴奋的．但回想起这一路上的所见所闻，更多的则是感动．

受人之恩，必当涌泉相报．数学研究，本是一条看不见前方，需要自己不断摸索的道路，许多人直至大学甚至一辈子都学不会这样探究问题的方法．而在我的高中时代，能遇见汪老师，他引领着我们比别人先行一步，着实让我感到幸运万分！

之后，我又从汪老师的一次有关数列的递归方程课上得到灵感，并创作了另外一篇论文《卢卡斯数列与斐波那契数列的递推关系研究》．有了初次创作的经历之后，此次的创作比之前一次有了显著的进步．然而，汪老师依然用他那严谨的态度，给予我比起知识更为重要的收获.

　　这是四个人的数学研究课,我学到的远远比知识多,我得到的远远比发表一篇文章更重要. 就如我的数学老师胡兴平曾说过:"数学与音乐一样,也是可以欣赏的."欣赏数学,感悟数学! 在"做"学术的这条漫长道路上,汪老师已带我们三人早早出发!

一道联赛不等式的两种证明及其加强思路*

复旦大学附属中学 2017 届　李羽航　程梓兼

　　刚刚落幕的 2014 年全国高中数学联赛中，A 卷加试第一题是一道多年不见的三元轮换对称不等式，在此，给出该题的两种与标准答案不同的证明方法．并且给出了此不等式的加强．

　　原题　已知 $a, b, c \in \mathbf{R}$，$a+b+c=1$，$abc > 0$，证明：$ab+bc+ac < \dfrac{\sqrt{abc}}{2}+\dfrac{1}{4}$．

　　分析　经过尝试可知当 $a=\dfrac{1}{2}$，$b=\dfrac{1}{2}$，$c=0$ 时，左式和右式相等．由此等号成立条件和其三元轮换对称的形式，想到利用舒尔不等式．而使用舒尔不等式要求 $a, b, c \geqslant 0$，所以进行分类讨论．

　　证法一　(1) 当 a, b, c 不全大于 0 时，由 $a+b+c=1$，$abc > 0$ 知 a, b, c 中一个大于 0，两个小于 0．由对称性，不妨设 $a > 0$，$b < 0$，$c < 0$，$ab+bc+ac = (1-b-c)(b+c)$ $+bc = -b^2-bc-c^2+b+c < 0 < \dfrac{\sqrt{abc}}{2}+\dfrac{1}{4}$．

　　(2) 当 $a, b, c > 0$ 时，∵ $a+b+c=1$．

　　∴ $a^2+b^2+c^2+2ab+2bc+2ac=1$．

　　即 $ab+bc+ac = \dfrac{1-a^2-b^2-c^2}{2}$．

　　∴ $ab+bc+ac < \dfrac{\sqrt{abc}}{2}+\dfrac{1}{4}$

　　$\Leftrightarrow \dfrac{1-a^2-b^2-c^2}{2} < \dfrac{\sqrt{abc}}{2}+\dfrac{1}{4}$

　　$\Leftrightarrow 2a^2+2b^2+2c^2+2\sqrt{abc} > 1$

　　$\Leftrightarrow 2a^2+2b^2+2c^2+2\sqrt{abc} > (a+b+c)^2$

　　$\Leftrightarrow a^2+b^2+c^2+2\sqrt{abc} > 2ab+2bc+2ac$

　　$\Leftrightarrow (a+b+c)(a^2+b^2+c^2)+2\sqrt{abc} > 2(a+b+c)(ab+bc+ac)$．

＊ 原载东北师范大学《数学学习与研究》2015 年第 15 期．

注意到 $a+b+c=1$，$0 < abc \leqslant \left(\dfrac{a+b+c}{3} \right)^3 = \dfrac{1}{27} < \dfrac{4}{81}$.

$\therefore 0 < \sqrt{abc} < \dfrac{2}{9}$.

$\therefore 2\sqrt{abc} > 9abc$.

又由舒尔不等式知 $a^3+b^3+c^3+3abc \geqslant ab(a+b)+bc(b+c)+ac(a+c)$.

变形得 $(a+b+c)(a^2+b^2+c^2)+9abc \geqslant 2(a+b+c)(ab+bc+ac)$.

$\therefore (a+b+c)(a^2+b^2+c^2)+2\sqrt{abc} > (a+b+c)(a^2+b^2+c^2)+9abc$

$\geqslant 2(a+b+c)(ab+bc+ac)$.

$\therefore$ 得证.

为寻求最佳的 k 使 $ab+bc+ac \leqslant k\sqrt{abc}+\dfrac{1}{4}$ 成立，我们重新考虑证法一中的放缩，即寻求最佳的 k，使 $4k\sqrt{abc} \geqslant 9abc$ 在 a，b，$c > 0$，$a+b+c=1$ 条件下成立. 而 $\sqrt{abc} \leqslant \dfrac{\sqrt{3}}{9}$，即恒有 $4k \geqslant \sqrt{3}$，当取 $k=\dfrac{\sqrt{3}}{4}$，我们可以得出原题的一个加强命题：

加强命题 对实数 a，b，c 满足 a，b，$c \geqslant 0$，$a+b+c=1$，有 $ab+bc+ac \leqslant \dfrac{\sqrt{3abc}}{4}+\dfrac{1}{4}$. 等号成立条件为 $(a,b,c) = \left(\dfrac{1}{3}, \dfrac{1}{3}, \dfrac{1}{3} \right)$，$\left(\dfrac{1}{2}, \dfrac{1}{2}, 0 \right)$，$\left(\dfrac{1}{2}, 0, \dfrac{1}{2} \right)$，$\left(0, \dfrac{1}{2}, \dfrac{1}{2} \right)$.

而 $k=\dfrac{\sqrt{3}}{4}$ 不能换为更小的常数，因为 $(a,b,c) = \left(\dfrac{1}{3}, \dfrac{1}{3}, \dfrac{1}{3} \right)$ 时，有 $ab+bc+ac = \dfrac{\sqrt{3abc}}{4}+\dfrac{1}{4}$.

同时，我们还可以给出另一种证明方法：

分析 本题的条件 $a+b+c=1$ 很易于等式的变形，同时不等号右边含有根式，故可以考虑利用条件将不等式改写为一个有关于单元变量的不等式.

证法二 (1) 当 a，b，c 不全大于 0 时，参见证法一.

(2) 当 a，b，$c > 0$ 时，由对称性，不妨设 $c = \min\{a, b, c\}$，则 $c \in \left(0, \dfrac{1}{3} \right]$.

$ab+bc+ac < \dfrac{\sqrt{abc}}{2}+\dfrac{1}{4}$

$\Leftrightarrow 4ab+4bc+4ac-1 < 2\sqrt{abc}$

$\Leftrightarrow 4ab+4c(1-c)-1 < 2\sqrt{abc}$

$\Leftrightarrow 4ab-(2c-1)^2 < 2\sqrt{abc}$.

注意到基本不等式 $(a+b)^2 \geqslant 4ab$，所以我们只要证明 $(a+b)^2-(2c-1)^2 < 2\sqrt{abc}$.

又 $(a+b)^2-(2c-1)^2 < 2\sqrt{abc}$

$$\Leftrightarrow (a+b+2c-1)(a+b-2c+1) < 2\sqrt{abc}$$

$$\Leftrightarrow c(2-3c) < 2\sqrt{abc}.$$

而 $a+b=1-c$,且 $a \geqslant c$,$b \geqslant c$.

$\therefore (b-c)(a-c) \geqslant 0.$

由此得 $ab \geqslant (a+b)c-c^2 = (1-c)c-c^2 = (1-2c)c.$

$\therefore$ 只要证明 $c(2-3c) < 2\sqrt{(1-2c)c^2}$

$$\Leftrightarrow c^2(9c^2-12c+4) < c^2(4-8c)$$

$$\Leftrightarrow c^3(9c-4) < 0$$

$$\Leftrightarrow 0 < c < \frac{4}{9}.$$

$\because c \in \left(0, \dfrac{1}{3}\right].$

$\therefore$ 原不等式得证.

利用这样的思路,我们同样可以证明加强命题.

证明 由对称性不妨设 $c = \min\{a, b, c\}$,则 $c \in \left[0, \dfrac{1}{3}\right]$.

$$ab + bc + ac \leqslant \frac{\sqrt{3abc}}{4} + \frac{1}{4}$$

$$\Leftrightarrow 4ab + 4bc + 4ac - 1 \leqslant \sqrt{3abc}$$

$$\Leftrightarrow 4ab - (2c-1)^2 \leqslant \sqrt{3abc}.$$

令 $x = \sqrt{ab}$,则 $ab \geqslant (a+b)c-c^2 = (1-c)c-c^2 = (1-2c)c$, $x \geqslant \sqrt{c-2c^2}$.

又 $x = \sqrt{ab} \leqslant \dfrac{a+b}{2} = \dfrac{1-c}{2}$.

$\therefore x \in \left[\sqrt{c-2c^2}, \dfrac{1-c}{2}\right].$

令 $f(x) = 4x^2 - \sqrt{3c}\,x - (2c-1)^2$,则命题转化为证明当 $c \in \left[0, \dfrac{1}{3}\right]$ 时,对所有 $x \in \left[\sqrt{c-2c^2}, \dfrac{1-c}{2}\right]$,有 $f(x) \leqslant 0$.

由 $f(x)$ 抛物线开口向上知,上述命题等价于证明 $f(\sqrt{c-2c^2}) \leqslant 0$, $f\left(\dfrac{1-c}{2}\right) \leqslant 0$.

而 $f(\sqrt{c-2c^2}) = 4(c-2c^2) - \sqrt{3c}\,\sqrt{c-2c^2} - (2c-1)^2 = -12c^2 + 8c - 1 - \sqrt{3}c\,\sqrt{1-2c}$.

$f\left(\dfrac{1-c}{2}\right) = (1-c)^2 - \dfrac{1}{2}\sqrt{3c}(1-c) - 4c^2 + 4c - 1 = -3c^2 + 2c - \dfrac{1}{2}\sqrt{3c(1-c)}$.

$f(\sqrt{c-2c^2}) \leqslant 0$

$$\Leftrightarrow 8c - 12c^2 - 1 - \sqrt{3}c\,\sqrt{1-2c} \leqslant 0$$

$$\Leftrightarrow \sqrt{3}c\,\sqrt{1-2c} \geqslant (1-2c)(6c-1).$$

当 $0 \leqslant c \leqslant \dfrac{1}{6}$ 时,上不等式右端小于或等于 0,显然成立,此时等号成立只能两边均为零,而左边和右边为 0 时,分别要求 $c = 0$,$c = \dfrac{1}{6}$,矛盾! 故此时取不到等号.

当 $\dfrac{1}{6} < c \leqslant \dfrac{1}{3}$ 时,上不等式右端大于 0.

故 $\sqrt{3}c\sqrt{1-2c} \geqslant (1-2c)(6c-1)$

$\Leftrightarrow 3c^2(1-2c) \geqslant (1-2c)^2(6c-1)^2$

$\Leftrightarrow (1-2c)\left[3c^2 - (1-2c)(6c-1)^2\right] \geqslant 0$

$\Leftrightarrow (1-2c)(8c-1)(3c-1)^2 \geqslant 0.$

由 $\dfrac{1}{6} < c \leqslant \dfrac{1}{3}$ 知不等式成立,等号当且仅当 $c = \dfrac{1}{3}$ 时取到.

又由前知 a,b 至少有一个等于 c,所以等号成立时 $(a, b, c) = \left(\dfrac{1}{3}, \dfrac{1}{3}, \dfrac{1}{3}\right).$

另一方面,$f\left(\dfrac{1-c}{2}\right) \leqslant 0 \Leftrightarrow -3c^2 + 2c - \dfrac{1}{2}\sqrt{3c}(1-c) \leqslant 0$

$\Leftrightarrow \dfrac{\sqrt{3}}{2}\sqrt{c}(1-c) \geqslant -3c^2 + 2c. \quad (*)$

$\because c \in \left(0, \dfrac{1}{3}\right], \therefore$ 不等号左右两边均大于或等于 0.

$\therefore (*)$ 式 $\Leftrightarrow \dfrac{3}{4}c(1-c)^2 \geqslant (3c^2 - 2c)^2$

$\Leftrightarrow 3c(1-c)^2 \geqslant 4(9c^4 - 12c^3 + 4c^2)$

$\Leftrightarrow c\left[(3c^2 - 6c + 3) - 36c^3 + 48c^2 - 16c\right] \geqslant 0$

$\Leftrightarrow c(4-3c)(3c-1)^2 \geqslant 0.$

由 $c \in \left(0, \dfrac{1}{3}\right]$ 知等号当 $c = 0$ 或 $\dfrac{1}{3}$,且 $a = b$ 时取到. 解得 $(a, b, c) = \left(\dfrac{1}{2}, \dfrac{1}{2}, 0\right)$,$\left(\dfrac{1}{3}, \dfrac{1}{3}, \dfrac{1}{3}\right).$

又由三字母的对称性知,等号成立条件为

$$(a, b, c) = \left(\dfrac{1}{3}, \dfrac{1}{3}, \dfrac{1}{3}\right), \left(\dfrac{1}{2}, \dfrac{1}{2}, 0\right), \left(\dfrac{1}{2}, 0, \dfrac{1}{2}\right), \left(0, \dfrac{1}{2}, \dfrac{1}{2}\right).$$

$\therefore$ 加强命题得证.

对于不等式的加强,需要综合各种各样的方法,例如文中所使用的待定系数法,另外综合运用了函数的知识. 不等式的加强是一个很有意思的过程,需要很多的智慧和推敲.

数学推理几乎可以应用于任何科学领域,不能应用数学推理的学科极少.通常认为无法运用数学推理的学科,往往是由于该学科的发展还不够充分,人们对于该学科的知识掌握得太少,甚至还在混沌的初级阶段.任何地方只需运用了数学推理,就像一个愚笨的人利用了一个聪明人的才智一样.数学推理就像在黑暗中的烛光,能照亮你在黑暗中寻找宝藏.

——阿尔斯诺特(*Arbuhtnot*)

指导教师点评 20

李羽航、程梓兼同学撰写的《一道联赛不等式的两种证明及其加强思路》的论文是两位同学合作研究的成果.当时,两位同学同时报了我开设的"数学欣赏"选修课,他们在课堂上表现活跃,经常结合课堂内容,讨论一些更深入的问题.

恰逢 2014 年高中数学联赛刚考过,大家都比较有兴趣解答新的数学竞赛题.李羽航同学告诉我,在 2014 年高中数学联赛中,有一道关于对称不等式的竞赛题,他解答的方法与公布的标准答案不一样.我鼓励他写出来给我看.他写出初稿交给我之后,我感到虽然是一种新的解答方法,但显得单薄,发表不容易.若要达到发表水平,分量还必须要重一些.于是,我鼓励他能否将这道题加强,因为根据以往的经验,新构造的不等式往往不是最佳的,如果能够将此不等式加强并加以证明就有分量了.他和程梓兼同学经过较长时间的研究,相互启发,终于找到了加强命题,并用两种不同的方法加以证明.

不等式的加强及证明的思路

李羽航

原题如下：已知 $a, b, c \in \mathbf{R}$，$a+b+c=1$，$abc>0$，证明：$ab+bc+ac < \dfrac{\sqrt{abc}}{2}+$ $\dfrac{1}{4}$．这道题来自 2014 年全国高中数学联赛 A 卷加试第一题．全国高中数学联赛每年都会有关于不等式的考查，但是对于三元轮换不等式已经很久没有涉及过．同时这道题是一个实变量的不等式，给出了关于 $ab+bc+ac$ 和 $\sqrt{abc}$ 的关系，连接了一个两两和以及一个整体乘积的不等关系．一般地，由均值不等式，有 $ab+bc+ac \geqslant 3\sqrt[3]{a^2b^2c^2}$，而这个不等式却是一个关于 $ab+bc+ac$ 的上界放缩．

为什么这道题目引起了我的注意？还有一个原因就是这个题目的题设和结论．这个结论给出的符号是一个严格不等号，而一般我们所接触的三元不等式很多时候都是含有等号的．同时经过尝试，当 $a=0, b=c$ 的时候，左右两边相等，这就引发我们去重新思考这个不等式．一方面，造成等号不能成立的原因是因为题目中限制的 a, b, c 非零；而另一方面，应该是和 $\sqrt{abc}$ 的系数有关．第二种想法是 $\dfrac{1}{2}$ 并不是一个最好的系数，可以改进．令

$a=b=c=\dfrac{1}{3}$，此时可以计算出 $\sqrt{abc}$ 的系数为 $\dfrac{\sqrt{3}}{4}$，所以我们预期的最好的系数就是 $\dfrac{\sqrt{3}}{4}$．

如果可以确定最好的系数是 $\dfrac{\sqrt{3}}{4}$，那么就很自然地会有第一种证明的想法．第一种方法利用的是 Schur 不等式，Schur 不等式是常用的解决三元轮换不等式的工具．并且还有一个运用 Schur 不等式的原因是由于本题的等号成立条件中同时包含 $a=b=c$ 和 $a=0$，$b=c$ 及其轮换，而这样的等号成立条件是使用均值不等式时所不具备的．

证明的过程本身倒并不是特别困难，只有几个小技巧是在证明中要注意的．首先是将 $ab+bc+ac$ 变形为 $\dfrac{1-a^2-b^2-c^2}{2}$，这样的变形可以产生 $a^2+b^2+c^2$ 项，放在等号的右边，这样变形为 $2a^2+2b^2+2c^2+\dfrac{\sqrt{3}}{2}\sqrt{abc} \geqslant 1$，利于不等式的放缩；第二是关于 $\sqrt{abc}$ 的处理，由于 $\sqrt{abc}$ 的形式是根号的形式，而 Schur 不等式适用于整式，因此可以利用 $\sqrt{abc}$ 本身的

取值范围特点 $\left(0 < abc \leqslant \left(\dfrac{a+b+c}{3}\right)^3 = \dfrac{1}{27}\right)$，将 $\sqrt{abc}$ 直接放缩成 abc 的整式形式. 第三个注意的大概就是**齐次化**. $a+b+c=1$ 这个条件本身是十分适合将不齐次的不等式齐次化的，尤其是这种全部是整式的不等式. 结合这几点，本题就很顺利地完成了，并且完成了它的加强.

使用某些现成的不等式（例如本例中的 Schur 不等式）对于解题而言是十分方便的，可是对于命题的加强而言，并不是十分容易的. 因为可能在使用这些现成的不等式的放缩中会放缩过头导致结果的失败. 如果需要更为细致的放缩，除了更为技巧性的手段外，还可以采用的是调整的思想，将原不等式调整为单变量的不等式进行处理.

对于此处加强的命题，将 $\sqrt{ab}$ 作一个替换，得到了 $\sqrt{ab}$ 的取值范围 $\sqrt{ab} \in \left[\sqrt{c-2c^2},\, \dfrac{1-c}{2}\right]$，再利用开口向上的二次函数的性质，将原来的三元不等式变为了两个在限定范围上的关于 c 的不等式证明问题. 这样的话，就会将问题简化.

这样的简化无疑是按部就班的，只要每一步按部就班地来做就可以完成最后的证明. 并且在做这样的放缩过程中，我们也使用了一些关于局部调整的思想. 我们希望最后的不等式中只含有一个未知量，所以暂时固定了 c，而在此时考虑 a 和 b 的变化. 对于 $\sqrt{ab}$ 的放缩有两方面，一方面是因为本身的基本不等式——目的是让等号成立时 $a=b$，还有一方面是通过 c 的最小性，得到 $x \geqslant \sqrt{c-2c^2}$，实质的目的是为了使等号成立时有 $a=c$.

由于局部调整，所以整个不等式的放缩实质上每一步都是保证等号成立的. 如果要对这个不等式进行进一步的加强，一方面是对于 $\sqrt{abc}$ 的放缩. 在第一种解法中，对于 $\sqrt{abc}$ 的放缩只是运用了一个基本的取值范围将它放缩为了整式 abc，而没有利用根式本身的性质，如果对于 $\sqrt{abc}$ 本身有较好的放缩，那么可以得到本题进一步的加强.

另外一点可以注意的是关于常数. 本题的常数给的是 $\dfrac{1}{4}$，因此得出了 $\sqrt{abc}$ 的系数是 $\dfrac{\sqrt{3}}{4}$. 那么对于给定的常数 λ，是不是可以得到类似的不等式呢？我们提出下面的问题：

问题：求所有的 λ，使得对于任意 $a, b, c \in \mathbf{R}$, $a+b+c=1$, $abc>0$，都满足如下不等式：$ab + bc + ac \leqslant (\sqrt{3} - 3\sqrt{3}\lambda)\sqrt{abc} + \lambda$.

"黄金双曲线"的几个有趣性质[*]

复旦大学附属中学 2016 届　何逸萌

　　近年来,有许多数学刊物对黄金椭圆的一些有趣性质进行了讨论.由于椭圆和双曲线都是有心圆锥曲线,于是本文通过类比,给出如下定义:对于双曲线方程$\frac{x^2}{a^2}-\frac{y^2}{b^2}=1(a>0,b>0)$,$c$为半焦距的长,若满足$\frac{a}{c}=\omega\left(\omega=\frac{\sqrt{5}-1}{2}\right)$,则称此类双曲线为黄金双曲线.经研究,得出以下几个有趣性质.

　　性质一　黄金双曲线$\frac{x^2}{a^2}-\frac{y^2}{b^2}=1(a>0,b>0)$的离心率$e=\frac{1}{\omega}$.

　　证明　由黄金双曲线的定义立得,从略.

　　性质二　若双曲线$\frac{x^2}{a^2}-\frac{y^2}{b^2}=1(a>0,b>0)$是黄金双曲线,则$a,b,c$成等比数列.

　　证明　$\because \dfrac{a}{c}=\omega=\dfrac{\sqrt{5}-1}{2}.$

　　$\therefore c=\dfrac{\sqrt{5}+1}{2}a.$

　　$\therefore b^2=c^2-a^2=\left(\dfrac{\sqrt{5}+1}{2}a\right)^2-a^2=\dfrac{\sqrt{5}+1}{2}a^2=ac.$

　　$\therefore a,b,c$成等比数列,原命题得证.

　　由这个性质及射影定理,可得如下推论.

　　性质二的推论　如图 1,若双曲线$\frac{x^2}{a^2}-\frac{y^2}{b^2}=1(a>0,b>0)$是黄金双曲线,取$A(a,0)$,$B(0,b)$,且$F_1(-c,0)$为左焦点,则有$\triangle ABF_1$为直角三角形,且$B=\dfrac{\pi}{2}$.

　　性质三　若双曲线$\frac{x^2}{a^2}-\frac{y^2}{b^2}=1(a>0,b>0)$是黄金双曲线,$P,Q$为双曲线上不同的两点,$M$为线段$PQ$

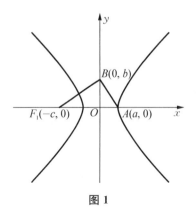

图 1

＊　原载中国数学会、首都师范大学《中学生数学》2015 年第 7 期.

中点,O 为坐标原点,若 k_{PQ} 与 k_{OM} 都存在,则 $k_{PQ} \cdot k_{OM} = \dfrac{1}{\omega}$.

证明 设 $P(x_1, y_2)$, $Q(x_2, y_2)$, $M(x, y)$.

∵ P, Q 在双曲线上.

∴ $\begin{cases} \dfrac{x_1^2}{a^2} - \dfrac{y_1^2}{b^2} = 1, \\[2mm] \dfrac{x_2^2}{a^2} - \dfrac{y_2^2}{b^2} = 1. \end{cases}$

两式相减得

$$\frac{(x_1 + x_2)(x_1 - x_2)}{a^2} - \frac{(y_1 + y_2)(y_1 - y_2)}{b^2} = 0.$$

∵ $x_1 \neq x_2$.

∴ $\dfrac{x_1 + x_2}{a^2} - \dfrac{y_1 + y_2}{b^2} \cdot \dfrac{y_1 - y_2}{x_1 - x_2} = 0$, 即 $\dfrac{2x}{a^2} - \dfrac{2y}{b^2} \cdot k_{PQ} = 0$.

∴ $k_{PQ} = \dfrac{b^2 x}{a^2 y}$.

∴ $k_{PQ} \cdot k_{OM} = \dfrac{b^2 x}{a^2 y} \cdot \dfrac{y}{x} = \dfrac{ac}{a^2} = \dfrac{c}{a} = \dfrac{1}{\omega}$.

原命题得证.

性质四 如图 2,若双曲线 $\dfrac{x^2}{a^2} - \dfrac{y^2}{b^2} = 1(a > 0, b > 0)$ 是黄金双曲线,过坐标原点作弦 EF,取双曲线上任意一点 P,若 k_{PE} 及 k_{PF} 存在,则 $k_{PE} \cdot k_{PF} = \dfrac{1}{\omega}$.

证明 E, F 关于原点对称,设 $E(x_1, y_1)$, $F(-x_1, -y_1)$, $P(x, y)$.

∵ $\dfrac{x^2}{a^2} - \dfrac{y^2}{b^2} = 1$.

∴ $y^2 = \dfrac{b^2}{a^2} x^2 - b^2$.

∴ $k_{PE} \cdot k_{PF} = \dfrac{y - y_1}{x - x_1} \cdot \dfrac{y + y_1}{x + x_1} = \dfrac{y^2 - y_1^2}{x^2 - x_1^2} =$

$\dfrac{\dfrac{b^2}{a^2}(x^2 - x_1^2)}{x^2 - x_1^2} = \dfrac{b^2}{a^2} = \dfrac{c}{a} = \dfrac{1}{\omega}$.

∴ 原命题得证.

性质五 如图 3,若双曲线 $\dfrac{x^2}{a^2} - \dfrac{y^2}{b^2} = 1(a > 0, b > 0)$ 是黄金双曲线,取点 $B_1(0, b)$, $B_2(0, -b)$, $F_1(-c, 0)$, $F_2(c, 0)$,则菱形 $B_1 F_1 B_2 F_2$ 的内切圆经过双曲线

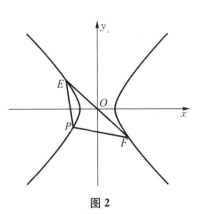

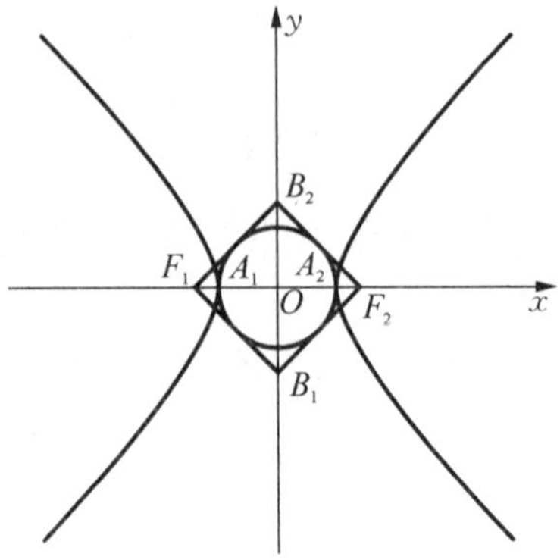

图 2

图 3

的顶点.

证明 设直线 B_2F_2 方程为 $\dfrac{x}{c}+\dfrac{y}{b}=1$,即 $bx+cy=bc$.

内切圆圆心 $O(0,0)$ 到直线 B_2F_2 的距离 $r=\dfrac{|-bc|}{\sqrt{b^2+c^2}}$.

$\therefore r^2=\dfrac{b^2c^2}{b^2+c^2}=\dfrac{ac^3}{ac+c^2}=\dfrac{ac^2}{a+c}=\dfrac{a(a^2+b^2)}{a+c}=\dfrac{a(a^2+ac)}{a+c}=\dfrac{a^2(a+c)}{a+c}=a^2$,即

$r=a$.

而双曲线顶点 $(\pm a,0)$ 的横坐标就是 a 或 $-a$.

$\therefore$ 原命题得证.

性质六 如图 4,若双曲线 $\dfrac{x^2}{a^2}-\dfrac{y^2}{b^2}=1(a>0,b>0)$ 是黄金双曲线,过双曲线焦点 $F_1(-c,0)$,$F_2(c,0)$ 分别作垂直于 x 轴的直线,交双曲线于 A,B,C,D 四点(顺序自左上起沿顺时针),过双曲线顶点 $A_1(-a,0)$,$A_2(a,0)$ 分别作垂直于 x 轴的直线,交直线 AB,CD 于 M,N,P,Q 四点(顺序自左上起沿顺时针),则四边形 $ABCD$ 为正方形,四边形 $MNPQ$ 为黄金矩形(短边:长边 $=\omega$).

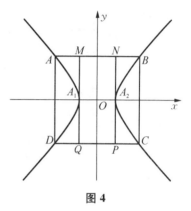

图 4

证明 把 $x=c$ 代入双曲线方程得

$$\dfrac{c^2}{a^2}-\dfrac{y^2}{b^2}=1.$$

$\therefore y^2=\dfrac{c^2-a^2}{a^2}\cdot b^2=\dfrac{b^4}{a^2}=\dfrac{a^2c^2}{a^2}=c^2$,即 $y=\pm c$.

$\therefore |AB|=|BC|=2c$,四边形 $ABCD$ 为正方形.

$\therefore \dfrac{|MN|}{|NP|}=\dfrac{2a}{2c}=\omega$.

$\therefore$ 四边形 $MNPQ$ 为黄金矩形.

命题得证.

为了激励人们向前迈进,应使所给的数学问题具有一定的难度,但也不可难到高不可攀,因为望而生畏的难题必将挫伤人们继续前进的积极性.总之,适当难度的数学问题应该成为人们揭示真理奥秘之征途中的路标,同时又是人们在问题获解后的喜悦感中的珍贵纪念品.

——希尔伯特(Hilbert, D.)

我在"数学研究"课上讲了"黄金椭圆的若干有趣性质".并指出:如果椭圆$\frac{x^2}{a^2}+\frac{y^2}{b^2}=1(a>b>0)$的短轴与长轴之比为黄金比$\omega\left(\omega=\frac{\sqrt{5}-1}{2}\right)$,则称此椭圆为黄金椭圆.显然黄金椭圆的离心率为$\sqrt{\omega}$,不仅如此,还指出了黄金椭圆的十条性质.我们知道,椭圆和双曲线都是有心圆锥曲线,只要研究其中一种曲线的性质,另一种曲线的性质可以类比地研究出来.

因此,何逸萌同学课外研究了黄金双曲线,通过与椭圆一系列性质的类比得出双曲线命题的一系列猜想并加以证明,得出了关于双曲线的若干性质.她撰写了《黄金双曲线的几个有趣性质》的论文.这种提出问题、证实自己的猜想而成为定理的过程是令人兴奋的,是创新思维的一个实例.相信她通过探索的体验,会发现更多的有关双曲线的新性质.

数学中的"黄金"美妙

何逸萌

相信对于数学中的黄金分割数 $\omega(\omega = \dfrac{\sqrt{5}-1}{2})$，每一个接触过数学的人都不会陌生，对我而言也亦是如此. 虽然常常听闻这样一个黄金数字在艺术作品中的应用，但实际在平时的数学学习中，我们能接触到这样一个神奇数字的机会却很少，对于它的美妙也难以有一个具体的认识.

高二第一学期我参加了"数学研究"这门选修课程，汪杰良老师特设了两节课程带领我们走近黄金分割数，令我感到十分新奇而惊喜. 课堂上，我们先是在老师的带领下一同动手学习，画一画、折一折一些简单的黄金矩形、黄金三角形，并感受它们与普通的矩形和三角形在给人以视觉感受上的不同. 之后，汪老师便以我们当时正在学习的椭圆为例，向我们揭示了黄金数在与椭圆的结合中推出的许多特别的性质. 对于那一段的课程，我的印象十分深刻. 连续两周的时间，老师在那一块并不算小的黑板上，从这一头写到那一头，又将整面黑板擦了再写，密密麻麻，整整连着说了近二十条不同的与黄金数有关的椭圆性质，证明的过程一条比一条长，一条比一条复杂，而汪老师却讲得一条比一条快，越讲越激动、越讲越投入，到最后仿佛已经忘记了这仍是一个课堂，而是一个让人完完全全沉浸其中的奇妙的、值得探索的数学世界，这小小的讲台正如他向我们展示数学之美的舞台. 到最后我甚至有些难以跟上他飞速旋转的思路，却仍被他眼中的时不时流露出满满的喜悦之情所打动. 那时开始，我才真正感受到一个不仅是研究数学而更是爱数学之人的心境.

当时汪老师在课后给了我们许多拓展研究思路，比如包括数学中的白银数、青铜数等，都可以在我们所学过的图形之中探索有关的性质.

我想到，圆锥曲线之间本来就有很多的性质共通，那么黄金椭圆的性质会不会也能推广到黄金双曲线上去呢？选修课下课后，我整理了上课的关于黄金椭圆的笔记，挑了几条我理解得比较清晰和觉得比较感兴趣的性质，对它们进行了简单的推广尝试，果然有一些可以在双曲线中成立，如我在论文中写到的：

性质二　若双曲线 $\dfrac{x^2}{a^2} - \dfrac{y^2}{b^2} = 1(a > 0, b > 0)$ 是黄金双曲线，则 a, b, c 成等比数列.

性质四　若双曲线 $\dfrac{x^2}{a^2} - \dfrac{y^2}{b^2} = 1(a > 0, b > 0)$ 是黄金双曲线，P, Q 为双曲线上不同

的两点，M 为线段 PQ 中点，O 为坐标原点，若 k_{PQ} 与 k_{OM} 都存在，则 $k_{PQ} \cdot k_{OM} = \dfrac{1}{\omega}$.

以上这两条都是由课上黄金双曲线的内容直接类比而证得的，证明了不同圆锥曲线之间的性质确实有一定的互通性. 但证明过程中，我也遇到了许多条性质没有办法推广；当时平时的数学课上，对于双曲线的学习还刚刚开始，也有许多条性质在我的数学能力范围内没有办法证明，因此写出来的初稿还十分简陋.

在把初稿拿给汪老师看之后，他肯定了我的尝试，也鼓励我试着加大性质的证明的难度，拓宽研究的思路，多查一些资料以求启发. 课后，我在知网上搜集了一些黄金椭圆、白银椭圆之类性质的文章，学习别人写作角度的同时也渐渐放开了性质推广的局限，在自己计算与绘图中寻找新的性质. 尽管有许多的计算都在徒劳无功中结束，但每一次有所收获的惊喜都能给我继续下去的鼓励，最终得以发现了许多新的性质，使文章略微饱满了一些.

直至最后论文的成形还要感谢汪老师的润色与耐心修改，虽然之前有过写作一篇论文的经验，也学习到了很多论文写作需要注意的地方，但这仍是我第一次涉及几何的论文写作，绘图到排版，都不可不说是极不 professional 的，甚至几何画板也是第一次接触，绘制坐标系，字母要标下标，一点点粗略的东西都由老师为我一遍遍指出. 大概汪老师总是这样，接触的总是我们这些刚刚摸着数学研究门楣的半门外汉们，所以有什么低级的错误和不懂的地方从来不会责怪与厌烦，而是悉心教导，领我们进门.

数学无疑是美妙的，然而正如所有美妙的东西，阳春白雪，并非人人可得而乐之. 而数学之美妙又并非遥不可及，在于我们怀一颗沉静而又敢于探索的心，便能体会到数学之美.

三维单形的 Cayley-Menger 行列式的应用[*]

复旦大学附属中学 2016 届　梅灵捷

【摘　要】　本文主要讨论了三维单形的 Cayley-Menger 行列式这一工具在几何中的多种应用,并通过举例说明,总结出了相应的应用条件.

【关键词】　几何;Cayley-Menger 行列式;体积;三维;单形

对于一个 n 维单形来说,如下的行列式

$$\begin{vmatrix} 0 & 1 & 1 & \cdots & 1 \\ 1 & 0 & d_{12}^2 & \cdots & d_{1,n+1}^2 \\ 1 & d_{12}^2 & 0 & \cdots & d_{2,n+1}^2 \\ \vdots & \vdots & \vdots & \ddots & \vdots \\ 1 & d_{1,n+1}^2 & d_{2,n+1}^2 & \cdots & 0 \end{vmatrix} \text{(其中 } d_{ij} \text{ 为 } A_i \text{ 与 } A_j \text{ 的距离)}$$

被称为它的 Cayley-Menger 行列式.

Cayley-Menger 行列式与 n 维单形的体积有如下的关系:

$$(-1)^{n+1} 2^n (n!)^2 V^2 = \begin{vmatrix} 0 & 1 & 1 & \cdots & 1 \\ 1 & 0 & d_{12}^2 & \cdots & d_{1,n+1}^2 \\ 1 & d_{12}^2 & 0 & \cdots & d_{2,n+1}^2 \\ \vdots & \vdots & \vdots & \ddots & \vdots \\ 1 & d_{1,n+1}^2 & d_{2,n+1}^2 & \cdots & 0 \end{vmatrix}. \qquad ①^{[1]}$$

当 $n = 3$ 时,①式转化为

$$288V^2 = \begin{vmatrix} 0 & 1 & 1 & 1 & 1 \\ 1 & 0 & d_{12}^2 & d_{13}^2 & d_{14}^2 \\ 1 & d_{12}^2 & 0 & d_{23}^2 & d_{24}^2 \\ 1 & d_{13}^2 & d_{23}^2 & 0 & d_{34}^2 \\ 1 & d_{14}^2 & d_{24}^2 & d_{34}^2 & 0 \end{vmatrix}. \qquad ②$$

---

* 原载合肥师范学院、安徽师范大学《中学数学教学》2015 年第 4 期.

也就是说,利用②式可以通过四面体顶点之间的距离计算四面体的体积.

同时,如果六条线段长满足②式,且每三条应在同一面上的线段构成三角形,那么这六条线段构成四面体.[2]

综上,我们可以看到三维单形的 Cayley-Menger 行列式与该三维单形的密切相关性.以下将通过例题加以阐释.

一、直接计算体积

例1 一个四面体六条棱长度分别为 2,3,3,4,5,5,试求该四面体体积的最大值.

解 对长度为 2 的棱进行讨论.不妨令 $d_{12}=2$.因为 d_{12} 的对边只有 d_{34},但有两条长度为 5 的棱,所以 A_1A_2 有一条邻边长为 5,不妨令 $d_{13}=5$,则 $d_{23}>d_{13}-d_{12}=3$,从而 $d_{23}=4$ 或 5.

$1°$ $d_{23}=5$

(1) $d_{14}=3$,$d_{24}=3$,$d_{34}=4$.

$$288V^2=\begin{vmatrix} 0 & 1 & 1 & 1 & 1 \\ 1 & 0 & 4 & 25 & 9 \\ 1 & 4 & 0 & 25 & 9 \\ 1 & 25 & 25 & 0 & 16 \\ 1 & 9 & 9 & 16 & 0 \end{vmatrix}=4\,096.$$

(2) $d_{14}=3$,$d_{24}=4$,$d_{34}=3$.

$$288V^2=\begin{vmatrix} 0 & 1 & 1 & 1 & 1 \\ 1 & 0 & 4 & 25 & 9 \\ 1 & 4 & 0 & 25 & 16 \\ 1 & 25 & 25 & 0 & 9 \\ 1 & 9 & 16 & 9 & 0 \end{vmatrix}=862.$$

$2°$ $d_{23}=4$

(1) $d_{14}=3$,$d_{24}=3$,$d_{34}=5$.

$$288V^2=\begin{vmatrix} 0 & 1 & 1 & 1 & 1 \\ 1 & 0 & 4 & 25 & 9 \\ 1 & 4 & 0 & 16 & 9 \\ 1 & 25 & 16 & 0 & 25 \\ 1 & 9 & 9 & 25 & 0 \end{vmatrix}=3\,646.$$

(2) $d_{14}=3$,$d_{24}=5$,$d_{34}=3$.此时三点 A_1,A_2,A_3 不构成三角形.

(3) $d_{14}=5$,$d_{24}=3$,$d_{34}=3$.此时三点 A_1,A_2,A_3 不构成三角形.

综上,$288V^2\leqslant 4\,096$,即 $V_{\max}=\dfrac{8\sqrt{2}}{3}$.

当 $d_{12} = 2$，$d_{13} = 5$，$d_{23} = 5$，$d_{14} = 3$，$d_{24} = 3$，$d_{34} = 4$ 时取得最大值.

说明 本题是一道简单的计算题,但讨论的情况较烦琐,这一点可以用破坏对称性和三角形不等式加以改善. Cayley-Menger 行列式直接将顶点之间的距离代入计算,从而避免使用了角度或坐标的手段,减少了计算强度,使过程更为简要. 也就是说,可以直接套用两点距离时,可以利用三维单形的 Cayley-Menger 行列式.

二、体积与最值

例 2 在四面体 $ABCD$ 中,$AD = DB = AC = CB = 1$,求它的体积的最大值.(2000年上海市高中数学竞赛)[3]

解 令 $d_{12} = AB$，$d_{34} = CD$.

$$288V^2 = \begin{vmatrix} 0 & 1 & 1 & 1 & 1 \\ 1 & 0 & d_{12}^2 & d_{13}^2 & d_{14}^2 \\ 1 & d_{12}^2 & 0 & d_{23}^2 & d_{24}^2 \\ 1 & d_{13}^2 & d_{23}^2 & 0 & d_{34}^2 \\ 1 & d_{14}^2 & d_{24}^2 & d_{34}^2 & 0 \end{vmatrix}$$

$$= \begin{vmatrix} 0 & 1 & 1 & 1 & 1 \\ 1 & 0 & 0 & d_{13}^2 & d_{14}^2 \\ 1 & d_{12}^2 & 0 & d_{23}^2 & d_{24}^2 \\ 1 & d_{13}^2 & d_{23}^2 & 0 & d_{34}^2 \\ 1 & d_{14}^2 & d_{24}^2 & d_{34}^2 & 0 \end{vmatrix} - d_{12}^2 \begin{vmatrix} 0 & 1 & 1 & 1 \\ 1 & d_{12}^2 & d_{23}^2 & d_{24}^2 \\ 1 & d_{13}^2 & 0 & d_{34}^2 \\ 1 & d_{14}^2 & d_{34}^2 & 0 \end{vmatrix}$$

$$= \begin{vmatrix} 0 & 1 & 1 & 1 & 1 \\ 1 & 0 & 0 & d_{13}^2 & d_{14}^2 \\ 1 & 0 & 0 & d_{23}^2 & d_{24}^2 \\ 1 & d_{13}^2 & d_{23}^2 & 0 & d_{34}^2 \\ 1 & d_{14}^2 & d_{24}^2 & d_{34}^2 & 0 \end{vmatrix} - 2d_{12}^2 \begin{vmatrix} 0 & 1 & 1 & 1 \\ 1 & 0 & d_{23}^2 & d_{24}^2 \\ 1 & d_{13}^2 & 0 & d_{34}^2 \\ 1 & d_{14}^2 & d_{34}^2 & 0 \end{vmatrix} - d_{12}^4 \begin{vmatrix} 0 & 1 & 1 \\ 1 & 0 & d_{34}^2 \\ 1 & d_{34}^2 & 0 \end{vmatrix}.$$

当 V 取最大值时,

$$\frac{\partial 288V^2}{\partial d_{12}^2} = -2 \begin{vmatrix} 0 & 1 & 1 & 1 \\ 1 & 0 & d_{23}^2 & d_{24}^2 \\ 1 & d_{13}^2 & 0 & d_{34}^2 \\ 1 & d_{14}^2 & d_{34}^2 & 0 \end{vmatrix} - 2d_{12}^2.$$

$$\begin{vmatrix} 0 & 1 & 1 \\ 1 & 0 & d_{34}^2 \\ 1 & d_{34}^2 & 0 \end{vmatrix} = 0.$$

从而 $d_{12}^2 = -\dfrac{\begin{vmatrix} 0 & 1 & 1 & 1 \\ 1 & 0 & d_{23}^2 & d_{24}^2 \\ 1 & d_{13}^2 & 0 & d_{34}^2 \\ 1 & d_{14}^2 & d_{34}^2 & 0 \end{vmatrix}}{\begin{vmatrix} 0 & 1 & 1 \\ 1 & 0 & d_{34}^2 \\ 1 & d_{34}^2 & 0 \end{vmatrix}} = -\dfrac{1}{2}d_{34}^2 + 2.$ ③

同理，令 $\dfrac{\partial 288V^2}{\partial d_{34}^2} = 0$，即

$$d_{34}^2 = -\dfrac{1}{2}d_{12}^2 + 2. \qquad ④$$

结合③，④，可得 $d_{12} = d_{34} = \dfrac{2}{3}\sqrt{3}$. 此时，

$$288V^2 = \begin{vmatrix} 0 & 1 & 1 & 1 & 1 \\ 1 & 0 & \dfrac{4}{3} & 1 & 1 \\ 1 & \dfrac{4}{3} & 0 & 1 & 1 \\ 1 & 1 & 1 & 0 & \dfrac{4}{3} \\ 1 & 1 & 1 & \dfrac{4}{3} & 0 \end{vmatrix} = \dfrac{128}{27},$$

即 $V = \dfrac{2}{27}\sqrt{3}$.

说明 我们通过 Cayley-Menger 行列式将体积表示为两个变元的行列式，随后利用多元函数求偏微分的知识即得到极值点的条件. Cayley-Menger 行列式的使用起到了将与变元相关的量、与变元无关的量分离，并给出了简洁的系数. 当需要多项式形式的简洁体积表达式时，可以利用三维单形的 Cayley-Menger 行列式.

三、向其他维度发展

例 3 平面上 $n(n \geqslant 4)$ 个点，任意两点距离为整数. 且以其中两点为端点线段中，长度被 3 整除的线段有 m 条，求证：$m \geqslant \dfrac{1}{6}C_n^2$.

引理 平面上 4 个点之间的距离若都为整数，则必有一个为 3 的倍数.

引理的证明

记这四点为 A_1，A_2，A_3，A_4，记 $d_{ij} = A_iA_j(i \neq j)$，则 $A_1 \text{-} A_2A_3A_4$ 构成一个退化的四面体，即 $V_{A_1 \text{-} A_2A_3A_4} = 0$. 从而

$$288V^2 = \begin{vmatrix} 0 & 1 & 1 & 1 & 1 \\ 1 & 0 & d_{12}^2 & d_{13}^2 & d_{14}^2 \\ 1 & d_{12}^2 & 0 & d_{23}^2 & d_{24}^2 \\ 1 & d_{13}^2 & d_{23}^2 & 0 & d_{34}^2 \\ 1 & d_{14}^2 & d_{24}^2 & d_{34}^2 & 0 \end{vmatrix} = 0.$$

反证：$\forall\, 1 \leqslant i < j \leqslant 4$，$d_{ij} \equiv 0 \pmod 3$，从而 $d_{ij}^2 \equiv 1 \pmod 3$，又有

$$\begin{vmatrix} 0 & 1 & 1 & 1 & 1 \\ 1 & 0 & d_{12}^2 & d_{13}^2 & d_{14}^2 \\ 1 & d_{12}^2 & 0 & d_{23}^2 & d_{24}^2 \\ 1 & d_{13}^2 & d_{23}^2 & 0 & d_{34}^2 \\ 1 & d_{14}^2 & d_{24}^2 & d_{34}^2 & 0 \end{vmatrix} \equiv \begin{vmatrix} 0 & 1 & 1 & 1 & 1 \\ 1 & 0 & 1 & 1 & 1 \\ 1 & 1 & 0 & 1 & 1 \\ 1 & 1 & 1 & 0 & 1 \\ 1 & 1 & 1 & 1 & 0 \end{vmatrix} = \begin{vmatrix} 4 & 1 & 1 & 1 & 1 \\ 4 & 0 & 1 & 1 & 1 \\ 4 & 1 & 0 & 1 & 1 \\ 4 & 1 & 1 & 0 & 1 \\ 4 & 1 & 1 & 1 & 0 \end{vmatrix} \equiv \begin{vmatrix} 1 & 1 & 1 & 1 & 1 \\ 1 & 0 & 1 & 1 & 1 \\ 1 & 1 & 0 & 1 & 1 \\ 1 & 1 & 1 & 0 & 1 \\ 1 & 1 & 1 & 1 & 0 \end{vmatrix} =$$

$$\begin{vmatrix} 1 & 0 & 0 & 0 & 0 \\ 1 & -1 & 0 & 0 & 0 \\ 1 & 0 & -1 & 0 & 0 \\ 1 & 0 & 0 & -1 & 0 \\ 1 & 0 & 0 & 0 & -1 \end{vmatrix} = 1 \pmod 3. \text{ 此为矛盾.}$$

证明　n 个点中共有 C_n^4 个四点组，每个四点组含长度被 3 整除的边 S_i 条，$S_i \geqslant 1$，$1 \leqslant i \leqslant C_n^4$，而含有一条长度被 3 整除的边的四点组共有 C_{n-2}^2 组. 由 Fubini 定理得 $mC_{n-2}^2 = \displaystyle\sum_{1 \leqslant i \leqslant C_n^4} S_i \geqslant C_n^4$，从而 $m \geqslant \dfrac{C_n^4}{C_{n-2}^2} = \dfrac{n(n-1)}{12} = \dfrac{1}{6}C_n^2$.

说明　本题看似与三维空间无关，但三点共面是必然的，四点共面是偶然的，这样一个条件是可以利用的. 利用 Cayley-Menger 行列式将这个约束量化为四点之间距离的关系，保证了微观估计的准确性. Fubini 定理的使用把微观结果转化成了宏观结果. Cayley-Menger 行列式在此体现了高维度和低维度空间的重要关联. 当满足二维的一定数量的点共面时，可以使用三维单形的 Cayley-Menger 行列式.

四、结论

三维单形的 Cayley-Menger 行列式是一个非常独特的工具. 它从独立于参考系的角度表示了一个四面体的体积，并将其高度浓缩，便于四面体各项参数的计算与范围估计；同时，作为一种行列式，它是沟通几何与线性代数之间的桥梁，为解决其他问题提供了多种转化的途径. 三维单形的 Cayley-Menger 行列式可以在以下情况中使用：(1)直接套用两点间距离计算体积时；(2)需要给出体积的简洁多项式表达式时；(3)在二维空间有一定数量的点共面时. 由此看来，Cayley-Menger 行列式在与计算相关的几何问题中有着重要的地位.

参考文献

［1］ Sommerville，D. M. Y. An Introduction to the Geometry of n Dimensions［M］. New York：Dover，1958.

［2］ E. Saucan and E. Appleboim. Mertric Methods in Surface Triangulation［C］. Hancock，Edwin R.；Martin，Ralph R.；Sabin，Malcolm A.. Mathematics of Surfaces XIII：13th IMA International Conference York，UK，September 7 - 9，2009 Proceedings. Springer - Verlag Berlin Heidelberg：2009.

［3］ 上海市数学会. 上海市高中数学竞赛试题及解答(1956—2000)［M］. 上海：上海教育出版社，2002.

牛顿认为,除了不屈不挠和保持警觉清醒这两点以外,他和别人没有什么区别.当人们问他如何作出他的发现时,他总是回答说:"经常不断地去想它们."有时他还指出,若说他有何作为的话,那只是勤奋和耐心地思索.牛顿说:"对于所提出的课题,我不断地提问,然后等待,一点一滴地前进,直到黎明即将来临,并在最后达到完全的光明."

——辉维尔($\mathcal{W}hewell$,$\mathcal{W}$.)

指导教师
点评 22

中学课本中,解二元一次方程组、三元一次方程组时用二阶行列式、三阶行列式解答比较方便.当然,从三阶行列式可以推广到 n 阶行列式.塞尔维斯脱曾说:"什么是行列式理论?它是代数上的代数.这是一种使我们能够把代数运算组合起来并预言结果的演算,这种情况就像代数本身能使我们不必进行具体的算术运算也行之有效的情况是一样的.所有的分析最终都必须以这种形式作为自己的外衣."

梅灵捷同学撰写了《三维单形的 Cayley-Menger 行列式的应用》的论文.他利用一个 Cayley-Menger 行列式与 3 维单形的体积关系式,转化为通过四面体顶点之间的距离计算四面体的体积.他通过几道数学竞赛题分别展示一个 Cayley-Menger 行列式在计算面积、求体积与最值等问题中的应用.此论文的例 2,用行列式解题太复杂,简洁的解法如下:如图 1,设 $CD = x$,$\because AD = DB = AC = CB = 1$,取 CD 中点 E,连

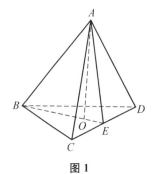

图 1

结 AE,BE,作 $AO \perp BE$ 于 O,则 $AE = BE = \sqrt{1-\left(\frac{x}{2}\right)^2}$,记四面体 $ABCD$ 体积为 V,则 $V = \frac{1}{3}S_{\triangle BCD} \cdot AE \cdot \sin\angle AEB \leqslant \frac{1}{3} \times \frac{1}{2}x \cdot \left(\sqrt{1-\left(\frac{x}{2}\right)^2}\right)^2 = \frac{1}{6}x\left(1-\frac{x^2}{4}\right)$,$V^2 \leqslant \frac{1}{36}x^2\left(1-\frac{x^2}{4}\right)\left(1-\frac{x^2}{4}\right) = \frac{1}{18} \cdot \frac{x^2}{2} \cdot \left(1-\frac{x^2}{4}\right)\left(1-\frac{x^2}{4}\right) \leqslant \frac{1}{18} \cdot \left(\frac{2}{3}\right)^3 = \frac{4}{9 \times 27}$.$\therefore V \leqslant \frac{2}{27}\sqrt{3}$,当且仅当 $\frac{x^2}{2} = 1-\frac{x^2}{4} = 1-\frac{x^2}{4}$,即 $x = \frac{2}{3}\sqrt{3}$,且 $\angle AEB = 90°$ 时,$V_{max} = \frac{2}{27}\sqrt{3}$.

梅灵捷同学参加了由 14 名学生组成的"数学欣赏与数学研究"团队,该团队递交了 16 篇数学论文,参加了 2014 年"哈佛中国大智汇"活动.作者与俞易、倪临赟一起代表团队参加"哈佛中国大智汇"的半决赛,获优秀学术论文奖.

三角形中正弦定理、余弦定理、射影定理的等价性的证明[*]

复旦大学附属中学 2016 届　何逸萌

正弦定理、余弦定理和射影定理是三角形中的三个重要定理,但是课本没有深入研究三定理之间的联系.通过课后的探究,我发现正弦定理、余弦定理以及我们所常用的射影定理（$\triangle ABC$ 中,a,b,c 所对的角分别为 A,B,C,则 $a = b \cdot \cos C + c \cdot \cos B$,$b = a \cdot \cos C + c \cdot \cos A$,$c = a \cdot \cos B + b \cdot \cos A$）之间存在等价关系.

1. 正弦定理⇔余弦定理

（1）正弦定理⇒余弦定理

已知 $\triangle ABC$ 中,a,b,c 所对的角分别为 A,B,C,求证:$a^2 = b^2 + c^2 - 2bc \cdot \cos A$.

证明　由正弦定理 $\dfrac{a}{\sin A} = \dfrac{b}{\sin B} = \dfrac{c}{\sin C} = 2R$（$R$ 是 $\triangle ABC$ 的外接圆半径）得:

$$a = 2R\sin A,\ b = 2R\sin B,\ c = 2R\sin C.$$

$\therefore b^2 + c^2 - 2bc \cdot \cos A$

$= 4R^2(\sin^2 B + \sin^2 C - 2\sin B\sin C\cos A)$

$= 4R^2[\sin^2 B + \sin^2 C + 2\sin B\sin C\cos(B+C)]$

$= 4R^2(\sin^2 B + \sin^2 C + 2\sin B\sin C\cos C\cos B - 2\sin^2 B\sin^2 C)$

$= 4R^2[(\sin B\cos C + \sin C\cos B)^2 - 2\sin^2 B\sin^2 C - \sin^2 B\cos^2 C - \sin^2 C\cos^2 B + \sin^2 B + \sin^2 C]$

$= 4R^2[\sin^2 A - \sin^2 B(1 - \sin^2 C) - \sin^2 C(1 - \sin^2 B) - 2\sin^2 B\sin^2 C + \sin^2 B + \sin^2 C]$

$= 4R^2\sin^2 A$

$= a^2$.

$\therefore$ 原式得证.

同理可得:$b^2 = a^2 + c^2 - 2ac \cdot \cos B$,$c^2 = a^2 + b^2 - 2ab \cdot \cos C$.

---

* 原载东北师范大学《数学学习与研究》2015 年第 15 期.

（2）余弦定理⇒正弦定理

已知 $\triangle ABC$ 中，a，b，c 所对的角分别为 A，B，C，求证：$\dfrac{a}{\sin A} = \dfrac{b}{\sin B} = \dfrac{c}{\sin C}$.

证明　$\sin A = \sqrt{1 - \cos^2 A} = \sqrt{1 - \left(\dfrac{b^2 + c^2 - a^2}{2bc}\right)^2}$

$$= \sqrt{\dfrac{(2bc - b^2 - c^2 + a^2)(2bc + b^2 + c^2 - a^2)}{4b^2 c^2}}$$

$$= \dfrac{\sqrt{2b^2 c^2 + 2a^2 b^2 + 2a^2 c^2 - b^4 - c^4 - a^4}}{2bc}.$$

$\therefore \dfrac{a}{\sin A} = \dfrac{2abc}{\sqrt{2b^2 c^2 + 2a^2 b^2 + 2a^2 c^2 - b^4 - c^4 - a^4}}.$

同理可得：$\dfrac{b}{\sin B} = \dfrac{2abc}{\sqrt{2b^2 c^2 + 2a^2 b^2 + 2a^2 c^2 - b^4 - c^4 - a^4}}$，$\dfrac{c}{\sin C} =$

$\dfrac{2abc}{\sqrt{2b^2 c^2 + 2a^2 b^2 + 2a^2 c^2 - b^4 - c^4 - a^4}}.$

$\therefore \dfrac{a}{\sin A} = \dfrac{b}{\sin B} = \dfrac{c}{\sin C}.$

2. 余弦定理⇔射影定理

（1）余弦定理⇒射影定理

已知 $\triangle ABC$ 中，a，b，c 所对的角分别为 A，B，C，求证：$a = b \cdot \cos C + c \cdot \cos B$.

证明　$b \cdot \cos C + c \cdot \cos B = b \cdot \dfrac{a^2 + b^2 - c^2}{2ab} + \dfrac{a^2 + c^2 - b^2}{2ac} \cdot c = \dfrac{2a^2}{2a} = a.$

$\therefore$ 原式得证.

同理可证：$b = a \cdot \cos C + c \cdot \cos A$，$c = a \cdot \cos B + b \cdot \cos A$.

（2）射影定理⇒余弦定理

已知 $\triangle ABC$ 中，a，b，c 所对的角分别为 A，B，C，求证：$a^2 = b^2 + c^2 - 2bc \cdot \cos A$.

证明　原命题即证 $a^2 - b^2 = c^2 - 2bc \cdot \cos A$.

由正弦定理 $\dfrac{a}{\sin A} = \dfrac{b}{\sin B} = \dfrac{c}{\sin C} = 2R$（$R$ 是 $\triangle ABC$ 的外接圆半径）得：

$$a = 2R\sin A，b = 2R\sin B，c = 2R\sin C.$$

$\begin{aligned}
\therefore a^2 - b^2 &= 4R^2(\sin^2 A - \sin^2 B) \\
&= 4R^2(\sin A + \sin B)(\sin A - \sin B) \\
&= 4R^2 \cdot 2\sin\dfrac{A+B}{2}\cos\dfrac{A-B}{2} \cdot 2\cos\dfrac{A+B}{2}\sin\dfrac{A-B}{2} \\
&= 4R^2\sin(A+B)\sin(A-B) \\
&= 4R^2\sin C\sin(A-B) \\
&= 2R \cdot c \cdot (\sin A\cos B - \sin B\cos A)
\end{aligned}$

$$= c(a \cdot \cos B - b \cdot \cos A)$$
$$= c(a \cdot \cos B + b \cdot \cos A) - 2bc \cdot \cos A$$
$$= c^2 - 2bc \cdot \cos A.$$

∴ 原式得证.

同理可证：$b^2 = a^2 + c^2 - 2ac \cdot \cos B$，$c^2 = a^2 + b^2 - 2ab \cdot \cos C$.

根据上面的结论以及等价的传递性可知，正弦定理⇔射影定理. 综上所述，正弦定理、余弦定理、射影定理是相互等价的. 在学习中，善于找出公式及定理之间的联系会大大提高我们的探索能力. 证明自己提出的猜想，常常会给我们带来许多意想不到的惊喜.

研究者的目的就是去发现和表达各种基本现象之间相互制约、相互联系的方程式.

——马赫，欧斯特（*Mach*，*Ernst*）

何逸萌同学撰写了《三角形中正弦定理、余弦定理、射影定理的等价性的证明》的论文.

我们知道，课本上的正弦定理是通过三角形面积公式推导出来的. 而余弦定理则是另起炉灶，建立直角坐标系，结合单位圆，通过两点间的距离公式推导出来的. 有趣的是，这两个定理能解决解三角形中，已知三个元素（其中至少有一条边），求另三个元素的问题.

从表面上看似乎正弦定理与余弦定理是相互独立的，它们之间是否有联系呢？带着这个疑问，作者证明了正弦定理与余弦定理的等价性，说明了这两个定理是密切联系的. 不仅如此，她还引入三角形中的射影定理，证明了余弦定理与射影定理是等价的. 根据等价的传递性可知，正弦定理与射影定理也是等价的. 从而证明了正弦定理、余弦定理、射影定理两两都是等价的.

由射影定理推出余弦定理还有以下简便的方法：

由 $\begin{cases} a = b\cos C + c\cos B, & ① \\ b = a\cos C + c\cos A, & ② \\ c = a\cos B + b\cos A. & ③ \end{cases}$

② $\times \dfrac{b}{a}$ 得 $\dfrac{b^2}{a} = b\cos C + \dfrac{bc}{a}\cos A.$ ④

③ $\times \dfrac{c}{a}$ 得 $\dfrac{c^2}{a} = c\cos B + \dfrac{bc}{a}\cos A.$ ⑤

④ + ⑤ 得 $\dfrac{b^2}{a} + \dfrac{c^2}{a} = b\cos C + c\cos B + \dfrac{2bc}{a}\cos A.$

故 $\dfrac{b^2 + c^2}{a} = a + \dfrac{2bc}{a}\cos A.$

整理得 $a^2 = b^2 + c^2 - 2bc \cdot \cos A.$

同理可证 $b^2 = a^2 + c^2 - 2ac \cdot \cos B,\ c^2 = a^2 + b^2 - 2ab \cdot \cos C.$

此文并不是最简单的证明. 最简洁的证明的思路如下：正弦定理⇒射影定理⇒余弦定理⇒正弦定理. 能否拿起你的笔，自行推导一番呢？

从学习数学走进研究之门

何逸萌

从小我就喜欢数学,数学的世界对我来说很有趣、很新奇,充满挑战.长久以来习惯了课堂里跟从书本的教学模式,记忆知识点、公式、基本题型一直都是我学习数学过程中不可或缺的一大部分,并在将知识灵活运用于题目的过程中训练自己的思维能力.

但谈及数学论文这样的字眼,不免觉得离自己很遥远,而起初选修"数学研究"这门课程,也只是出于无心之选.学校开设的选修课程种类丰富,涉及的领域也很宽广,加之平时本来就有数学课,我本不想仍旧选择一门和主课相同的课程.但早在高一,我便听选修"数学欣赏"的同学谈起说这门课的授课老师着实是位有意思的老师,心里总期待能有机会结识.又出于数学这两个字对我冥冥的吸引,我还是选择了它.

而后的事实证明,这是我上过的选修课中最辛苦的一门,每周的两节课,容不得半点思维的游离.汪杰良老师的讲课速度比平时课堂里的快许多,用的方法又时常令人忍不住感叹它的精巧.我们不仅要学解题方法,还要学各种角度的创新思维模式,更要学如何举一反三,一次课下来,总不免觉得目不暇接.而这又是所有我所上的选修课中令我收获最丰硕的一门.学习论文写作的过程是一种完全崭新的体验,就好像回到了蹒跚学步的时候一般,摇摇晃晃跌跌撞撞,而又乐在其中.然后才能明白当初的选择的确正确,让我遇到了这样一位愿意从我们蹒跚学步开始一步步耐心带领我们的老师,过去一切的辛苦也都值得,因为坚持终会获得收获.

一、论文的选题

我所写作的两篇论文,选题的灵感都来自"数学研究"课程上汪老师所曾谈及内容的拓展.比如第一节课上讲的是三角形中定理间如何互相推导.三角函数正是当时刚刚学习过的内容,书上与日常的课堂中也有提及这几条定理的内容,平时做题时常常会用到,但我却从没有细细研究过其中的关系,对它们为什么成立概念也比较模糊.汪杰良老师向我们展示了其中的一个证明部分,即由正弦定理如何证得余弦定理.这两条定理是书上三角函数部分的基本内容,无论是在教学中还是做题的使用上都相对独立存在,它们之间互证的关系对我来说却很新奇.课后,我尝试着对于正弦、余弦和射影定理中其余的互相推导的部分进行了研究补充,确认了它们之间的联系,从而确定下了这样一个基本的选题内容.

156

在这其中,我感受到选题不在于有多么高深,而在于这个选题确实出自自己的想法,是别人所没有做过的,或是同别人有不一样的思考角度的.这个选题可以就来自平时学习的知识当中,但必须有所创新.如果将平时的数学学习比作是欣赏别人捏好的软陶作品,学习它的制作流程,那么论文的研究学习就好像拿起一块自己的软陶,做成什么样的形状都掌握在自己的手中.刚开始学习,获得的作品虽然比起别人也许要粗糙许多,但这就是属于自己的东西.选题要尽量选择有较强的兴趣,而且平时有所思考、有所积累的熟悉的课题,只有对于这一板块的基础知识运用起来得心应手,在深入研究时才不会遇到推理演算上的障碍.同时,选题也贵小贵精,要在自己能力的可行范围之内进行研究,以防写作时空洞无物.

二、论文的修改

刚开始对论文有一点简单想法的时候,我交给老师的还都是手写稿,尤其是涉及特殊数学符号的部分,自己在纸上修改和涂涂画画起来更加方便.起初以为完成了主要部分的证明研究就是基本完成了论文,但论文修改的过程才令我感到其中大有门道.将手写转变成电子稿的过程对于之前从未接触过这些东西的我可实在不算容易.从学习用公式编辑器开始,起初也是一头雾水,到自己慢慢钻研着才用得熟练一些,光是不同的软件版本就试了好几次.那时汪老师还笑谈说"论文写得成是一回事,这样倒也算掌握了一门新的技术了".

记得汪老师将第一遍的修改稿给我时,整整三页纸上面密密麻麻写满了修改的意见.大到可以完善的证明思路,小到论文的格式排版,哪怕是一个个小小的标点符号的运用,老师也没有放过,一一为我指出.我和老师的交流除了每周一次的课程,其他主要通过邮件和旦华楼的教师信箱.每周三上课的课间和下课之后,汪老师都会把亲自改好的修改意见带给我,给我讲解一遍修改的方式:哪里用逗号、哪里要空格、哪里要居中、哪里改字体、哪一块段落放在前面更吸引读者……这些我从前看来不值一提的小问题,在论文的写作中都成了不可忽视的大问题,更令我深刻感受到论文写作的严谨.平时的写作或是演算,各种各样的小错误都在所难免,更不用说是精准的证明格式与一字一句的斟酌.写下的证明过程,一步一步往下推,关键的步骤一步不能少,显得烦琐的部分也一句不能多,一切都必须做到恰到好处.我总在周三周四这两天赶着改好论文,发到老师的邮箱和信箱中,而旦华楼底楼的"I06"信箱,也成为了我在所有老师的信箱中最熟悉的一个.至于第一篇论文到底改了多少稿,我自己都记不太清了,只记得每个星期上交自己以为没什么问题的稿子,第二周又总能被汪老师挑出那么些小毛病,需要重新修改.尽管老师已帮我修改好电子稿,他还是总坚持让我自己重新学习着修改一遍.正是在老师这样"吹毛求疵"的要求下,我原本粗陋的文章变得慢慢精巧起来,也使得在论文写作上懵懂的我慢慢变得清晰,渐渐得心应手起来.没有哪一个作品开始就是完美的,都是在不断的打磨和改进之中一点点变得越来越好,所以写作的过程中要有足够的耐心,也要有足够的信心,并且要为之一直坚持,不要因为开始的一些缺点而轻易放弃,不管结果如何,即便是不断尝试过程之中也能获得宝贵的经验.

三、广泛的阅读

除了平时的课堂学习,在阅读中学习也显得非常重要. 在我写作的过程中,汪老师常常赶着我去图书馆多读书,多看数学方面的杂志,看看别人是怎么写作的,如何拟一个引人入胜的标题,如何写作开头才能既清晰又简练,如何排版最合适,又要看看别人都在写些什么,什么样的选题是值得一读的,从而看看有没有新的写作灵感. 图书馆电脑有免费开放的知网资源,也是查找资料和学习的好去处. 不断阅读的过程给我的写作带来了很大的裨益,也让我学会应该怎样去写,怎样去改.

四、论文的投稿

论文投稿的过程确实是耗人心性的,杂志社都对稿件有一审二审的过程,其间等待的时间也十分漫长. 从我的文章投出到见刊,大约都有大半年的时间. 鉴于我写出的东西实在还是浅薄而粗陋的,我的文章能够都见刊,实属十分幸运. 等待审稿的漫漫时间中,有泄气,有惊喜,也有怀疑,或许稿件一投也就此去无回音,也感谢其中汪老师给了我许多的信心和鼓励. 即便是选修课结束之后的下半学期,汪老师也常常来教室找我,询问稿件的进展,给我一些投稿的意见,也是我能一直坚守着我所写作的东西的重要原因.

我知道我的作品还很稚嫩,水平也不算好,在辅导过诸多作品的老师眼中或许微不足道. 但它是我的最初的作品,对我意义不凡,可能今后进入大学后,还会有很多论文写作的机会,但未必会有今时今日这样从零学起的深刻. 也就是这样一步步的过程,让我看到其实论文的写作并不困难,哪怕是最微小的想法,一旦坚持下去,不断优化,便会获得成果. 也是第一次,让我觉得从小到大接触的数学变得与众不同起来,以往都是学别人那里的知识,而如今自己能够在大大的数学世界里做一点哪怕微小的创新,仿佛与数学这个神奇的领域又更靠近了一些,也令人觉得无比欣喜.

关于一类双曲线系的 2 个结论[*]

复旦大学附属中学 2016 届　唐昊天

双曲线的弦长和双曲线系问题在平面解析几何中非常多见. 笔者发现对于一类由平移变换形成的双曲线系存在一个有趣的弦长问题, 下面向读者展示这个有关双曲线系和弦长的性质.

定义 1　一般地, 将双曲线 $\dfrac{x^2}{a^2} - \dfrac{y^2}{b^2} = 1$ (其中 $a >$

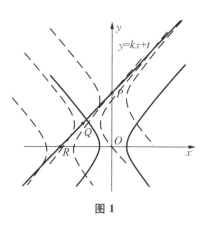

图 1

$b > 0$) 的中心 O 平移到 $P(m, km+t)$ 所得到的一系列双曲线 $\dfrac{(x-m)^2}{a^2} - \dfrac{(y-km-t)^2}{b^2} = 1$ (其中 $a > b > 0$, $m \in \mathbf{R}$) 称为平移双曲线系, 其中 k, t 为固定的常数. $y = kx + t$ 称为平移双曲线系的根轴 (此时根轴不能与 x 轴垂直).

图 1 中, 该种平移变换的几何意义是使得双曲线中心 O 先沿着坐标轴方向平移到点 $P(0, t)$, 然后点 P 再在根轴上运动.

性质 1　平行或重合于平移双曲线系根轴的直线截平移双曲线系中所有双曲线所得弦长相等.

证明　设平移双曲线系方程为 $\dfrac{(x-m)^2}{a^2} - \dfrac{(y-km-t)^2}{b^2} = 1$ (其中 $b > 0$, $a > 0$, $m \in \mathbf{R}$), 平行于平移双曲线系所有双曲线中心所在直线的直线方程为 $y = kx + n$.

先考虑 $t = 0$ 时情形.

将直线方程和平移双曲线系方程联立, 得

$$b^2 (x-m)^2 - a^2 (kx + n - km)^2 = a^2 b^2.$$

展开得

$(b^2 - a^2 k^2)x^2 + (-2a^2 kn - 2b^2 m + 2a^2 k^2 m)x + (b^2 m^2 - a^2 n^2 - a^2 k^2 m^2 + 2a^2 kmn - a^2 b^2) = 0$, 从而

＊　原载浙江师范大学《中学教研 (数学)》2015 年第 9 期.

$\Delta = (-2a^2kn - 2b^2m + 2a^2k^2m)^2 - 4(b^2 - a^2k^2)(b^2m^2 - a^2n^2 - a^2k^2m^2 + 2a^2kmn - a^2b^2) = 4(a^2b^4 - a^4b^2k^2 + a^2b^2n^2)$.

因此直线截每一条双曲线所得的弦长(有弦长时)为

$$\left| \frac{2ab\sqrt{b^2 - a^2k^2 + n^2}}{b^2 - a^2k^2} \cdot \sqrt{1 + k^2} \right|,$$

式中 a, b, k, n 取定时弦长为定值,故当 $t = 0$ 时结论成立.

当 $t \neq 0$ 时,考虑对坐标系进行平移变换,令 $\begin{cases} x' = x, \\ y' = y - t, \end{cases}$ 则在坐标系 $x'Oy'$ 中化归为 $t = 0$ 时的情形,再转回原坐标系即可得到结论:直线截每一条双曲线所得的弦长为

$$\left| \frac{2ab\sqrt{b^2 - a^2k^2 + (n-t)^2}}{b^2 - a^2k^2} \cdot \sqrt{1 + k^2} \right|.$$

性质 2 截平移双曲线系中所有双曲线所得弦长相等的直线一定平行于平移双曲线系根轴.

证明 反证法.

设平移双曲线系方程为 $\frac{(x - m)^2}{a^2} - \frac{(y - km - t)^2}{b^2} = 1$(其中 a, $b > 0$, $m \in \mathbf{R}$),不平行于平移双曲线系所有双曲线中心所在直线的直线方程为 $y = k'x + n$(其中 $k' \neq k$).

先考虑 $t = 0$ 时情形.

将直线方程和平移系方程联立,得

$$b^2(x - m)^2 - a^2(k'x + n - km)^2 = a^2b^2,$$

展开得

$(b^2 - a^2k'^2)x^2 + (-2a^2k'n - 2b^2m + 2a^2kk'm)x + (b^2m^2 - a^2n^2 - a^2k^2m^2 + 2a^2kmn - a^2b^2) = 0$,从而

$\Delta = (-2a^2k'n - 2b^2m + 2a^2kk'm)^2 - 4(b^2 - a^2k'^2)(b^2m^2 - a^2n^2 - a^2k^2m^2 + 2a^2kmn - a^2b^2)$

$\quad = 4[a^2n^2b^2 + a^2b^4 - a^4b^2k'^2 + 2a^2b^2mn(k' - k) + a^2b^2m^2(k - k')^2]$,

这是关于 m 的多项式,此时弦长的值为 $\frac{\sqrt{\Delta}}{b^2 - a^2k'^2}\sqrt{1 + k'^2}$,显然不可能是定值.

对于当 $t \neq 0$ 时的情况,仿照性质 1 的证明作相同坐标变换可得弦长仍然是关于 m 的多项式,不可能是定值.

由反证法,命题"截平移双曲线系中所有双曲线所得弦长相等的直线一定平行于平移双曲线系根轴"得证.

下面的例题可以由上述性质解决:

例 1 当 m 取不同的实数时,方程 $25x^2 - 4y^2 - 50mx + 16my + 9m^2 - 100 = 0$ 表示不同的双曲线,试求一直线,使得其被这些双曲线截得的线段长都为 $\frac{40\sqrt{5}}{3}$.

解 双曲线方程可化为

$$\frac{(x-m)^2}{4} - \frac{(y-2m)^2}{25} = 1.$$

设满足要求的直线方程为 $y = kx + n$,由性质知 $k = 2$ 显然成立.代入性质 1,可得

$$\frac{20\sqrt{5} \cdot \sqrt{25 - 16 + n^2}}{9} = \frac{40\sqrt{5}}{3},$$

解得 $n = \pm 3\sqrt{3}$.因此该直线的方程为 $y = 2x \pm 3\sqrt{3}$.

特别地,如果对于定义 1 中字母的取值范围修改,即当 m,k 均为固定值,$t \in \mathbf{R}$ 时,
$\begin{cases} x = m, \\ y = mx + t, \end{cases}$ 此时的根轴垂直与 x 轴.

通过以上性质,笔者证明了这样一个有关双曲线系的有趣的"弦长为定值"结论.实际上这个问题在圆、椭圆等曲线系中也存在类似的结论,有兴趣的读者可以自行探究.

创造活动过程中,如果发现自己已经徘徊在迷惘于某些表述形式中时,则往往意味着业已在新发现的路途中了.

——狄里克莱($\mathscr{D}irichlet,\mathscr{P}.\mathscr{G}.\mathscr{L}.$)

指导教师点评 24

唐昊天同学撰写了《关于一类双曲线系的 2 个结论》的论文.他通过平时做题所发现"一类所有曲线的中心在一条定直线上的椭圆系,存在一个直线系,其中所有直线截这些曲线所得的弦长都相等"这一奇妙性质.由此,通过类比的数学思想,给出了"平移双曲线系"和"平移双曲线系的根轴"的定义,并推导出"平行或重合于平移双曲线系中根轴的直线截平移双曲线系中所有双曲线所得弦长相等"和"截平移双曲线系中所有双曲线所得弦长相等的直线一定平行于平移双曲线系根轴"这两条性质。

文章构思来源于平时做题的启发,说明作者思考敏锐,能捕捉到问题可以进一步发展的空间,将一系列问题联系起来,这种学习数学、研究数学的方法是值得提倡的.

数学论文写作经历

唐昊天

我的第二篇数学论文《关于一类双曲线系的2个结论》在浙江师范大学《中学教研(数学)》2015年第9期上发表.该篇论文创作于高二第二学期寒假左右的时间,但从完成初稿直到最终发表经历了非常长的时间,主要原因还是在于本次尝试的论文属于"定义概念"型的文章,而其中的不少规范问题花掉了我很多时间.

这篇文章实际上是一个"作业",确切地说是"数学研究"这门选修课的期末作业.我曾经想过交一篇水平更高的论文给汪杰良老师,但是无奈在微积分方面功底不深,所尝试的一篇关于微分中值定理应用的文章并没有得到什么很强的结论,而且还有一些错误,于是只能放弃,转而继续钻研比较熟悉的初等数学领域.由于第一篇文章写的实际上是解析几何,因此我再次选择了解析几何作为这一次的研究目标.

复旦附中学子应该非常熟悉《精编》这套书,我也并不例外,这套书上的很多题目我基本都做过.虽然这套书主要还是用来巩固基础的,不过其中"C组"的练习中还是有不少习题是非常漂亮的,并且有些题还是可以推广的.我在完成该书解析几何部分的练习时就看中了一个习题:

当 m 取不同的实数时,方程 $4x^2 + 5y^2 - 8mx - 20my + 24m^2 - 20 = 0$ 表示不同的椭圆,试求一直线,使得其被这些椭圆截得的线段长都为 $\frac{5\sqrt{3}}{3}$.

如果从结论(即已知存在这样一条直线截所有椭圆所得线段为定长)去推答案的话,很容易猜测出这样的直线其斜率应该符合的条件(具体内容可参见我的文章).但是我并未满足于此,因为这个问题太明显可以推广了,而且基于直观的猜测也需要得到严格的证明才是最保险的.

于是经过一些推导,我最终果然发现一开始的猜测是对于普遍情形皆可成立的,并且很快完成了论文的草稿并与汪老师进行了交流.虽然已经有过论文写作的经历,不过这一次的草稿还是比较粗糙,主要的问题首先是没有插图,其次是表达比较混乱,因为我引入了新定义并且在初稿时把两种实际上等价的情况分了两个类,造成文章非常冗长而且逻辑上存在问题.

汪老师在指导我的这篇文章时所提出的第一个问题是插图,这个问题是相对容易解决的,使用几何画板即迎刃而解.但是画出图以后我后来才发现了刚刚提过的两类定义的等价性问题,这无疑对于我的论文结构来说是一个"硬伤".我记得补插图的问题是汪老师在寒假前和我交流时最终确定的,但是定义重合的问题直到寒假中才发现,这也让我不得不耽搁了原计划在春节前完成投稿的想法,转而修改论文的结构.

当然,比较幸运的一件事是在和汪老师进行了进一步探讨后,我们认为解决这个结构性错误基本只要删除重复的定义即可,这个重复定义并没有对整个论文的思路造成巨大的影响.当然,由于定义的部分删除,留下的那一部分新定义自然也需要作更改.在此过程中汪杰良老师的经验为我提供了巨大的参考.诸如我曾经一开始频繁使用"存在一条满足某某条件的直线"这样冗长的表达,而汪老师在寒假后对我的文章再次精改时直接提出用"根轴"两字简单概括之,这使我避免了大量重复表达.再比如对我使用坐标变换的步骤的一些改善,也使得我的证明表述更加完整,最终我的文章在3月份投出后很快就被浙江师范大学的《中学教研(数学)》杂志录用了.当然录用以后我还和浙江师范大学的编辑进行了大概一个多月的修改交流,直到5月份才敲定终稿,最终在2015年9月文章才正式发表出来.

这一次的论文创作经历和第一次相比,成文的速度快了很多,但是修改的时间无疑是非常长的,前前后后大概经历了两三个月的时间(虽然并不是一直在改).事实上这一次的论文创作我写了两篇类似题材的文章,不过不知何原因另一篇关于椭圆系的文章并未得到回音.本来我打算将椭圆系和双曲线系的结论并成一篇的,甚至还有意再加入抛物线系的结论,不过汪老师及时提醒说过长的文章可能在发表上存在较高的难度(尤其是我所得出的结论相似性比较高),因此我就选择了将文章拆成两篇.如果另一篇最终没有音信的话,我想将其作为一篇习作保留下来也是不错的选择吧.事实上我所保留的自己创作的并未发表的习作多于我成功的作品,某种意义上说这种尝试的过程是比多发表几篇论文更有意义的.

目前我正值高三,迫于高考压力,可能高中生涯不会再有时间去做数学研究了.不过高二时这段研究的经历给我带来的收获无疑是巨大的,我也迫不及待想在高考结束之后再开始研究一些有意思的结论,不论是在数学的领域还是其他专业的领域.

沃尔夫奖获得者、美国科学院院士陈省身教授曾说"数学好玩",我认为创作数学论文的目的并不是为了发表或者说是得到谁的认可,仅仅"好玩"两字而已.希望自己能在研究之路上继续走下去.

白银双曲线的几个新性质[*]

复旦大学附属中学 2016 届　于晟汇

近来杂志上有一些文章研究黄金双曲线、白银椭圆、白银双曲线的性质,笔者阅读后深入探究,又得出了白银双曲线的几个新性质.

定义 1　若矩形一端去掉两个正方形之后,得到的矩形相似于原矩形,则这个矩形的宽与长之比为 $\omega = \sqrt{2} - 1$,美国的科尔曼称比值 $\sqrt{2} - 1$ 为白银比.

注:证明见文[1],其中 $\omega^2 + 2\omega - 1 = 0$.

定义 2　若双曲线 $\dfrac{x^2}{a^2} - \dfrac{y^2}{b^2} = 1 (a > 0, b > 0)$ 的实轴长与焦距之比为 $\omega = \sqrt{2} - 1$,则称这种双曲线为白银分割双曲线,简称白银双曲线.

性质 1　若双曲线 $\dfrac{x^2}{a^2} - \dfrac{y^2}{b^2} = 1 (a > 0, b > 0)$ 为白银双曲线,c 是双曲线的半焦距,则 $b^2 = 2ac$.

证明　$\because \dfrac{a}{c} = \omega$,$\therefore b^2 = c^2 - a^2 = c^2 - c^2\omega^2 = c^2(1 - \omega^2) = 2c^2\omega = 2c^2 \cdot \dfrac{a}{c} = 2ac$.

性质 2　如图 1,过白银双曲线 $\dfrac{x^2}{a^2} - \dfrac{y^2}{b^2} = 1 (a > 0, b > 0)$ 的一个焦点 F_2 作垂直于实轴的弦 AB,F_1 为另一焦点,则 $\triangle AF_1B$ 为以 F_1 为直角顶点的等腰直角三角形.

证明　$|F_1F_2| = 2c$,由题意得 $A\left(c, \dfrac{b^2}{a}\right)$,所以 $|AF_2| = \dfrac{b^2}{a}$.

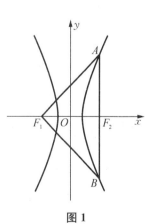

图 1

由性质 1 得 $|F_1F_2| = |AF_2|$,所以 $\angle AF_1F_2 = \dfrac{\pi}{4}$.

由双曲线的对称性知,$\angle AF_1B = \dfrac{\pi}{2}$ 且 $|AF_1| = |BF_1|$,证毕.

＊　原载东北师范大学《数学学习与研究》杂志 2016 年第 1 期.

性质 3 如图 2,过白银双曲线 $\dfrac{x^2}{a^2}-\dfrac{y^2}{b^2}=1(a>0$, $b>0)$ 上非顶点的任一点 P 引切线 l,则切线斜率与直线 OP 斜率之积为 $\dfrac{1}{\omega^2}-1$.

证明 设 $P(x_0,y_0)$,则切线方程为 $l:\dfrac{x_0 x}{a^2}-\dfrac{y_0 y}{b^2}=1$.

$$\therefore k_l \cdot k_{OP}=\dfrac{b^2 x_0}{a^2 y_0}\cdot\dfrac{y_0}{x_0}=\dfrac{1}{\omega^2}-1.$$

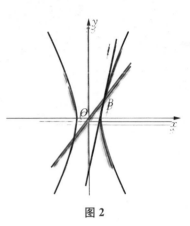

图 2

性质 4 如图 3,一直线 l(斜率存在)经过白银双曲线 $\dfrac{x^2}{a^2}-\dfrac{y^2}{b^2}=1(a>0$, $b>0)$ 的一焦点,且与双曲线相交于 P, Q,若 $OP\perp OQ$,则直线 l 斜率的平方 $k^2=\dfrac{4-10\omega}{6\omega-3}$.

证明 设直线 PQ 方程为 $y=k(x-c)$,则

$$\begin{cases}y=k(x-c),\\[1mm]\dfrac{x^2}{a^2}-\dfrac{y^2}{b^2}=1.\end{cases}\Rightarrow(b^2-a^2k^2)x^2+2ca^2k^2x-a^2k^2c^2-a^2b^2=0.$$

设 $P(x_1,y_1)$, $Q(x_2,y_2)$.

由题意,$OP\perp OQ$,则 $x_1 x_2+y_1 y_2=0\Rightarrow(k^2+1)x_1 x_2-k^2 c(x_1+x_2)+k^2 c^2=0.$

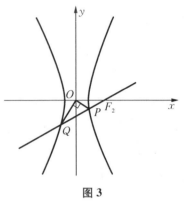

图 3

$$\therefore k^2=\dfrac{-a^2 b^2}{a^4+a^2 b^2-b^4}=\dfrac{-\left(\dfrac{b}{a}\right)^2}{1+\left(\dfrac{b}{a}\right)^2-\left(\dfrac{b}{a}\right)^4}=\dfrac{1-\dfrac{1}{\omega^2}}{-\dfrac{1}{\omega^4}+\dfrac{3}{\omega^2}-1}$$

$$=\dfrac{4-10\omega}{6\omega-3}.$$

性质 5 如图 4,若白银双曲线 $\dfrac{x^2}{a^2}-\dfrac{y^2}{b^2}=1(a>0$, $b>0)$ 与其焦点圆在第一象限交点为 P,直线 OP 倾角为 θ,则 $\sin\theta=2\omega$.

证明 设 P 坐标为 (x,y).

由 $\begin{cases}x^2+y^2=c^2,\\[1mm]\dfrac{x^2}{a^2}-\dfrac{y^2}{b^2}=1.\end{cases}$ 得 $y^2=\dfrac{b^2(c^2-a^2)}{a^2+b^2}$.

$$\therefore \sin^2\theta=\dfrac{y^2}{c^2}=\dfrac{b^2(c^2-a^2)}{c^2(a^2+b^2)}=\dfrac{b^4}{a^4+2a^2 b^2+b^4}$$

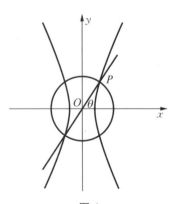

图 4

$$= \frac{\dfrac{b^4}{a^4}}{1 + 2 \cdot \dfrac{b^2}{a^2} + \dfrac{b^4}{a^4}} = \frac{\left(\dfrac{1}{\omega^2} - 1\right)^2}{1 + 2\left(\dfrac{1}{\omega^2} - 1\right) + \left(\dfrac{1}{\omega^2} - 1\right)^2}$$

$$= (\omega^2 - 1)^2 = 4\omega^2.$$

$\therefore \sin\theta = 2\omega.$

性质 6 如图 5,过白银双曲线 $\dfrac{x^2}{a^2} - \dfrac{y^2}{b^2} = 1(a > 0,$ $b > 0)$ 上任一点 P(异于顶点)任意作两条倾斜角互补 (不为 $\dfrac{\pi}{2}$)的直线,交双曲线于 A,B 两点,则 $k_{OP} \cdot k_{AB} =$ $1 - \dfrac{1}{\omega^2}$.

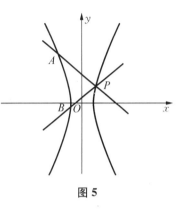

图 5

证明 设 P 的坐标为 (x_0, y_0).

直线 PA 的方程为:$y - y_0 = k(x - x_0)$,直线 PB 的方程为:$y - y_0 = -k(x - x_0)$.

把直线 PA 的方程代入双曲线方程可得:

$$(b^2 - a^2k^2)x^2 + 2a^2k(kx_0 - y_0)x - a^2k^2x_0^2 - a^2y_0^2 + 2a^2kx_0y_0 - a^2b^2 = 0.$$

则 $x_A + x_0 = \dfrac{-2a^2k(kx_0 - y_0)}{b^2 - a^2k^2}$.

$\therefore x_A = \dfrac{2a^2ky_0 - a^2k^2x_0 - b^2x_0}{b^2 - a^2k^2}$.

把 $-k$ 代入 k 可得:$x_B = \dfrac{-2a^2ky_0 - a^2k^2x_0 - b^2x_0}{b^2 - a^2k^2}$.

$\therefore x_B - x_A = \dfrac{-4a^2ky_0}{b^2 - a^2k^2}$.

$\therefore k_{AB} = \dfrac{y_B - y_A}{x_B - x_A} = \dfrac{-k(x_A + x_B) + 2kx_0}{x_B - x_A}$

$$= -\frac{b^2x_0}{a^2y_0} = -\frac{b^2}{a^2k_{OP}}.$$

$\therefore k_{AB} \cdot k_{OP} = -\dfrac{b^2}{a^2} = 1 - \dfrac{1}{\omega^2}$.

性质 7 如图 6,MN 为白银双曲线 $\dfrac{x^2}{a^2} - \dfrac{y^2}{b^2} = 1(a > 0, b > 0)$ 右支上不垂直于 x 轴的焦点弦,P 为弦的中点,过 P 作垂直于 MN 的直线交 x 轴于 Q,F_2 为右焦点,则 $\left|\dfrac{MN}{QF_2}\right| = 2\omega$.

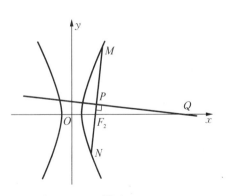

图 6

注:证明见文[2]的性质 18,本文该性质为黄金双曲线性质的迁移.

性质 8 如图 7，直线 l，l' 分别与白银双曲线 $\dfrac{x^2}{a^2} -$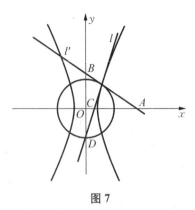

$\dfrac{y^2}{b^2} = 1(a > 0, b > 0)$ 及其焦点圆相切，切点都为双曲线与焦点圆在第一象限的交点，直线 l' 分别交 x 轴，y 轴于 A，B，直线 l 分别交 x 轴，y 轴于 C，D，记 $\triangle AOB$ 面积为 S'，$\triangle COD$ 面积为 S，则 $\dfrac{S}{S'} = 10\omega - 4$。

图 7

证明 易求切点坐标为 $\left(\dfrac{a}{c} \sqrt{b^2 + c^2}, \dfrac{b^2}{c} \right)$，则 l' 的

方程为：$\dfrac{a}{c} \sqrt{b^2 + c^2} x + \dfrac{b^2}{c} y = c^2$。

$\because A\left(\dfrac{c^3}{a \sqrt{b^2 + c^2}}, 0 \right)$，$B\left(0, \dfrac{c^3}{b^2} \right)$，$\therefore S' = \dfrac{1}{2} \times \dfrac{c^6}{ab^2 \sqrt{b^2 + c^2}}$。

l 的方程为：$b^2 \cdot \dfrac{a}{c} \sqrt{b^2 + c^2} x - a^2 \cdot \dfrac{b^2}{c} y = a^2 b^2$。

$\because C\left(\dfrac{ac}{\sqrt{b^2 + c^2}}, 0 \right)$，$D(0, -c)$，$\therefore S = \dfrac{1}{2} \times \dfrac{ac^2}{\sqrt{b^2 + c^2}}$。

$\therefore \dfrac{S}{S'} = \dfrac{ac^2}{\dfrac{c^6}{ab^2}} = \dfrac{a^2 b^2}{a^4 + 2a^2 b^2 + b^4} = \dfrac{\dfrac{b^2}{a^2}}{1 + 2 \cdot \dfrac{b^2}{a^2} + \dfrac{b^4}{a^4}} = \dfrac{\dfrac{1}{\omega^2} - 1}{1 + \dfrac{2}{\omega^2} - 2 + \dfrac{1}{\omega^4} - \dfrac{2}{\omega^2} + 1}$

$= \omega^2 - \omega^4 = \omega^2 - (1 - 2\omega)^2 = -3\omega^2 + 4\omega - 1 = 10\omega - 4$。

注：本文该性质为文[2]性质 15 的推广。

参考文献

[1] 田彦武.白银椭圆及其性质[J].中学数学研究,2012(6).

[2] 罗建宇.黄金双曲线的若干性质探求[J].中学数学研究,2007(12).

[3] 丁宗武等.高中数学精编(解析几何,立体几何)[M].杭州:浙江教育出版社,2009.

在纯数学中,所有的真理都是必然地相互联系制约着的(同样也和那些作为科学原理的假设必然地相互联系着),而且各个数学定理的安排都十分匀称完美,特别令人羡慕而惊奇的是各种各样的结论竟然都是从如此之少的前提之中演绎出来的.

——斯泰沃尔特,杜格尔德(Stewart, Dugald)

指导教师点评 25

我在"数学研究"课上以"黄金椭圆的若干有趣性质"为题向学生介绍了这个唯美的椭圆所呈现的性质,所布置的作业则是要求同学们类比研究其他的曲线,看看是否能自行得出一些新性质.

于晟汇同学查阅了很多资料,作了深入的研究,撰写了《白银双曲线的几个新性质》的论文.她得出了白银双曲线的二十多条性质,由于我发现其中的一些性质与过去一些资料有雷同之处,便去掉十几条性质,通过锤炼,形成此文.

通过数学研究,自己发现的性质,是令人欣喜的.通过查资料发现,原来前人也有过这种思维,也有过这种结论,但这并不妨碍学生研究能力的提高和发展.如果同学们经常思考老师所布置的思考题,可能别有一番收获.

关于数学论文的感想

于晟汇

在高二第一学期，我报了汪杰良老师的"数学研究"选修课。自接触数学以来，我与这门学科的关系一直不温不火，然而这次却让我对数学的学习方式有了新的认知——我开始从被动转为主动。

在序言课上，汪老师向我们展示了一些"前辈"们的杰作，说明了他的课程将以创作数学论文为核心。尽管于平日的印象中，论文都看似供奉于学术的神坛之上，高不可攀，但是汪老师鼓励说的"复旦附中的同学只要愿意写，每个人都可以写出来，甚至能够发表"，一举捅破了那层神秘的面纱。

之后的课中，汪老师结合学过或正在学的知识点（如三角函数、不等式、数列、解析几何等），将相关的论文作为内容讲解，令人感受到作者遇到问题时的层层深入，或由特殊到一般，或就一个问题通过联想得出众多结论，真是快意！我感受到数学不仅仅是数字，更是一个潜伏着无限可能性的金矿，等待研究者涉足。于是我开始构思文章，空闲时便到图书馆借《中学生数学》看，寻找灵感。由于汪老师最近在讲三角恒等式，我在国庆节放假期间试写了一篇，但对它并没有什么感情，因为这块似乎不完全合我的兴趣，所以虽然完成了，感觉写作期间是被拉扯着走，无法飞奔起来。

至此我决定调转车头。

后来学习解析几何，我为圆锥曲线着迷。正巧汪老师开始讲黄金比和黄金椭圆，平时的习题让我感受到椭圆与双曲线有很多相似之处，一些结论实际上可以类推，并且除了黄金比之外，还有其他相似的比例，因此两点综合考虑，我确定了主题——白银双曲线。下课后我马上去图书馆查阅相关资料，发现这个方面并未有人过多地研究，更加深了我创作的信念。我总结做过的题目，找出一些比较普遍或者可以推广的结论，将它们移植到我所研究的双曲线上，结果依旧可以得到诸多类似黄金椭圆拥有的漂亮命题，且在先前的那番尝试后，我的落笔也有了底气，经过日夜的探究，最后终于草稿成文。

接下来便是输入的工作，看似轻松，实则不然。我先向同学具体请教了几何画板的使用方法，然后自己摸索着开始作图，起初作一张图要耗费半个多小时，后来逐渐熟练，缩短到5—10分钟。除此之外，公式编辑器倒不难操作，只是有些烦琐，后来也输入得快了。

打印成稿后，我将文章交给汪老师，很快他就来找我修改。直至投稿，我们总计来回改了五六次，时间由于跨越了寒假，要将近半年。其间，老师每次都以惊人的细心和耐心和我探讨问题(可能不会再有这样尽心的指导者了),用笔在要改正的地方画上箭头,以免有细微处在修改电子稿时被遗漏.

最后,我的论文《白银双曲线的几个新性质》在《数学学习与研究》杂志上通过审核,得以发表.汪老师的关注贯穿于我创作的始终.不论是构思的过程,还是电子排版,也都为我之后的学术生涯提供了宝贵的经验.

从此,数学已不再是往日的数学.

简单的总结:

(1)数学不止是一味地做题,还在于我们做题后的思考.

(2)创作论文最好从自己的兴趣和强项入手,才更加有可能突破.

(3)使用电子工具时不要偷懒,要力求尽善尽美.

卢卡斯数列与斐波那契数列的递归关系研究[*]

上海浦东复旦附中分校 2016 届　梁正之

法国数学家 Edward Lucas 曾将数列 0，1，1，2，3，4，8，13，…命名为斐波那契数列，随之而来的则是另外一个数列 2，1，3，4，7，11，18，…这就是人们所说的卢卡斯数列. 卢卡斯数列（下左）与斐波那契数列（下右）有着相同的递归方程，但其首项不同.

$$\begin{cases} L_0 = 2, \\ L_1 = 1, \\ L_{n+2} = L_n + L_{n+1}. \end{cases} \qquad \begin{cases} F_0 = 0, \\ F_1 = 1, \\ F_{n+2} = F_n + F_{n+1}. \end{cases}$$

事实上，在卢卡斯数列与斐波那契数列中呈现了许多相似的性质. 在斐波那契数列中，如果 p 是 q 的因子，那么斐波那契数 F_p 同样是 F_q 的因子. 例如，3 是 6 的因子，那么 $F_3 = 2$ 也是 $F_6 = 8$ 的因子.

现在将此结论推广至全斐波那契数，不难发现，

∵ n 是 $2n$ 的因子，∴ F_n 是 F_{2n} 的因子，且 $k = \dfrac{F_{2n}}{F_n}$ 为整数.

同时发现了 k 即为卢卡斯数，那么可以作出关于斐波那契数与卢卡斯数的关系假设，即

$$F_{2n} = F_n \times L_n. \qquad\qquad ①$$

为了证明这个猜想，首先要找到一个 F_{2n} 不再使用任意其余的斐波那契数，因此引用黄金比 $\varPhi = \dfrac{1+\sqrt{5}}{2}$，则

$$\varPhi^2 = \left(\frac{1+\sqrt{5}}{2}\right)^2 = \frac{3+\sqrt{5}}{2}，\varPhi + 1 = \frac{1+\sqrt{5}}{2} + 1 = \frac{3+\sqrt{5}}{2} = \varPhi^2.$$

若将黄金比与斐波那契数联系即可得 $\varPhi^2 = F_2\varPhi + F_1$，因此可以猜测

$$\varPhi^n = F_n\varPhi + F_{n-1}. \qquad\qquad ②$$

证法如下：（1）当 $n = 1$ 时，猜测显然成立.

---

* 原载上海师范大学《上海中学数学》2016 年第 3 期.

当 $n=2$ 时,左边 $=\dfrac{3+\sqrt{5}}{2}=$ 右边,猜测成立.

(2)假设 $n=k$ 时猜测成立,即 $\Phi^k=F_k\Phi+F_{k-1}$.

则当 $n=k+1$ 时,$\Phi^{k+1}=\Phi^k \cdot \Phi=(F_k\Phi+F_{k-1})\Phi=F_k\Phi^2+(F_{k+1}-F_k)\Phi=F_k(\Phi^2-\Phi)+F_{k+1}\Phi=F_{k+1}\Phi+F_k$,猜测也成立.

由(1),(2)可知,对一切正整数,$\Phi^n=F_n\Phi+F_{n-1}$ 都成立.

现在继续观察,

$\because \dfrac{-1}{\Phi}=\dfrac{-1}{\left(\dfrac{1+\sqrt{5}}{2}\right)}=\dfrac{1-\sqrt{5}}{2}$,$F_2 \cdot \left(\dfrac{-1}{\Phi}\right)+F_1=1\times\dfrac{1-\sqrt{5}}{2}+1=\dfrac{3-\sqrt{5}}{2}$,

$$\therefore \left(\dfrac{-1}{\Phi}\right)^2=\left(\dfrac{1-\sqrt{5}}{2}\right)^2=\dfrac{3-\sqrt{5}}{2}=F_2 \cdot \left(\dfrac{-1}{\Phi}\right)+F_1.$$

当 $n=3$ 时,猜测:$\left(\dfrac{-1}{\Phi}\right)^3=F_3 \cdot \left(\dfrac{-1}{\Phi}\right)+F_2$.

$\because$ 左边 $=\left(\dfrac{1-\sqrt{5}}{2}\right)^3=2-\sqrt{5}$,右边 $=2\times\dfrac{1-\sqrt{5}}{2}+1=2-\sqrt{5}$. $\therefore$ 左边 $=$ 右边.

当 $n\in \mathbf{Z}^+$ 时,再次猜测:

$$\left(\dfrac{-1}{\Phi}\right)^n=F_n \cdot \left(\dfrac{-1}{\Phi}\right)+F_{n-1}. \qquad ③$$

证法如下:(1)当 $n=1$ 时,猜测显然成立.由上文可知 $n=2$,$n=3$ 时,猜测成立.

(2)假设 $n=k$ 时,猜测成立,即 $\left(\dfrac{-1}{\Phi}\right)^k=F_k \cdot \left(\dfrac{-1}{\Phi}\right)+F_{k-1}$.

则当 $n=k+1$ 时,$\left(\dfrac{-1}{\Phi}\right)^{k+1}=\left(\dfrac{-1}{\Phi}\right)^k\times\left(\dfrac{-1}{\Phi}\right)$

$=\left[F_k \cdot \left(\dfrac{-1}{\Phi}\right)+F_{k-1}\right]\times\left(\dfrac{-1}{\Phi}\right)=F_k \cdot \left(\dfrac{-1}{\Phi}\right)^2+(F_{k+1}-F_k)\times\left(\dfrac{-1}{\Phi}\right)$

$=F_k \cdot \left[\left(\dfrac{-1}{\Phi}\right)^2-\dfrac{-1}{\Phi}\right]+F_{k+1} \cdot \left(\dfrac{-1}{\Phi}\right)$

$=F_k \cdot \left[\left(\dfrac{-1}{\Phi}\right)+1-\left(\dfrac{-1}{\Phi}\right)\right]+F_{k+1} \cdot \left(\dfrac{-1}{\Phi}\right)$

$=F_{k+1} \cdot \left(\dfrac{-1}{\Phi}\right)+F_k$,猜测也成立.

由(1),(2)可知,对于一切正整数,$\left(\dfrac{-1}{\Phi}\right)^n=F_n \cdot \left(\dfrac{-1}{\Phi}\right)+F_{n-1}$ 都成立.

由

$$\Phi^n=F_n\Phi+F_{n-1}. \qquad ②$$

$$\left(\frac{-1}{\Phi}\right)^n = F_n \cdot \left(\frac{-1}{\Phi}\right) + F_{n-1}. \qquad ③$$

②－③,可得这样的结论：$F_n = \dfrac{\Phi^n - (-\Phi)^{-n}}{\sqrt{5}}.$ ④

验证结论的正确性：②－③得 $\Phi^n - \left(\dfrac{-1}{\Phi}\right)^n = F_n\Phi - F_n \cdot \left(\dfrac{-1}{\Phi}\right)$. 这一结论即是著名的比内递归方程(Binet's Formula)。

那么由上述内容,可以猜测卢卡斯数列与黄金比的关系：

$$L_n = \Phi^n + (-\Phi)^{-n}. \qquad ⑤$$

证法和上面的相同,在此省略.

前文提到了①式 $F_{2n} = F_n \times L_n$. 下面给出具体证明：

(1) 当 $n = 1$ 时,$F_2 = 1$,$F_1 \times L_1 = 1 \times 1 = 1$, 左边＝右边,成立.

(2) 假设 $n = k$ 时,猜测成立,即 $F_{2k} = F_k \times L_k$ 成立.

则当 $n = k+1$ 时,由④,⑤可得：

$$\text{左边} = \frac{\Phi^{2(k+1)} - (-\Phi)^{-2(k+1)}}{\sqrt{5}} = \frac{\Phi^{2(k+1)} - (-\Phi)^{2(-k-1)}}{\sqrt{5}}.$$

$$\text{右边} = \frac{\Phi^{k+1} - (-\Phi)^{-k-1}}{\sqrt{5}} \times \left[\Phi^{k+1} + (-\Phi)^{-k-1}\right]$$

$$= \frac{1}{\sqrt{5}}\left[\Phi^{k+1} \times \Phi^{k+1} + (-\Phi)^{-k-1} \times \Phi^{k+1} - (-\Phi)^{-k-1} \times \Phi^{k+1} - (-\Phi)^{-k-1} \times (-\Phi)^{-k-1}\right]$$

$$= \frac{1}{\sqrt{5}}\left[\Phi^{2(k+1)} - (-\Phi)^{2(-k-1)}\right] = \frac{\Phi^{2(k+1)} - (-\Phi)^{2(-k-1)}}{\sqrt{5}} = \text{左边},即当 } n = k+1 \text{ 时}$$

猜测也成立.

由(1),(2)可知,对于一切正整数,$F_{2n} = F_n \times L_n$ 都成立.

参考文献

［1］余守宪. 黄金数与斐波那契数列[J]. 物理与工程,2006(16).

［2］王立志. Binet-Cauchy 公式的推广[J]. 忻州师范学院学报,2007(5).

数学知识有三个不同于其他知识的主要特征：其一是数学知识比其他知识更清晰地使其结果具有真理性；其二是数学知识乃是获得其他正确知识必经的第一步；其三是数学知识的获得并不依赖于其他知识．

——肖伯特（*Schubert，H.*）

指导教师点评 26

梁正之同学撰写了《卢卡斯数列与斐波那契数列的递归关系研究》的论文．

我在课堂上讲过黄金分割，在递推方程中还讲过斐波那契数列．作者结合听课内容有目的地去读数学课外书和数学专业杂志，发现卢卡斯数列与斐波那契数列都是用递推方程表达的，只是起始项取值不同，因此，他提出了猜测，并证明了卢卡斯数列与斐波那契数列的关系，使用了黄金比的斐波那契数列即柯西-比内递归方程与常规的卢卡斯数列进行联系，结合数学归纳法证明卢卡斯数与斐波那契数的一般规律．

梁正之同学善于观察，发现两种著名数列的共同点和不同点，并勤于思考，寻找它们之间的联系．这种不断发现问题、不断解决问题的过程，是十分珍贵的，也是值得我们学习的．

此论文在语言表达、数学符号运用方面还存在一些不规范的地方，此书中已经得到了修改．

写数学论文要多讨论、多修改

梁正之

与汪杰良老师相识是因在高二第二学期,我与浦东分校的陈子弘、秦予帆两位同学一起上"数学研究"选修课.这门选修课可以说是我高中阶段所有选修课中最有意义的一门,也很庆幸在高中最后一个选修课学期在这门课上能有许多收获.对于很多同学来说,高中数学就已十分头痛,而数学研究更显得遥不可及.起初,在接受汪老师指导前,我也有着同样的想法.而事实上,数学研究并不是遥不可及的,我在毕业前发表了两篇文章,其中《卢卡斯数列与斐波那契数列的递归关系研究》一文,即是本文所要谈论的.

在与汪老师接触前,事实上我已有过科学论文撰写的经历,当时我自以为对于论文撰写早已了然于胸,于是在完成第一篇文章创作后,略带骄傲与自信地将其发送至汪老师的邮箱中.然而,当我第二周来到课上时,发现文章上已布满了密密麻麻的修改符号.从一开始的吃惊,到之后的惭愧.其实对于我来说,在科学研究的路上,我还远远没有起航却已自鸣得意,实属不该.因而我想说的是,做学术的路上,你尽可能要从已知的出发,去探索未知的事物之间的联系.

在反省之后,我与汪老师先后将两篇文章讨论了近十次,进行了一次又一次地修改.其中,甚至有几次我有一种想放弃修改的冲动.我自认为已经修改得无懈可击了,然而实际上,就连最终发表在期刊上的《卢卡斯数列与斐波那契数列的递归关系研究》还存在一些纰漏,汪老师也会在文章的批注上具体点评.所以说,科学研究的路上,永远没有"完美"两字.汪老师对学术的钻研,那种认真与精益求精的态度是研究路上所必备的品质,而我依然太过浮躁.记得在上一篇感想中我写到这样一句话:"在'做'学术的这条漫长的道路上,汪老师已带我们三人早早出发!"事实上,我远远未到达那样的境界.因而,第二点我想说的即是,放下浮躁,用钻研的精神去引领你走上科研之路,会让你少走许多弯路.

其实,对于这篇文章本身我个人认为已经没有太多的讨论价值,撰写论文的经历与心得或许会影响我更多.而对于汪老师的感激与敬佩之情更非只言片语所能阐述的.也可以说,正是这一个学期的经历,让我坚定了自己应走上科学研究的道路.我想汪老师赠与我的,远远大于发表两篇数学论文.

一年后重新提笔回忆当时的情形,可能更有一种"旁观者清"之感,能更为平心静气、更为客观地阐述这样的经历.希望此文能给予各位学弟学妹一点帮助,也不枉此文之本意.

愿浦东复旦附中分校开辟一片新的天地,愿附中薪火相传.愿汪老师阖家幸福,桃李满天下.

一个线性数列不等式的命题[*]

复旦大学附属中学 2017 届　李羽航

首先,我们需要引入阿贝尔变换:

引理(阿贝尔变换)　对于给定的有限项数列 $\{a_n\}$, $\{b_n\}$,记 $S_k = \sum\limits_{i=1}^{k} b_i$,则有下列恒等式成立: $\sum\limits_{i=1}^{n} a_i b_i = a_n S_n + \sum\limits_{i=1}^{n-1} (a_i - a_{i+1}) S_i.$ [1]

以下,我们给出一个命题:

命题　数列 $\{x_n\}$, $\{y_n\}$ 满足对于任意的实数 t_1, t_2, $\cdots$, t_n, $t_1 \geqslant t_2 \geqslant \cdots \geqslant t_n$,均有 $\sum\limits_{i=1}^{n} x_i t_i \geqslant \sum\limits_{i=1}^{n} y_i t_i$ 的充要条件是:对于任意的 $k = 1, 2, \cdots, n$,均有 $\sum\limits_{i=1}^{k} x_i \geqslant \sum\limits_{i=1}^{k} y_i$,并且 $\sum\limits_{i=1}^{n} x_i = \sum\limits_{i=1}^{n} y_i.$

证明　先证明充分性.

对于 $t = 1, 2, \cdots, n$,设 $S_t = \sum\limits_{i=1}^{t} (x_i - y_i)$.

由条件知 $\sum\limits_{i=1}^{n} x_i = \sum\limits_{i=1}^{n} y_i$,故 $S_n = 0$.

又对 $k = 1, 2, \cdots, n-1$,有 $S_k = \sum\limits_{i=1}^{k} (x_i - y_i) = \sum\limits_{i=1}^{k} x_i - \sum\limits_{i=1}^{k} y_i \geqslant 0$,并且 $t_k \geqslant t_{k+1}$.

在引理中令 $a_i = t_i$, $b_i = x_i - y_i$,则有

$$\sum_{i=1}^{n} (x_i - y_i) t_i = t_n S_n + \sum_{i=1}^{n-1} S_i (t_i - t_{i+1}) \qquad ①$$

由 $S_n = 0$, $S_i \geqslant 0$, $t_i - t_{i+1} \geqslant 0$ 知,①式右边的每一项均非负.

$\therefore \sum\limits_{i=1}^{n} (x_i - y_i) t_i = t_n S_n + \sum\limits_{i=1}^{n-1} S_i (t_i - t_{i+1}) \geqslant 0$,即 $\sum\limits_{i=1}^{k} x_i t_i \geqslant \sum\limits_{i=1}^{k} y_i t_i.$

再证明必要性:

依次取 $(t_1, t_2, \cdots, t_k, t_{k+1}, \cdots, t_n) = (1, 1, 1, \cdots, 1, 0, 0, \cdots, 0)$,其中 $t_1 = \cdots$

＊　原载东北师范大学《数学学习与研究》2016 年第 13 期.

$= t_k = 1$, 剩下的数为 $0(k=1, 2, \cdots, n-1)$, 则可以依次得到 $\sum_{i=1}^{k} x_i \geqslant \sum_{i=1}^{k} y_i$.

另一方面, 若取 $t_1 = t_2 = \cdots = t_n = 1$, 得到 $\sum_{i=1}^{n} x_i \geqslant \sum_{i=1}^{n} y_i$; 取 $t_1 = t_2 = \cdots = t_n = -1$, 得到 $\sum_{i=1}^{n} x_i \leqslant \sum_{i=1}^{n} y_i$, 故有 $\sum_{i=1}^{n} x_i = \sum_{i=1}^{n} y_i$.

∴ 证毕.

可以通过这个命题得到如下的直接推论:

推论 数列 $\{x_n\}$, $\{y_n\}$ 满足对于任意非负实数 $t_1, t_2, \cdots, t_n$, $t_1 \geqslant t_2 \geqslant \cdots \geqslant t_n \geqslant 0$, 均有 $\sum_{i=1}^{n} x_i t_i \geqslant \sum_{i=1}^{n} y_i t_i$ 的充要条件是: 对于任意的 $k=1, 2, \cdots, n$, 均有 $\sum_{i=1}^{k} x_i \geqslant \sum_{i=1}^{k} y_i$.

下面的两个问题可以作为命题的应用.

例 1 已知数列 $\{x_n\}$, $\{y_n\}$ 满足 $-1 < x_1 < x_2 < \cdots < x_n < 1$, $y_1 < y_2 < \cdots < y_n$, 且满足 $\sum_{i=1}^{n} x_i^{13} = \sum_{i=1}^{n} x_i$, 证明: $\sum_{i=1}^{n} x_i^{13} y_i < \sum_{i=1}^{n} x_i y_i$. (全俄数学奥林匹克竞赛 2000)

解 由命题知, 我们只要证明对于任意的 $k=1, 2, \cdots, n$, $\sum_{i=n+1-k}^{n} x_i^{13} < \sum_{i=n+1-k}^{n} x_i$ 成立.

下面分情况讨论:

(1) $x_{n+1-k} \geqslant 0$.

由 $\{x_n\}$ 递增知, 对于 $i \geqslant n+1-k$, 均有 $x_i > 0$.

结合条件知 $x_i \in (0, 1)$, 故 $x_i^{13} - x_i = x_i(x_i^{12} - 1) < 0$, $x_i > x_i^{13}$ 成立.

对 $i = n+1-k, n+2-k, \cdots, n$ 取和知 $\sum_{i=n+1-k}^{n} x_i^{13} < \sum_{i=n+1-k}^{n} x_i$ 成立.

(2) $x_{n+1-k} < 0$.

由 $\{x_n\}$ 递增知, 对于 $i \leqslant n+1-k$, 有 $x_i < 0$, 进而有 $x_i \in (-1, 0)$.

而又 $x^{13} - x = x(x^{12} - 1)$, 有 $x_i < x_i^{13}$.

对于 $i = 1, 2, \cdots, n-k$ 求和得到 $\sum_{i=1}^{n-k} x_i < \sum_{i=1}^{n-k} x_i^{13}$.

而由题目条件知 $\sum_{i=1}^{n} x_i^{13} = \sum_{i=1}^{n} x_i$, 所以得到 $\sum_{i=n+1-k}^{n} x_i^{13} < \sum_{i=n+1-k}^{n} x_i$.

综上, 题目证毕.

例 2 给定数列 $\{x_n\}$, $\{y_n\}$ 满足下列条件:

(1) $x_1 > x_2 > \cdots > x_n > 0$, $y_1 > y_2 > \cdots > y_n > 0$.

(2) 对于任意的 $j = 1, 2, \cdots, n$, 均有 $\sum_{i=1}^{j} x_i > \sum_{i=1}^{j} y_i$.

证明 对于 $k \in \mathbf{N}^+$, 都有 $\sum_{i=1}^{n} x_i^k > \sum_{i=1}^{n} y_i^k$ 成立.

解 首先我们给出一个引理:

引理 数列 $\{x_n\}$, $\{y_n\}$ 满足对于任意非负实数 $t_1, t_2, \cdots, t_n$, $t_1 \geqslant t_2 \geqslant \cdots \geqslant t_n \geqslant 0$,

均有 $\sum\limits_{i=1}^{n} x_i t_i \geqslant \sum\limits_{i=1}^{n} y_i t_i$ 的充要条件是：对于任意的 $k = 1, 2, \cdots, n$，均有 $\sum\limits_{i=1}^{k} x_i \geqslant \sum\limits_{i=1}^{k} y_i$.

此即上述命题的直接推论.

回到原题. 使用数学归纳法，对 $k + n$ 归纳.

$k + n = 2$ 时，$k = n = 1$，显然满足题目要求.

假定 $k + n \leqslant m$ 的时候命题成立，考虑 $k + n = m + 1$ 的情况.

对 $k = 1$ 的情况，应该有 $n = m$，由题目条件知 $\sum\limits_{i=1}^{m} x_i > \sum\limits_{i=1}^{m} y_i$，即 $\sum\limits_{i=1}^{m} x_i^k > \sum\limits_{i=1}^{m} y_i^k$ 成立.

$n = 1$ 时，$k = m$，$x_1 > y_1 > 0$，有 $x_1^k > y_1^k$，原命题也成立.

$k \geqslant 2$ 且 $n \geqslant 2$ 时，由于 $x_1 > x_2 > \cdots > x_n > 0$，有 $x_1^{k-1} > x_2^{k-1} > \cdots > x_n^{k-1} > 0$，并且由条件知，对于任意的 $j = 1, 2, \cdots, n$，均有 $\sum\limits_{i=1}^{j} x_i > \sum\limits_{i=1}^{j} y_i$，在引理中，取 $t_i = x_i^{k-1}$，则可以得到

$$\sum_{i=1}^{n} x_i^k > \sum_{i=1}^{n} y_i x_i^{k-1}. \qquad\qquad ②$$

（注意到 $\sum\limits_{i=1}^{j} x_i \neq \sum\limits_{i=1}^{j} y_i$，故等号取不到.）

而另一方面，因为 $k + n = m + 1$，所以 $(k-1) + n = m$，并且对于 $j = 1, 2, \cdots, n$ 均有 $(k-1) + j \leqslant m$，由归纳假设知，对 $j = 1, 2, \cdots, n$，均有 $\sum\limits_{i=1}^{j} x_i^{k-1} > \sum\limits_{i=1}^{j} y_i^{k-1}$.

又由题目条件得到 $y_1 > y_2 > \cdots > y_n > 0$，再一次利用引理（其中 x_i 取为本题的 x_i^{k-1}，y_i 取为本题的 y_i^{k-1}，t_i 取作本题中 y_i），可以得到

$$\sum_{i=1}^{n} y_i x_i^{k-1} \geqslant \sum_{i=1}^{n} y_i y_i^{k-1} = \sum_{i=1}^{n} y_i^k. \qquad\qquad ③$$

结合②，③的放缩，得到 $\sum\limits_{i=1}^{n} x_i^k > \sum\limits_{i=1}^{n} y_i x_i^{k-1} \geqslant \sum\limits_{i=1}^{n} y_i^k$，即 $k + n = m + 1$ 时命题成立.

由数学归纳法知，对一切 $k + n$ 都有原命题成立.

进而对于一切正整数 k, n 原命题均成立，证毕.

参考文献

［1］范建熊. 不等式的秘密第一卷［M］. 哈尔滨：哈尔滨工业大学出版社，2014.

望远镜作为一种探索空间的工具，使得空间遥远的区域逐步靠近我们，而数学则以归纳与推理，使我们向着更遥远的天空继续前进，并把天际的某个部分带进我们的认识范围. 现代天文学的一切应用，给智慧的眼睛揭示了天堂的躯体，并且在望远镜指向某个天体之前，就计算出了该天体所在的位置、运行轨道和总体质量.

—— 汉姆波尔特 (Humboldt, A.)

**指导教师
点评 27**

　　李羽航同学撰写的《一个线性数列不等式的命题》的论文是作者自己提出问题并且自己深入思考、研究、钻研出的结果. 通过师生共同修改，完善表达形式，最终形成了科研成果. 文章探究了线性数列的性质，得出一个真命题以及推论. 探究的过程体现了作者在做题的过程中善于联想，发现问题，能够深入思考问题. 他所发表的论文，充分体现了他良好的数学素养和较强的创新能力. 在写作论文的过程中，他勤于和老师沟通合作，踏实努力，不断完善自己的不足之处. 这是一篇具有深度并且具有学术水平的论文. 此文的命题在初等数学中已属漂亮的结果，而从更高观点看也有其意义.

　　李羽航同学入选 2017 年中国数学奥林匹克国家集训队，已与北京大学签约，保送北京大学.

写数学论文是一件很有意思的事

李羽航

　　写论文是一件很有意思的事. 一方面, 这是对数学能力的考验; 另一方面, 这是对个人综合能力的考验. 如果一个人只会做题, 不会从题目中有所生发, 自然不可能得出一个研究结果; 另外一方面, 一个人如果连数学的能力都没有, 就无法去研究他想到的问题.

　　《一个线性数列不等式的命题》这篇文章的选题是我在做例 2 的时候想到的, 例 2 本身只是一道高于高考难度的题目, 但是却由此引发了这篇论文的结论. 这是写论文最重要的过程, 一个想法决定了能不能写出一篇文章, 决定了这篇文章的高度是多少. 这样的想法是找不到的, 不是一个人花一个晚上努力想就能想出来的, 依靠的是平时多做题、多阅读、多思考. 在很多问题当中, 就隐藏着这些值得思考的地方. 对于论文素材的采集, 一方面要有广泛的阅读, 另一方面还要积累. 很多做过的题目、看过的结论, 在这个时候都会派上用场, 积累得越多, 在这个地方就越好用. 这些东西都有可能成为自己文章中用来丰富结论的内容. 像本文中的两个应用, 都来自自己以前做到的题.

　　写作论文则又是另一件事. 这件事和汪杰良老师的帮助是分不开的. 因为老师的阅读量比自己大, 更知道写作论文的方法. 写作中, 老师对我的帮助是很大的, 整体的思路、过程的书写、局部的格式, 都离不开老师对我的教导, 这样才能把一些零星散落的想法串成一篇有水平的论文. 例如, 这篇文章的结构上, 我原来的思路是先有命题, 再有利用命题做引理的例 1, 然后再给出第二个命题和例 2. 但是这样的结构就显得有些烦琐. 在和汪老师交流了很多次后, 我们把布局改成了命题直接给出, 命题二作为直接推论, 并且删去了命题二的证明, 使得文章的思路变得清晰.

　　这篇文章汪老师帮我修改了大约四到五次, 从初稿到最后一稿花了很长的时间, 尤其是在布局、格式上. 这个过程里面, 老师每次都帮我把文章疏通, 把一些局部的错误改正, 又帮我讲解一些想法, 让我能够加深对于文章内容的理解, 这些都是老师起到的作用. 比如说, 本文例 2 的过程书写当中, 由于归纳法本身对书写的要求较高, 外加变量较多, 写作过程中遇到了很多麻烦, 后来经过老师的修改才得以通顺.

　　经过进一步阅读, 我了解到, 这个命题在高等数学中也有它的意义, 是控制论当中的一个问题, 和控制不等式、超越不等式有关. 而本文的推论中提到的数列需要满足的条件其实正是当它们被当作向量时一个向量优超于另一个向量所满足的条件. 所以说, 本文其实还可以引出更加深入的问题出来. 这也是数学的魅力所在.

创作文章是一个很有意思的过程,需要不断地积累,需要思维的闪烁,需要智慧的火花,需要精力的投入,需要老师的教导,这种经历是不可多得的.

对称不等式的解题技巧探究[*]

复旦大学附属中学 2016 届 梅灵捷

在不等式中,变量拥有着两两之间的对称性或轮换性,统称为对称性不等式. 破坏对称性是指通过规定顺序、指定最值等方式,打破不等式原先固有的对称性,从而达到简化不等式或方便估计的思想方法. 该思想在对称的代数不等式和组合不等式上较为有用.

例 1 已知:a,b,c 构成三角形三边,求证:

$$\sqrt{a^2+b^2}+\sqrt{b^2+c^2}+\sqrt{c^2+a^2}<\left(1+\frac{1}{\sqrt{2}}\right)(a+b+c).^{[1]}$$

证明 不妨令 $c=\min\{a,b,c\}$,所以

$$\sqrt{a^2+b^2}<\sqrt{\frac{1}{2}a^2+\frac{1}{2}a(b+c)+\frac{1}{2}b^2+\frac{1}{2}b(a+c)}$$

$$<\frac{1}{\sqrt{2}}a+\frac{1}{\sqrt{2}}b+\frac{1}{2\sqrt{2}}c;$$

$$\sqrt{a^2+c^2}\leqslant\sqrt{a^2+2(\sqrt{2}-1)ac+(3-2\sqrt{2})c^2}=a+(\sqrt{2}-1)c;$$

$$\sqrt{b^2+c^2}\leqslant b+(\sqrt{2}-1)c.$$

将上述不等式相加,得

$$\sqrt{a^2+b^2}+\sqrt{b^2+c^2}+\sqrt{c^2+a^2}<\left(1+\frac{1}{\sqrt{2}}\right)(a+b)+\left(2\sqrt{2}-2+\frac{1}{2\sqrt{2}}\right)c$$

$$<\left(1+\frac{1}{\sqrt{2}}\right)(a+b+c).$$

当 $a=b$,$c\to 0$ 时无限趋近于等号.

拓展 a,b,c 构成三角形三边,n 为大于 2 的整数,则

$$\sqrt[n]{a^n+b^n}+\sqrt[n]{b^n+c^n}+\sqrt[n]{c^n+a^n}<\left(1+\frac{\sqrt[n]{2}}{2}\right)(a+b+c).^{[1]}$$

说明 无限趋近于等号的条件是两边相等,一边趋向于零. 也就是说,有两条最长边. 这也为我们的估计增加了两种可以套用的不等式. 当遇到不对称的取等条件时,我们可以

---

[*] 原载湖北大学《中学数学》2016 年第 9 期.

使用破坏对称性的思想. 通过变元之间的部分替换, 可以将表达式内界决定上界的那一部分进行转化, 以达到使估计精确的目的.

例 2 集合 $S \subset \mathbf{Z}^+$, $|S| = n$, 对于集合 A, B, 其中 A, $B \subseteq S$ 且 $A \neq B$, $\sum\limits_{a \in A} a \neq \sum\limits_{a \in B} a$, 求 $\sum\limits_{a \in S} \sqrt{a}$ 的最小值.[2]

解 令 S 的元素为 $a_1 \leqslant a_2 \leqslant \cdots \leqslant a_n$.

$T_m = \{a_i \mid 1 \leqslant i \leqslant m, i \in \mathbf{N}\}$ 有 $2^{|T_m|} - 1 = 2^m - 1$ 个非空子集, 且每两个非空子集的元素和不同 $\Rightarrow$ 元素和最大的子集 T_m 元素和为 $\sum\limits_{i=1}^{m} a_i \geqslant 2^m - 1$.

下证: $\sum\limits_{i=1}^{m} \left(\sqrt{a_i} - 2^{\frac{i-1}{2}} \right) = \sum\limits_{i=1}^{m} \frac{a_i - 2^{i-1}}{\sqrt{a_i} + 2^{\frac{i-1}{2}}} \geqslant \frac{\sum\limits_{i=1}^{m} a_i - (2^m - 1)}{\sqrt{a_m} + 2^{\frac{m-1}{2}}}$.

以下对 m 使用数学归纳法.

(1) $m = 1$, 即 $\dfrac{a_1 - 1}{\sqrt{a_1} + 1} \geqslant \dfrac{a_1 - 1}{\sqrt{a_1} + 1}$ 成立.

(2) 假设 $m = k$ 成立, 令 $m = k + 1$.

$$\sum_{i=1}^{k+1} \frac{a_i - 2^{i-1}}{\sqrt{a_i} + 2^{\frac{i-1}{2}}} \geqslant \frac{\sum\limits_{i=1}^{k} a_i - (2^k - 1)}{\sqrt{a_k} + 2^{\frac{k-1}{2}}} + \frac{a_{k+1} - 2^k}{\sqrt{a_{k+1}} + 2^{\frac{k}{2}}}$$

$$\geqslant \frac{\sum\limits_{i=1}^{k} a_i - (2^k - 1)}{\sqrt{a_{k+1}} + 2^{\frac{k}{2}}} + \frac{a_{k+1} - 2^k}{\sqrt{a_{k+1}} + 2^{\frac{k}{2}}} = \frac{\sum\limits_{i=1}^{k+1} a_i - (2^{k+1} - 1)}{\sqrt{a_{k+1}} + 2^{\frac{k}{2}}}$$ 成立.

综上, $\sum\limits_{i=1}^{m} \left(\sqrt{a_i} - 2^{\frac{i-1}{2}} \right) = \sum\limits_{i=1}^{m} \frac{a_i - 2^{i-1}}{\sqrt{a_i} + 2^{\frac{i-1}{2}}} \geqslant \frac{\sum\limits_{i=1}^{m} a_i - (2^m - 1)}{\sqrt{a_m} + 2^{\frac{m-1}{2}}}$

$$\Rightarrow \sum_{i=1}^{n} \left(\sqrt{a_i} - 2^{\frac{i-1}{2}} \right) \geqslant \frac{\sum\limits_{i=1}^{n} a_i - (2^n - 1)}{\sqrt{a_n} + 2^{\frac{n-1}{2}}} \geqslant 0 \Rightarrow \sum_{i=1}^{n} \sqrt{a_i} \geqslant \sum_{i=1}^{n} 2^{\frac{i-1}{2}} = \frac{(\sqrt{2})^n - 1}{\sqrt{2} - 1}.$$

当且仅当 $a_i = 2^{i-1}$ 时取等号.

拓展 当 $\sqrt{a}$ 替换为任意一个关于 a 的单调递增的凹函数时, 相应的和式都有最小值, 换为任意一个关于 a 的单调递减的凸函数, 相应的和式都有最大值, 且取等条件相同.[2]

说明 我们并不能控制 S 指定一个元素的范围, 因为元素的排列远不如它们的和稠密. 因而需要通过对一定个数元素的和进行估计. 关键在于一定个数元素的和中最小的那一个如何确定.

注意到在解答中多次出现了将 a_i 与 2^{i-1} 进行比较的情况, 这是由 a_i 之间的顺序保证的. 将两个在取等条件下相等的数作差, 可以将差放大, 估计精细.

例 3 求 m 的最大值, 使得 $\forall a, b, c \in \mathbf{R}^+$, $a^3 + b^3 + c^3 - 3abc \geqslant m(ab^2 + bc^2 + ca^2 -$

$3abc$). (2013 年土耳其数学奥林匹克第二轮)

分析 首先可以看出,a, b, c 的地位是不同的,这也与原式右边是轮换非对称式相符. 因而我们可以破坏对称性,使得限制 m 的范围时等式两边都不为零. 注意原式右侧是轮换非对称式,只能取定最大或最小或中间值,不能固定顺序.

解 当 $a = b = c$ 时一定成立.

当 a, b, c 不全相等时,$a^3 + b^3 + c^3 - 3abc$, $ab^2 + bc^2 + ca^2 - 3abc > 0$.

原题转化为求满足 $\forall a, b, c \in \mathbf{R}^+$, $m \leqslant \dfrac{a^3 + b^3 + c^3 - 3abc}{ab^2 + bc^2 + ca^2 - 3abc}$ 的 m 的最大值,即

$T = \dfrac{a^3 + b^3 + c^3 - 3abc}{ab^2 + bc^2 + ca^2 - 3abc}$ 在 a, b, $c \in \mathbf{R}^+$ 上的最小值.

不妨令 $a = \min\{a, b, c\}$,以下进行分类讨论:

(1) 当 $b \leqslant c(a \leqslant b \leqslant c)$ 时,令 $b - a = x$, $c - b = y(x, y \geqslant 0) \Rightarrow b = a + x$, $c = a + x + y$.

$$T = \frac{a^3 + b^3 + c^3 - 3abc}{ab^2 + bc^2 + ca^2 - 3abc} = \frac{3(x^2 + xy + y^2)a + (2x + y)(x^2 + xy + y^2)}{(x^2 + xy + y^2)a + x(x + y)^2}$$

$= \dfrac{Aa + B}{Ca + D}$,其中 A, B, C, D 是与 a 无关的正常数. $T = \dfrac{A}{C} + \dfrac{B - \dfrac{AD}{C}}{Ca + D}$,因而 T 的极小值在 $a \to 0$ 或 $a \to +\infty$ 时取到.

① $a \to 0$, $T \to \dfrac{(2x + y)(x^2 + xy + y^2)}{x(x + y)^2}$.

令 $\dfrac{y}{x} = t$,则 $T \to \dfrac{t^3 + 3t^2 + 3t + 2}{(t + 1)^2} = \dfrac{(t + 1)^3 + 1}{(t + 1)^2} \geqslant \dfrac{3\sqrt[3]{\left(\dfrac{(t + 1)^3}{2}\right)^2 \times 1}}{(t + 1)^2} = \dfrac{3}{\sqrt[3]{4}}$.

② $a \to +\infty$, $T \to \dfrac{3(x^2 + xy + y^2)}{x^2 + xy + y^2} = 3$,即 T 的极小值为 $\dfrac{3}{\sqrt[3]{4}}$.

(2) 当 $b \geqslant c(a \leqslant c \leqslant b)$ 时,$(ab^2 + bc^2 + ca^2 - 3abc) - (ac^2 + cb^2 + ba^2 - 3acb) = (a - b)(b - c)(c - a) \leqslant 0$,即 $m(ab^2 + bc^2 + ca^2 - 3abc) \leqslant m(ac^2 + cb^2 + ba^2 - 3acb)$.

当 T 取(1)要求的 $\dfrac{3}{\sqrt[3]{4}}$ 时,$m(ac^2 + cb^2 + ba^2 - 3acb) \leqslant (a^3 + c^3 + b^3 - 3acb) \Rightarrow m(ab^2 + bc^2 + ca^2 - 3abc) \leqslant a^3 + b^3 + c^3 - 3abc$ 一定成立.

综上,m 的最大值为 $\dfrac{3}{\sqrt[3]{4}}$,当 $a \to 0$, $b = a + k$, $c = a + (\sqrt[3]{2} - 1)k$ 时取到.

说明 在一开始,本题通过孤立变量 m,将恒成立问题变为求最值问题,同时减少了一个变量,简化了运算. 实际上,将 T 趋向为零或无穷大时,运用了调整的思想.

本题通过将破坏对称性后两种截然相反的对偶式进行比较,从而达到了化归的效果,既契合了原式右侧的轮换对称性,又缩小了篇幅.

破坏对称性思想在对称不等式证明中具有着重要的作用. 破坏对称性思想可以在如下情况时使用:(1)有不对称的取等条件的;(2)内界需要进行变元替换的;(3)需要加强

较弱估计的;(4)需要提炼最有价值的关系式的;(5)需要利用某些调整法的;(6)利用对偶式的差别进行化归的. 通过掌握破坏对称性思想,可以解决大量使用普通方法无法完成的对称不等式.

参考文献

［1］苏勇,熊斌. 不等式的解题方法与技巧［M］. 上海:华东师范大学出版社,2005.

［2］Yong-Gao Chen. Distinct subset sums and an inequality for convex functions［J］. Proc. Amer. Math. Soc. 128(2000).

对于每一本值得阅读的数学书,必需"前后往返"地去阅读(拉格朗日语),现在我对这句话稍作修饰并阐明如下:"继续不断地往下读,但又不时地回到已读过的那些内容中去,以便增强你的信心."另外,当你在研读之中,一旦陷入难懂而又枯燥的内容之中时,不妨暂且越过而继续往前阅读,等到你在下文中发现被越过部分的重要性和必要性时,再回过头去研读它.

——克里斯托,乔治(Chrystal,George)

指导教师点评 28

梅灵捷同学撰写了《对称不等式的解题技巧探究》的论文.

我们知道,处理对称不等式的方法颇多.通常解决方法可以采取排序法、构造法、取等法、代换法,有时可以用配偶法、分解法以及引入参数的方法、构造切线的方法等.有许多有关对称不等式的问题,还可以利用均值不等式或者其他的方法,采取对称化处理.

但梅灵捷同学另辟蹊径,打破不等式原有的对称性,从而达到简化不等式的目的.本文通过几道数学奥林匹克竞赛题,运用破坏对称性的手法加以放缩、估计,从而加以解决.进一步地,对问题进行了拓展和说明.此文体现了他思维灵活,具有较高的解题技巧.

该论文例 3 是一个轮换对称不等式的问题.实际上任意三元三次齐次轮换对称不等式 $f(a,b,c) \geqslant 0$,我们都只需要证明 $f(a,b,0) \geqslant 0$,$f(1,1,1) \geqslant 0$ 的情形即可.要深入了解此问题,请阅读由北京大学数学科学学院博士研究生韩京俊撰写的并由 2011 年哈尔滨工业大学出版社出版的专著《初等不等式的证明方法》.

此文从投稿到发表,经历的时间较长.等待论文发表有时确实需要耐心.

梅灵捷同学曾荣获全国高中生数学、物理、化学三门学科竞赛一等奖.曾参加"樱花科学计划"赴日交流,2014 年荣获全俄数学奥林匹克九年级金牌,2015 年荣获罗马尼亚数学大师赛铜牌,2016 年荣获第 57 届国际数学奥林匹克竞赛金牌.现进入北京大学数学科学学院学习.

复旦大学附属中学 2011—2020 年发展规划

复旦大学附属中学(以下简称复旦附中)自 1950 年建校以来,在上海市教育委员会和复旦大学的共同领导下,学校事业取得了长足发展.《复旦附中 1999—2002 年发展规划》、《复旦附中 2003—2005 年发展规划》和 2006 年起实施的《复旦附中十一五发展规划(2006—2010 年)》目标均已基本完成.随着社会经济的持续发展,国家和上海新十年教育规划将对高中教育提出更高的目标与要求.基于上述背景,学校制订 2011—2020 年发展规划.

一、历史沿革与办学特色

复旦附中创建于 1950 年,历经华东人民革命大学附设工农速成中学、复旦大学附设工农速成中学(1953 年)、劳动中学(1957 年)、复旦大学工农预科(1958 年)等阶段,1962 年定名为"复旦大学附属中学",1982 年被定为上海市首批办好的重点中学,目前是上海市首批实验性示范性高中之一.

自建校以来,学校坚持社会主义办学方向,遵循基础教育办学规律,秉承"博学而笃志,切问而近思"的校训,初创时期倡导"脚踏实地,艰苦奋斗,五育兼修,为国奋斗",逐步发展并形成了"重基础、重能力、重创新和重个性"的特色,特别是学校素以"教风民主严谨、学风踏实自主、学生基础厚实"闻名.在迈向现代化的背景下,"四个主人(即学习的主人,学校的主人,国家的主人,时代的主人)"成为学校培养学生的目标.

长期以来,学校坚持推行素质教育,在教书育人、读书做人方面不断取得阶段性突破,持续涌现出一批批蜚声海内外的英才群体.学校国际交流与合作日益频繁,国际化程度日益提升.学校连续十年被评为上海市文明单位,多次被评为全国文明单位,1995 年荣膺全国环境教育先进单位,2000 年被评为全国德育先进集体,2009 年被授予全国教育系统先进集体的称号.

二、发展目标与实现途径

学校总体发展目标:建设全方位的育人体系,成为在国内外具有重要影响力的高级中学.

我们承担的高中阶段教育是我国国民教育体系中普通教育的一个环节,其主要任务是培养高素质的下一代公民,其社会责任和意义远高于单纯的知识传授;作为大学附中,在长期办学过程中深受复旦文化和人才培养理念的影响,形成了我校学生培养的特色且已获得各方高度评价;作为中国最有影响的中学之一,我们有责任也有能力承担起引领中国高中教育发展的重担.

因此,学校要坚定地贯彻以德育为核心、促进学生全面成长的宗旨,其实现途径就是全面实施素质教育.

我们将今后 10 年的发展分为两步:

第一步,到 2015 年,建立起实施全面素质教育的育人体系(包含培养目标体系、课程体系、评价体系和支撑体系等);

第二步,到 2020 年,形成学生超强竞争力的培养机制.

三、学生培养

(一)目标

继续深化、推进素质教育,培养学生成为"学习的主人,学校的主人,国家的主人,时代的主人".

(二)策略与措施

1. 缩小班额,提高师生比,使每位学生都受到最优质的教养.

2. 加强德育,为使学生成为社会高尚之人打下坚实基础.学校有责任营造全员德育、全方位管理、全面素质教育的氛围,每位教职员工都必须为学生的全面成长承担义务.

3. 给予学生完整的知识结构和技能要求.建立符合培养目标的课程板块结构,除确保高质量地完成国家规定科目的教学任务,还要建立若干人文、艺术、社会、科学、技术、体育健康、社会实践等板块的课程体系.

4. 依托社会资源,建立学生社会实践和志愿服务基地,全部学生参加不少于每周 1 小时的社会实践和志愿服务活动.

5. 到 2015 年将有 35% 的学生参与国际交流;到 2020 年将有 60% 的学生参与国际交流.

6. 制订并实施分年级分阶段的学生素质教育培养目标.

四、课程与教学

(一)目标

建立并完善能满足学生素质全面发展和创新人才培育所需要的课程体系与教学机制.

(二)策略与措施

1. 严格执行国家对高中阶段三类课程总课时数的要求,构建依托大学的基于学校特点的课程体系.

2. 力求基础型课程、拓展型课程和研究型课程三大课型之间融合、协调,实行总量控制下的分块指导,对于所有课程,要精心实施,严格考核.进一步引进、开发课程,提高课程的选择性,满足学生多元发展的需求.到 2015 年,创建不少于 50 门优质课程.

3. 持续推进教学改革,聚焦课堂,注重过程,提高教学效益.尊重学生个性,保障学生主动学习和独立思考的时间与空间.

4. 建立学校创新教育指导体系.

5. 完善学生学业评估体系,健全教学反思制度,提高全员质量意识.

6. 成立教学指导委员会,设计、落实、评估学生培养方案.

五、师资队伍

（一）目标

学生全面成长的指导者和引路人.

（二）策略与措施

1. 加强师德建设,把追求真理、塑造心灵、传承文化、实现价值当作人生的最大追求.

2. 提高教师专业能力.教师要具备本学科高质量的教学水平;要有学术专长或特长以承担对学生的指导;要有能力适应学生全面发展的需要.

3. 教师发展.每 5 年,为所有教师提供不少于 3 个月的在岗培训,以满足教师持续发展的需要.

4. 积极引进优秀教师.到 2015 年,通过培养和引进特级教师达到 5 位以上,到 2020 年特级教师达到 10 位.

5. 加强教研组建设.教研组要承担教师专业的纵深发展任务,保证教学质量的持续提高,促进有特色的教学服务体系的形成,探索评价性考试的跟踪实践与研究.

6. 成立学术委员会,规范、指导教师学术发展,建立起科学的评价和激励机制.

六、资源与环境

（一）目标

保障并满足学校全面推进素质教育和创新人才培育的需要.

（二）策略与措施

1. 服务支撑体系建设

（1）网络和图书信息系统:进一步设定分步目标,包括优化学校信息网络,增加藏书量(含电子书籍),培养学生的阅读习惯,显著提高学生阅读能力,全面实现教育事务处理信息化、网络化等.

（2）实验室、机房、语音教室及艺术、体育、社团等活动场馆:能满足课程体系和培养模式对设施要求.

（3）建设职业化、专业化的高素质职员队伍.在组织现有员工培训提高的同时,依托社会资源建立职业化、专业化的职员队伍,以确保服务支撑体系的效率和质量.

2. 2015 年前要完成校园建筑规划及建设

（1）学校建设布局要体现复旦文化和育人氛围.

（2）为确保学生和校园安全,建设贯通国权路两边校区的地道(或天桥).

（3）国权路 383 号校区：建设新教学大楼，满足教学需要．

（4）国权路 384 号校区：满足学生社团活动和生活设施需要．

3. 经费支持

（1）开源节流，勤俭办学，进一步完善预、决算制度．

（2）争取政府财政增加拨款支持，拓宽自筹经费渠道．

（3）争取社会力量支持，加大对师生在教育教学各领域的资助或奖励力度．

（4）改善与提高教职工待遇，健全与绩效挂钩的校内工资机制．

4. 国际部教育注重内涵发展

（1）国际部成为学校国际化建设的有力支撑．

（2）加强分类指导，完善课程体系，提高办学质量，提升社会声誉．

2010 年 1 月 7 日

复旦附中八大拓展型研究型课程简介

第一部分　前言

一、课程性质

八大课程,是复旦附中从高中教育教学的实际出发,遵循了新课程改革的精神,构建的一套具有附中特色的校本课程体系.课程中包括"人文与经典""语言与文化""社会与发展""数学与逻辑""科学与实验""技术与设计""艺术与欣赏""体育与健康"八个领域的课程,以下统称之为八大课程.

八大课程具有两个显著的特点:第一,衔接性.该校本课程强调与大学课程的衔接,有效地利用了附中背靠复旦大学的资源优势,在相关的课程领域衔接了大学的课程.第二,创新性.八大课程中设置了拓展型和研究型课程,使学生在学习习惯、方式、思维和知识水平等多方面快速发展,成为有创新能力的优秀高中生.

二、课程基本理念

（一）完备知识结构与技能

八大课程旨在促进附中学生接受更为丰富的知识与技能.以复旦附中学生现有的学习基础、学习期待以及发展潜力为背景,八大课程能够完备学生们的知识结构与学习技能,帮助他们获得更多社会和生活中的知识与技能.

（二）提高综合能力与素质

八大课程在丰富学生的知识与技能的过程中,更注重提高学生的综合能力与素养,帮助学生更为理性、更有智慧开展迁移学习,培养学生的综合素质、人文精神与科学精神,以适应社会的多元化需求.

（三）倡导研究与创新意识

八大课程借助高校等平台来辅助我校学生进行各个学科方面的学习,使学生们能够在观念上接受大学学习的模式与方法,尽早地适应大学的学习要求,使学生的学习水平能够快速地得到发展,并且使学生们能够充分地了解到研究学习与创新意识的重要性.在八大课程的学习中,学生能够开发自我的研究学习精神与创新意识.

三、课程设计思路

八大课程板块中横向设计有"人文与经典""语言与文化""社会与发展""数学与逻辑""科学与实验""技术与设计""艺术与欣赏""体育与健康"八个领域的课程.

纵向板块设计为四层阶梯递进的课程门类,按照不同类型功能覆盖每一名学生的在校学习需要,以供每名学生在教师指导下进行选择性学习(见图1-1).

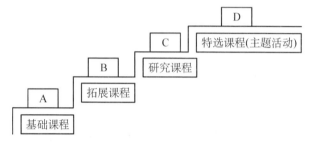

图1-1 八大课程设计思路示意图

A——严格按照国家课程标准完成教学目标与基本课时的基础课程,体现国家对公民素质的基本要求(即共同基础),着眼于促进学生基础学力与基本素养的高水平发展.

B——以学科知识体系为主线,以主修、辅修为学习形式的拓展课程,着眼于公民素质的发展性的要求,满足学生不同方向与不同层次的发展需要.

C——以综合实践创新能力培养为目标,以课题组形式呈现的跨学科的研究课程. 创造环境条件,配合专业指导,让每一个学生都有充分发展的机会,激励学生自主学习、主动探究和实践体验.

D——围绕体现共同核心价值的学习目标,在自主参与基础上,以主题活动等形式展开的特选课程. 不仅是学科知识的整合,更是德育渗透与泛化的体现;在充分思考与准备的前提下通过实践活动实现教化培养的功能.

第二部分 课程目标

复旦附中八大课程的目标是促进学生全面素质发展和培育创新人才. 八大课程坚定贯彻以德育为核心、以促进学生全面成长为宗旨,营造了全面实施素质教育的氛围;使学生具备完整的现代知识结构和技能,达到提高学生综合素质的目的. 同时,课程的目标还突出体现了高中阶段作为基础教育与高等教育过度衔接期的培养需要,有利于学生将来顺利地进入大学学习,有利于培养学生自主学习和适应社会的能力.

八大课程的目标从知识与技能、过程与方法、情感态度与价值观三个维度来体现,这三个维度在实施过程中是一个有机的整体.

（一）知识与技能

1. 学生能够同时掌握理科科学与人文科学的基本事实、概念、原理与规律.

2. 学生能够应用一些科学学科中常用的技术工具,如基本的理化试验器材、金工设备、电子技术、常见的设计软件、影视编辑工具和软件等.

3. 学生能够应用人文科学的研究方法,从社会实践中有效地获得信息,有序地整理信息;能运用参考文献和研究资源,补充信息不足,具备分类、解释、分析、合成、总结和评价信息以及选择最佳策略形成决策的能力.

（二）过程与方法

1. 通过各种途径感知身边的人文科学,学生通过课堂学习和社会实践活动,通过合作学习法、探究学习法、文献研究法、社会调查法、案例研究法,全面运用理科学科与人文学科的知识,辩证地分析社会与生活中的人文科学类知识.

2. 学生通过对科学学科的研究,以科学实验法、课题研究法、问题解决法等科学研究的形式,实事求是地追求科学的真理.

（三）情感态度与价值观

1. 全面提高全体学生的科学素养,为在科学领域具有进一步发展潜能的学生提供学习和探究的平台,具有实事求是的科学态度、勇于探索创新的精神,欣赏科学精神的价值观.

2. 学生能全面客观地认识全球化给社会发展带来的影响,国家的现代化过程及其伴生的问题,养成积极的社会参与意识、公民意识,形成促进社会发展的基本价值倾向.

3. 能主动关注生活中的艺术现象,逐渐形成开放、宽容的文化心理和高尚的审美情趣. 学生能理解真、善、美的统一,以及艺术与科学、人文精神的统一. 通过综合性的人文与科学学习,养成善于探究、比较、发现的思维习惯,以及尊重他人,并乐于与他人合作的品格.

第三部分　课程内容

课程内容主要设置有"人文与经典""语言与文化""社会与发展""数学与逻辑""科学与实验""技术与设计""艺术与欣赏""体育与健康"八个领域的课程,如表 3 - 1 所示.

表 3 - 1　八大课程的主题与相关课程

	课程领域	主　题	相关学科
1	人文与经典	通过对人文经典的研读,懂得人之为人的自我认知与表达,培养以观察、分析及批判的方式,来探讨人类情感、道德和理智的人文素养.	文学、历史学、哲学、心理学等
2	语言与文化	通过语言的学习和实践,体验多元文化及思想,提升文化素养,构筑连接世界多元文化的桥梁.	语言学、外国语、民俗学、地理学等
3	社会与发展	追寻人类文明进步的足迹,培养以经验考察与批判分析的方式,来研究人类社会结构与活动的社会科学素养.	政治学、社会学、经济学等

(续表)

	课程领域	主　题	相关学科
4	数学与逻辑	训练理性思维的方式与方法,通过抽象化和逻辑推理能力的培养,在研究数量、结构、变化以及空间模型等概念的过程中,提升数学素养.	数学、逻辑学、信息学等
5	科学与实验	获得解释及预测自然的能力,培养以观察、实验和逻辑推理的方式,来寻找自然现象来因及规律的科学素养.	物理学、化学、生物学及自然地理等
6	技术与设计	通过动手实践来体验科学与人文、艺术的结合.运用科学常识及技能,创造构想未来发展的可能,探寻发现让生活更美好的途径.	工程学、劳动技术、信息学及工艺美术等
7	艺术与欣赏	探索感知"美"的根源与本质,培养对富于美感、乐趣的艺术创造的感知和实践能力,体验人类精神世界的真、善、美的丰富与升华.	音乐、美术、戏剧、建筑及手工艺等
8	体育与健康	强健体魄、磨砺意志、享受生命,通过身体锻炼、技术训练、竞技比赛等方式,增强团队协作精神,提高运动技术水平,养成良好的生活习惯.	现代体育各类运动项目及生理、心理科学等

在课程的实施过程中,附中提出了各类课程实施的基本要求与标准,如表 3-2 所示.

表 3-2　八大课程实施的基本要求与标准

课程类别学	学科	修学方式与要求	安排学时
A(基础课程)	语、数、英、理、化、政、史、地、生	全体学生必修	26 节/周(学期)
B(拓展课程)	八大课程板块:人文、社会、语言、数学、科学、技术、艺术、体育	全体学生: 1. 艺术、体育必修 2. 其他板块:主修 1 门/学期、辅修 1—2 门/学期	1. 艺术体育:4 节/周(学期) 2. 其他板块:主修 2 节/周(学期),辅修 2—4 节/周(半学期)
C(研究课程)	八大课程板块	部分学生:1—2 门/学年	2—4 节/周
D(特选课程)	主题活动等	部分学生:1 门/学年	1—2 周/学年

说明:

◇ 为使全体学生能够最大限度地拓展学习领域,接触相关学科的知识与运用,拓展课程分主修(学期课程,2 节/周)、辅修(半学期课程,2 节/周)两类.

◇ 在读学生每学期除统一的基础课程学习外,需选修拓展课程中的 1 门主修课+1—2 门辅修(或 1 门辅修+1 门研究课程).三年附中学习中需选择 8—10 门拓展课程(4 门主修)、1—2 门研究课程、1 门特选课程作为自己的高中学习计划;所选课程必须覆盖八大课程领域(艺术、体育作为规定必选的课程领域,其学时固定).

　　◇ 为满足高一高二两个年级近 900 人的学习需要,以每门课程平均容纳 25 人左右计算,每学期开设拓展课程不应少于 36 门(必选的艺术、体育除外);其中主修课程不能少于 18 门.

　　◇ 要求各课程板块每学期开设 6—10 门拓展课程(3—5 门主修),2—4 门研究课程,1—2 门特选课程(跨学科主题活动由年级组协调统筹),从而满足学生的学习需求.

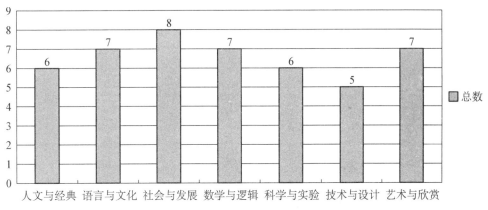

图 3－1　2012 年第一学期八大课程数量图

　　以复旦附中 2012 年第一学期实际进行教学的八大课程为例,附中 2012 年第一学期安排了人文与经典、语言与文化、社会与发展、数学与逻辑、科学与实验、技术与设计、艺术与欣赏,共 46 门课,平均每类课程有 5—8 门课(见图 3－1).课程的形式多样,分为选修课与必修课.

附:

表 3－3　2012 年第一学期八大课程课表

八大课程板块	内　　容	类型
人文与经典	《中国人》之从"儒家的理想人"与"诸子的理想人"	必修
	《中国人》之从"魏晋时期'觉醒的人'"到"明代寻找'真我'的人"	选修
	《中国人》之"近代寻找真理的人"到"当代走向世界的人"	选修
	外国人之《圣经》中的神、歌唱神曲的人	选修
	外国人之呼唤人道的人,从卡夫卡到昆德拉	选修
	西方近代民主理论初探——以《政府论》为中心	选修
语言与文化	西方文化漫谈	选修
	英语美文欣赏	选修
	法语	选修
	韩语与韩流	选修

（续表）

八大课程板块	内　　容	类型
	初级日语	选修
	英语经典文学赏析（歌曲、诗歌、戏剧、小说）	选修
	国际部 SDP	选修
社会与发展	经济学	选修
	法律基础与实务	选修
	校园社会学	选修
	模拟联合国	选修
	美国移民文化	选修
	JA 经济学	选修
	心理学经典案例	选修
	国际关系	选修
数学与逻辑	数学与哲学	选修
	博弈论初步	选修
	数学方法与思想	选修
	数学欣赏	选修
	数学研究	选修
	计算机编程	选修
	桥牌逻辑	选修
科学与实验	理科拓展实验	必修
	环境科学概论	选修
	物理拓展	选修
	纳米科学导论	选修
	化学工坊	选修
	科学入门与小课题研究	选修
技术与设计	机器人设计与制作	选修
	CAD 工程设计	选修
	陶艺	选修
	电视新闻与专题片制作	选修
	VB 环境下的应用小软件编制	选修
艺术与欣赏	油画技法与创作	选修
	走进古典音乐	选修

八大课程板块	内　　容	类型
	管乐队训练	选修
	音乐剧赏析	选修
	合唱团训练	选修
	原创漫画	选修
	版画艺术	选修

今日中学教育之"缺"即20年后
我国人才之"短"

郑方贤

单纯为了升学的过度学习,并非中国独有.美剧《波士顿法律》描述过一件案子:有个高中生因为在学习高中课程的同时还要修读进阶课程,结果疲劳过度,遭遇车祸死亡.家长状告学校引导失责,不该为博名校的升学率怂恿学生提前学;可学校反驳道:所有的中学都这么做,如果我们一家不做,难道要在招生时立块招牌说"不想考进名校的到这里来"吗?剧中,审理此案的法官的思考,似乎道出了教育所面临的困境:成人世界的功利心早已影响到学校,以至于如今的学生都不是在"读书",而是在"上"学,从作息到生活节奏,都在为未来找一份好工作而准备.一旦教育的目的变了质,世界的未来会怎样?教育者有自己的思考.

每次谈到人才培养问题,不论是研究生教育、本科生教育,还是中学教育甚至小学教育,都会以同样的语言体系表述自己都是在为社会培养人才,听听好像都不错,实际却混淆了各自承担的责任.当然,本质上谁都讲不清楚人才是什么,什么算是培养人才.教育界尚且如此,社会大众更是一头雾水,到头来就演变成大家年复一年、大张旗鼓地培养人才,而真正的高素质人才却越来越少.

一、中学教育,决定20年后的人才标准

11至18岁的学生是什么样的,20年后,我国人才结构的主体就是什么样的.如果我们的培养是以单一的解题训练为主要内容,那也意味着再过20年,这些受机械训练的人会成为我们国家的主体.

中学教育针对的学生群体年龄从11至18岁,这个年龄正是长身体、长知识和价值观形成的关键时期,20年后他们普遍处于30至40岁.换句话说,现在的学生构成了20年后社会的主体,他们的素养和健康水平,决定将来这个国家社会整体的素养和健康水平.

有数据统计,上海目前的高中生近视率为80%多.静态地说,20年后上海这个中坚年龄段群体的近视率不会低于80%;同样,目前上海实施的高考科目是"3+1",那么20年后,社会中坚群体的知识结构就始终是有缺陷的.

中学教育(包括整个基础教育)决定着 20 年后的人才标准,甚至决定着民族和国家的未来,这绝不是一句空话.

二、中学教育现状,让有识之士忧虑不已

无论什么名牌中学,现在津津乐道的高考分数和竞赛成绩都是以丧失国家未来人才的竞争力为代价的.从本源上来说,这并非教育,这至多算是做工程、做"产品".

回顾这些年基础教育的发展,我们会觉得很沉重.

在农村学校,学生普遍显得羸弱,高中生像初中生、初中生像小学生.在以升学率为目标的所谓重点中学里,学生从醒来到睡下,全部的生活都处于课堂的学习中,为了竞赛成绩、考试分数进行"军事化"管理、高强度的重复训练.在毫无生气的普通高中学校或职业学校中,学生普遍存在厌学和对前途失望的情绪.

我曾经不止一次地问过多个乡村学校的老师:20 年前从你们学校走出去的学生和现在从你们学校毕业出去的学生有什么差别? 答案是:中学教育的内容和形式都没有差别(仍是以高考为目标),毕业也都是去城市打工,唯一不同的是——现在的学生会上网(而这却不是学校培养的).同样的问题也值得我们所有的中学深思:如果学生们只是具备了同样的解题能力,而并没有其他的差别,那么中学教育随着经济和社会发展而有了同步的发展吗?

三、中学须承担完善教育的责任

教育培养,最关键的毫无疑问是确保学生的健康成长.首先,他们需要的是健康的身体和心理基础;其次是完善的知识结构,所谓的"知识结构",并非我们所说的学到了多少书本知识,而是他们具有学习能力和初步的知识体系的建构;再者是引导学生形成正确的价值观.

现实是残酷的.从不久前示范性高中自主招生时出现的家长和学生"冲考"现象,说明部分家庭对孩子培养的设计与高速发展的社会经济环境毫无关系;但同时让中学教育更为尴尬的是,近年来高中生留学呈爆发性增长,与过去那种单纯逃避高考的区别是,更多的学生是主动性地选择国外的教育体系;更有甚者,那些暂不考虑留学的初中毕业生,可能选择的是既无学籍保障又无很好资源支撑的各类国际高中课程班,因为这些家庭认为,我们目前的教育制度很难让每个学生得到健康的成长.这是我们长期以来以高考的学业成绩作为衡量学生、衡量学校标准的必然结果.

四、完善中学教育是当务之急

一是完善学校的功能.各类中学有招生功能和培养功能,但通常没有升学(或择业)指导功能,学生在成长过程中无法得到适合自己的有价值的指导,家长同样缺乏得到孩子成长途径和目标的有效指导.

二是完善学校培养的内容.传统的教育以学业知识为主,诸如身体、心理、价值观的培养都处于可有可无的境地.所以,政府要在制度上强有力地完善学校教育的内容.

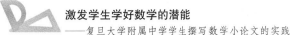
三是建立正确的学生培养评价体系. 我们长期以来都以高考学业的成绩或中考学业的成绩作为学生评价的唯一依据,似乎这样最公平. 其实,我们应该将每个学生在学校所参与的各类课程(活动)、所占用的课时数(时间)、以及获得的成绩都在学生的成绩报告上反映出来,以更加公允的方式让每位学生的付出得到公正和公平的评价.

五、大学自主招生,传递社会的价值观

高中学校抱怨大学录取学生的标准导致了高中的应试教育,进而又影响到初中教育的评价标准;大学也抱怨中学的人才培养过于死板,难以满足创新性人才培养的需要. 作为中学教育指挥棒的大学招生政策或方案,如果仅是满足一时之需,难免会陷入缺乏社会责任的境地.

高考之所以备受诟病,是因为高考录取政策的分分计较,一分之差往往造成学生命运的天壤之别,而一张考卷确实不能完全涵盖学生的能力,以及身体、知识和价值观等成长内容. 目前国内大学普遍的选拔方式还是以学科成绩的测试为主要方式(今年更只考一门或者两门),并不利于对学生的多元化考察,与高考的功能也难以区分,这也是近年来高校自主招生经常被质疑的原因之一.

作为高校招生改革的重要举措,自主招生承担了选拔学生的职责,实际上还承担着引导中学教育健康发展的重要责任. 就目前阶段而言,在自主招生中较多地引入面试是一个比较好的方法,也给了中学实施素质教育一定的空间. 也就是说,中学可以设计符合学校特点的学生评价标准,以形成特色办学. 但就普遍而言,目前大学推出的类似中学直推制度体量太少,不足以从根本上撼动存在了数十年的单一的评价体系.

六、中学教育评价体系要多元

经过多年努力,我们形成了较为完善的基础教育体系. 但因为体量庞大、内容丰富、人员众多,因此办学者、评价者融为一体.

比如,基础教育本来就是各级政府为主举办,管理者也是各级政府,但按照《教育法》规定,政府的教育管理部门还组成了代表政府的督学系统;还有,为促进基础教育从业人员的专业发展,我们建立了比较完善的职称系列制度,从初级教师、中级教师到高级教师,又评选产生了荣誉性的特级教师,再由特级教师为主体建立了各类师资培养的基地,等等. 不可否认这些制度的建立促进了基础教育的稳定,但从局外人的观点来看,这些制度与大学无关、与社会无关、与家庭无关,未免有些自娱自乐的感觉,长此以往难免阻碍基础教育的进一步发展与提高.

为什么多年来大学招生政策的风吹草动会影响中学教育的稳定? 为什么中学教育会以高考或中考要求作为教学的目标? 为什么我们对普通高中和中职教育的观点与社会的认识那么的不一致? 诸如此类问题或难题通常无解. 我认为主要原因与该领域的相对封闭有关,主要是评价的自我封闭造成难以从内部结构上认识问题,从而无法加以完善.

在国家经济社会高速发展的背景下,中学教育必须要开放多元化评价,从政府、社

会、大学、家庭全方位地加以评价,以争取最广泛的支持,也只有这样做,我们才能集聚到最优质的资源,我们的中学教育才能真正承担起为 20 年后的国家培养高素质人才的重任.

（原文发表于 2013 年 5 月 2 日《文汇报》,作者时任复旦大学附属中学校长）

中华人民共和国国家标准（UDC 001.81）

科学技术报告、学位论文和学术论文的编写格式

Presentation of scientific and technical reports, dissertations and scientific papers

GB 7713—87

（国家标准局 1987－05－05 批准，1988－01－01 实施）

1 引言

1.1 制订本标准的目的是为了统一科学技术报告、学位论文和学术论文（以下简称报告、论文）的撰写和编辑的格式，便利信息系统的收集、存储、处理、加工、检索、利用、交流、传播.

1.2 本标准适用于报告、论文的编写格式，包括形式构成和题录著录，及其撰写、编辑、印刷、出版等.

本标准所指报告、论文可以是手稿，包括手抄本和打字本及其复制品；也可以是印刷本，包括发表在期刊或会议录上的论文及其预印本、抽印本和变异本；作为书中一部分或独立成书的专著；缩微复制品和其他形式.

1.3 本标准全部或部分适用于其他科技文件，如年报、便览、备忘录等，也适用于技术档案.

2 定义

2.1 科学技术报告

科学技术报告是描述一项科学技术研究的结果或进展或一项技术研制试验和评价的结果；或是论述某项科学技术问题的现状和发展的文件.

科学技术报告是为了呈送科学技术工作主管机构或科学基金会等组织或主持研究的人等.科学技术报告中一般应该提供系统的或按工作进程的充分信息，可以包括正反两方面的结果和经验，以便有关人员和读者判断和评价，以及对报告中的结论和建议提出修正意见.

2.2 学位论文

学位论文是表明作者从事科学研究取得创造性的结果或有了新的见解，并以此为内

容撰写而成、作为提出申请授予相应的学位时评审用的学术论文.

学士论文应能表明作者确已较好地掌握了本门学科的基础理论、专门知识和基本技能,并具有从事科学研究工作或担负专门技术工作的初步能力.

硕士论文应能表明作者确已在本门学科上掌握了坚实的基础理论和系统的专门知识,并对所研究课题有新的见解,有从事科学研究工作或独立担负专门技术工作的能力.

博士论文应能表明作者确已在本门学科上掌握了坚实宽广的基础理论和系统深入的专门知识,并具有独立从事科学研究工作的能力,在科学或专门技术上做出了创造性的成果.

2.3　学术论文

学术论文是某一学术课题在实验性、理论性或观测性上具有新的科学研究成果或创新见解和知识的科学记录;或是某种已知原理应用于实际中取得新进展的科学总结,用以提供学术会议上宣读、交流或讨论;或在学术刊物上发表;或作其他用途的书面文件.

学术论文应提供新的科技信息,其内容应有所发现、有所发明、有所创造、有所前进,而不是重复、模仿、抄袭前人的工作.

3　编写要求

报告、论文的中文稿必须用白色稿纸单面缮写或打字;外文稿必须用打字. 可以用不褪色的复制本.

报告、论文宜用 A4(210 mm×297 mm)标准大小的白纸,应便于阅读、复制和拍摄缩微制品. 报告、论文在书写、扫字或印刷时,要求纸的四周留足空白边缘,以便装订、复制和读者批注. 每一面的上方(天头)和左侧(订口)应分别留边 25 mm 以上,下方(地脚)和右侧(切口)应分别留边 20 mm 以上.

4　编写格式

4.1　报告、论文章、条的编号参照国家标准 GB1.1《标准化工作导则标准编写的基本规定》第 8 章"标准条文的编排"的有关规定,采用阿拉伯数字分级编号.

4.2　报告、论文的构成(略)

5　前置部分

5.1　封面

5.1.1　封面是报告、论文的外表面,提供应有的信息,并起保护作用.

封面不是必不可少的.学术论文如作为期刊、书或其他出版物的一部分,无需封面;如作为预印本、抽印本等单行本时,可以有封面.

5.1.2　封面上可包括下列内容:

a. 分类号　在左上角注明分类号,便于信息交换和处理. 一般应注明《中国图书资料分类法》的类号,同时应尽可能注明《国际十进分类法 UDC》的类号.

b. 本单位编号　一般标注在右上角.学术论文无必要.

c. 密级视报告、论文的内容,按国家规定的保密条例,在右上角注明密级. 如系公开发行,不注密级.

d. 题名和副题名或分册题名 用大号字标注于明显地位.

e. 卷、分册、篇的序号和名称 如系全一册,无需此项.

f. 版本 如草案、初稿、修订版……等. 如系初版,无需此项.

g. 责任者姓名 责任者包括报告、论文的作者、学位论文的导师、评阅人、答辩委员会主席,以及学位授予单位等. 必要时可注明个人责任者的职务、职称、学位、所在单位名称及地址;如责任者系单位、团体或小组,应写明全称和地址.

在封面和题名页上,或学术论文的正文前署名的个人作者,只限于那些对于选定研究课题和制订研究方案、直接参加全部或主要部分研究工作并作出主要贡献,以及参加撰写论文并能对内容负责的人,按其贡献大小排列名次. 至于参加部分工作的合作者、按研究计划分工负责具体小项的工作者、某一项测试的承担者,以及接受委托进行分析检验和观察的辅助人员等,均不列入. 这些人可以作为参加工作的人员一一列入致谢部分,或排于脚注.

如责任者姓名有必要附注汉语拼音时,必须遵照国家规定,即姓在名前,名连成一词,不加连字符,不缩写.

h. 申请学位级别 应按《中华人民共和国学位条例暂行实施办法》所规定的名称进行标注.

i. 专业名称 系指学位论文作者主修专业的名称.

j. 工作完成日期 包括报告、论文提交日期,学位论文的答辩日期,学位的授予日期,出版部门收到日期(必要时).

k. 出版项 出版地及出版者名称,出版年、月、日(必要时).

5.1.3 报告和论文的封面格式参见附录 A(略).

5.2 封二

报告的封二可标注送发方式,包括免费赠送或价购,以及送发单位和个人;版权规定;其他应注明事项.

5.3 题名页

题名页是对报告、论文进行著录的依据.

学术论文无需题名页.

题名页置于封二和衬页之后,成为另页的右页.

报告、论文如分装两册以上,每一分册均应各有其题名页. 在题名页上注明分册名称和序号.

题名页除 5.1 规定封面应有的内容并取得一致外,还应包括下列各项:

单位名称和地址,在封面上未列出的责任者职务、职称、学位、单位名称和地址,参加部分工作的合作者姓名.

5.4 变异本

报告、论文有时适应某种需要,除正式的全文正本以外,要求有某种变异本,如:节本、摘录本、为送请评审用的详细摘要本、为摘取所需内容的改写本等.

变异本的封面上必须标明"节本、摘录本或改写本"字样,其余应注明项目,参见 5.1 的规定执行.

5.5　题名

5.5.1　题名是以最恰当、最简明的词语反映报告、论文中最重要的特定内容的逻辑组合.题名所用每一词语必须考虑到有助于选定关键词和编制题录、索引等二次文献可以提供检索的特定实用信息.

题名应该避免使用不常见的缩略词、首字母缩写字、字符、代号和公式等.

题名一般不宜超过 20 字.

报告、论文用作国际交流,应有外文(多用英文)题名.外文题名一般不宜超过 10 个实词.

5.5.2　下列情况可以有副题名:

题名语意未尽,用副题名补充说明报告论文中的特定内容;

报告、论文分册出版,或是一系列工作分几篇报道,或是分阶段的研究结果,各用不同副题名区别其特定内容;

其他有必要用副题名作为引伸或说明者.

5.5.3　题名在整本报告、论文中不同地方出现时,应完全相同,但眉题可以节略.

5.6　序或前言

序并非必要.报告、论文的序,一般是作者或他人对本篇基本特征的简介,如说明研究工作缘起、背景、宗旨、目的、意义、编写体例,以及资助、支持、协作经过等;也可以评述和对相关问题研究阐发.这些内容也可以在正文引言中说明.

5.7　摘要

5.7.1　摘要是报告、论文的内容不加注释和评论的简短陈述.

5.7.2　报告、论文一般均应有摘要,为了国际交流,还应有外文(多用英文)摘要.

5.7.3　摘要应具有独立性和自含性,即不阅读报告、论文的全文,就能获得必要的信息.摘要中有数据、有结论,是一篇完整的短文,可以独立使用,可以引用,可以用于工艺推广.摘要的内容应包含与报告、论文同等量的主要信息,供读者确定有无必要阅读全文,也供文摘等二次文献采用.摘要一般应说明研究工作目的、实验方法、结果和最终结论等,而重点是结果和结论.

5.7.4　中文摘要一般不宜超过 200～300 字;外文摘要不宜超过 250 个实词.如遇特殊需要字数可以略多.

5.7.5　除了实在无变通办法可用以外,摘要中不用图、表、化学结构式、非公知公用的符号和术语.

5.7.6　报告、论文的摘要可以用另页置于题名页之后,学术论文的摘要一般置于题名和作者之后、正文之前.

5.7.7　学位论文为了评审,学术论文为了参加学术会议,可按要求写成变异本式的摘要,不受字数规定的限制.

5.8 关键词

关键词是为了文献标引工作从报告、论文中选取出来用以表示全文主题内容信息款目的单词或术语.

每篇报告、论文选取 3～8 个词作为关键词,以显著的字符另起一行,排在摘要的左下方. 如有可能,尽量用《汉语主题词表》等词表提供的规范词.

为了国际交流,应标注与中文对应的英文关键词.

5.9 目次页

长篇报告、论文可以有目次页,短文无需目次页.

目次页由报告、论文的篇、章、条、附录、题录等的序号、名称和页码组成,另页排在序之后.

整套报告、论文分卷编制时,每一分卷均应有全部报告、论文内容的目次页.

5.10 插图和附表

清单报告、论文中如图表较多,可以分别列出清单置于目次页之后. 图的清单应有序号、图题和页码. 表的清单应有序号、表题和页码.

5.11 符号、标志等

符号、标志、缩略词、首字母缩写、计量单位、名词、术语等的注释表符号、标志、缩略词、首字母缩写、计量单位、名词、术语等的注释说明汇集表,应置于图表清单之后.

6 主体部分

6.1 格式

主体部分的编写格式可由作者自定,但一般由引言(或绪论)开始,以结论或讨论结束.

主体部分必须由另页右页开始. 每一篇(或部分)必须另页起. 如报告、论文印成书刊等出版物,则按书刊编排格式的规定.

全部报告、论文的每一章、条的格式和版面安排,要求划一,层次清楚.

6.2 序号

6.2.1 如报告、论文在一个总题下装为两卷(或分册)以上,或分为两篇(或部分)以上,各卷或篇应有序号. 可以写成:第一卷、第二分册;第一篇、第二部分等.用外文撰写的报告、论文,其卷(分册)和篇(部分)的序号,用罗马数字编码.

6.2.2 报告、论文中的图、表、附注、参考文献、公式、算式等,一律用阿拉伯数字分别依序连续编排序号.序号可以就全篇报告、论文统一按出现先后顺序编码,对长篇报告、论文也可以分章依序编码. 其标注形式应便于互相区别,可以分别为:图 1、图 2.1;表 2、表 3.2;附注 1);文献[4];式(5)、式(3.5)等.

6.2.3 报告、论文一律用阿拉伯数字连续编页码. 页码由书写、打字或印刷的首页开始,作为第 1 页,并为右页另页. 封面、封二、封三和封底不编入页码. 可以将题名页、序、目次页等前置部分单独编排页码. 页码必须标注在每页的相同位置,便于识别.

力求不出空白页,如有,仍应以右页作为单页页码.

如在一个总题下装成两册以上,应连续编页码.如各册有其副题名,则可分别独立编页码.

6.2.4　报告、论文的附录依序用大写正体 A,B,C,…编序号,如:附录 A.

附录中的图、表、式、参考文献等另行编序号,与正文分开,也一律用阿拉伯数字编码,但在数码前冠以附录序码,如:图 A1;表 B2;式(B3);文献〔A5〕等.

6.3　引言(或绪论)

引言(或绪论)简要说明研究工作的目的、范围、相关领域的前人工作和知识空白、理论基础和分析、研究设想、研究方法和实验设计、预期结果和意义等.应言简意赅,不要与摘要雷同,不要成为摘要的注释.一般教科书中有的知识,在引言中不必赘述.

比较短的论文可以只用小段文字起着引言的效用.

学位论文为了需要反映出作者确已掌握了坚实的基础理论和系统的专门知识,具有开阔的科学视野,对研究方案作了充分论证,因此,有关历史回顾和前人工作的综合评述,以及理论分析等,可以单独成章,用足够的文字叙述.

6.4　正文

报告、论文的正文是核心部分,占主要篇幅,可以包括:调查对象、实验和观测方法、仪器设备、材料原料、实验和观测结果、计算方法和编程原理、数据资料、经过加工整理的图表、形成的论点和导出的结论等.

由于研究工作涉及的学科、选题、研究方法、工作进程、结果表达方式等有很大的差异,对正文内容不能作统一的规定.但是,必须实事求是,客观真切,准确完备,合乎逻辑,层次分明,简练可读.

6.4.1　图

图包括曲线图、构造图、示意图、图解、框图、流程图、记录图、布置图、地图、照片、图版等.

图应具有"自明性",即只看图、图题和图例,不阅读正文,就可理解图意.图应编排序号(见 6.2.2).

每一图应有简短确切的题名,连同图号置于图下.必要时,应将图上的符号、标记、代码,以及实验条件等,用最简练的文字,横排于图题下方,作为图例说明.

曲线图的纵横坐标必须标注"量、标准规定符号、单位".此三者只有在不必要标明(如无量纲等)的情况下方可省略.坐标上标注的量的符号和缩略词必须与正文中一致.

照片图要求主题和主要显示部分的轮廓鲜明,便于制版.如用放大缩小的复制品,必须清晰,反差适中.照片上应该有表示目的物尺寸的标度.

6.4.2　表

表的编排,一般是内容和测试项目由左至右横读,数据依序竖排.表应有自明性.

表应编排序号(见 6.2.2).

每一表应有简短确切的题名,连同表号置于表上.必要时应将表中的符号、标记、代码,以及需要说明事项,以最简练的文字,横排于表题下,作为表注,也可以附注于表下.

附注序号的编排,见 6.2.2.表内附注的序号宜用小号阿拉伯数字并加圆括号置于被标注对象的右上角,如:×××1),不宜用星号"＊",以免与数学上共轭和物质转移的符号相混.

表的各栏均应标明"量或测试项目、标准规定符号、单位". 只有在无必要标注的情况下方可省略. 表中的缩略调和符号,必须与正文中一致.

表内同一栏的数字必须上下对齐. 表内不宜用"同上""同左"",,"和类似词,一律填入具体数字或文字. 表内"空白"代表未测或无此项,"－"或"…"(因"－"可能与代表阴性反应相混)代表未发现,"0"代表实测结果确为零.

如数据已绘成曲线图,可不再列表.

6.4.3 数学、物理和化学式

正文中的公式、算式或方程式等应编排序号(见 6.2.2),序号标注于该式所在行(当有续行时,应标注于最后一行)的最右边.

较长的式,另行居中横排. 如式必须转行时,只能在＋,－,×,÷,＜,＞处转行.上下式尽可能在等号"＝"处对齐.

示例1　$W(N_1) = H_{0,1} + \int_{\tau^{-1}}^{-\tau^{-1}+1} L_a^r e^{-2\pi i a N_1} d\alpha$

$$= R(N_0) + \int_{\tau^{-1}}^{-\tau^{-1}+1} L_a^r e^{-2\pi i a N_1} d_a + O(P^{r-n-v}) \tag{1}$$

示例2　$f(x, y) = f(0, 0) + \dfrac{1}{1!}\left(x\dfrac{\partial}{\partial x} + y\dfrac{\partial}{\partial y}\right)f(0, 0) +$

$$\dfrac{1}{2!}\left(x\dfrac{\partial}{\partial y} + y\dfrac{\partial}{\partial y}\right)^2 f(0, 0) + \cdots +$$

$$\dfrac{1}{n!}\left(x\dfrac{\partial}{\partial x} + y\dfrac{\partial}{\partial y}\right)^n f(0, 0) + \cdots \tag{2}$$

示例3　$-\dfrac{8\mu}{N_Z}\dfrac{\partial}{\partial S}\ln Q = \left[\left(1 + \sum_1^4 z_v\right) - \dfrac{2\mu}{z}\right]\ln\dfrac{\theta_\alpha(1-\theta_\beta)}{\theta_\beta(1-\theta_\alpha)} +$

$$\ln\dfrac{\lambda_\alpha}{\lambda_\beta} - z_1\ln\dfrac{\varepsilon_1}{\zeta_1} + \sum z_v\ln\dfrac{\varepsilon_v}{\zeta_v}$$

$$= 0 \tag{3}$$

小数点用"."表示.大于 999 的整数和多于三位数的小数,一律用半个阿拉伯数字符的小间隔分开,不用千位撇. 对于纯小数应将 0 列于小数点之前.

示例:应该写成 94 652.023 567;0.314 325

不应写成 94,652.023,567;.314,325

应注意区别各种字符,如:拉丁文、希腊文、俄文、德文花体、草体;罗马数字和阿拉伯数字;字符的正斜体、黑白体、大小写、上下角标(特别是多层次,如"三踏步")、上下偏差等.

示例:I, l, 1, i; C, c; K, k, κ; O, 0, o,(°); S, s, 5; Z, z, 2; B, β; W, w, ω.

6.4.4 计量单位

报告、论文必须采用1984 年 2 月 27 日国务院发布的《中华人民共和国法定计量中位》,并遵照《中华人民共和国法定计量单位使用方法》执行. 使用各种量、单位和符号,必须遵循附录 B 所列国家标准的规定执行.单位名称和符号的书写方式一律采用国际通用符号.

6.4.5　符号和缩略词

符号和缩略词应遵照国家标准(见附录 B)的有关规定执行.如无标准可循,可采纳本学科或本专业的权威性机构或学术团体所公布的规定;也可以采用全国自然科学名词审定委员会编印的各学科词汇的用词.如不得不引用某些不是公知公用的、且又不易为同行读者所理解的、或系作者自定的符号、记号、缩略词、首字母缩写字等时,均应在第一次出现时一一加以说明,给以明确的定义.

6.5　结论

报告、论文的结论是最终的、总体的结论,不是正文中各段的小结的简单重复.结论应该准确、完整、明确、精练.

如果不可能导出应有的结论,也可以没有结论而进行必要的讨论.

可以在结论或讨论中提出建议、研究设想、仪器设备改进意见、尚待解决的问题等.

6.6　致谢

可以在正文后对下列方面致谢:

国家科学基金、资助研究工作的奖学金基金、合同单位、资助或支持的企业、组织或个人;

协助完成研究工作和提供便利条件的组织或个人;

在研究工作中提出建议和提供帮助的人;

给予转载和引用权的资料、图片、文献、研究思想和设想的所有者;

其他应感谢的组织或个人.

6.7　参考文献表

按照 GB 7714—87《文后参考文献著录规则》的规定执行.

7　附录

附录是作为报告、论文主体的补充项目,并不是必需的.

7.1　下列内容可以作为附录编于报告、论文后,也可以另编成册.

a. 为了整篇报告、论文材料的完整,但编入正文又有损于编排的条理和逻辑性,这一类材料包括比正文更为详尽的信息、研究方法和技术更深入的叙述,建议可以阅读的参考文献题录,对了解正文内容有用的补充信息等;

b. 由于篇幅过大或取材于复制品而不便于编入正文的材料;

c. 不便于编入正文的罕见珍贵资料;

d. 对一般读者并非必要阅读,但对本专业同行有参考价值的资料;

e. 某些重要的原始数据、数学推导、计算程序、框图、结构图、注释、统计表、计算机打印输出件等.

7.2　附录与正文连续编页码.每一附录的各种序号的编排见 4.2 和 6.2.4.

7.3　每一附录均另页起.如报告、论文分装几册.凡属于某一册的附录应置于各该册正文之后.

8　结尾部分(必要时)

为了将报告、论文迅速存储入电子计算机,可以提供有关的输入数据.

可以编排分类索引、著者索引、关键词索引等.

封三和封底(包括版权页).

附录 A　(略)

附录 B　相关标准(补充件)

B. 1 GB 1434—78 物理量符号

B. 2 GB 3100—82 国际单位制及其应用

B. 3 GB 3101—82 有关量、单位和符号的一般原则

B. 4 GB 3102.1—82 空间和时间的量和单位

B. 5 GB 3102.2—82 周期及其有关现象的量和单位

B. 6 GB 3102.3—82 力学的量和单位

B. 7 GB 3102.4—82 热学的量和单位

B. 8 GB 3102.5—82 电学和磁学的量和单位

B. 9 GB 3102.6—82 光及有关电磁辐射的量和单位

B. 10 GB 3102.7—82 声学的量和单位

B. 11 GB 3102.8—82 物理化学和分子物理学的量和单位

B. 12 GB 3102.9—82 原子物理学和核物理学的量和单位

B. 13 GB 3102.10—82 核反应和电离辐射的量和单位

B. 14 GB 3102.11—82 物理科学和技术中使用的数学符号

B. 15 GB 3102.12—82 无量纲参数

B. 16 GB 3102.13—82 固体物理学的量和单位

附加说明:

本标准由全国文献工作标准化技术委员会提出.本标准由全国文献工作标准化技术委员会第七分委员会负责起草.本标准主要起草人谭丙煜.

后 记

一个人的能力有限,不可能把脑袋分成两个地方同时做事,学问真的要做得好的话,要朝思暮想.

——丘成桐

编写本书的过程,使我回忆起学校领导关心、培养我的点点滴滴……

2013 年 10 月初,学校常务副校长吴坚(现任复旦附中校长兼任党委书记)找到我,说学校派我去北京参加"北京大学数学学科创建一百周年庆典"活动.作为数学科研导师,有机会能在金秋送爽的十月,与世界各地的专家、学者欢聚一堂,在北京大学百年纪念讲堂见证北京大学数学学科的百年历史,我感到非常荣幸.会议虽然只有 10 月 10—11 日短短两天时间,但给我留下的却是深切的感动,永远的记忆."北京大学数学学科创建一百周年庆典"期间,我非常幸运地见到了全国人大常委会原副委员长、原北京大学校长丁石孙院士,见到了首届国家最高科学技术奖获得者、中国科学院院士吴文俊教授等 33 位中国科学院院士,特别意外的惊喜是不仅见到了这次庆典活动唯一被邀请的菲尔兹奖(被公认为数学界的诺贝尔奖)获得者、美国哥伦比亚大学教授 Andrei Okounkov,并且与他在北京大学百年纪念讲堂的嘉宾休息厅进行了亲切友好的交流,我赠送他一本由复旦大学出版社出版的著作《通往国际科学"奥赛"金牌之路》,写的是学生在复旦附中成长的故事.打开书页,他看到了美国科学院院士、哈佛大学讲座教授丘成桐与我的合影以及菲尔兹奖获得者、美国加州大学洛杉矶分校教授陶哲轩与我的合影.他笑容满面,非常高兴,并表示感谢和祝贺,还分别与我以及韩京俊合影留念.这一机会是我过去指导数学论文的学生韩京俊给我带来的,他曾是连续两届丘成桐中学数学奖获得者.他在读北京大学数学科学学院本科期间就在国际杂志和数学学术会议上发表过多篇高质量的数学专业论文,有的论文被SCI 收录,并有数学专著出版.现在他就读北京大学数学科学学院院长、中国科学院院士田刚教授的博士研究生.北京大学委派他作为陪同 Andrei Okounkov 教授的中英文翻译.北京大学的新闻动态报道了"数学科学学院举办'数学拔尖人才的发现与培养'中学校长论坛"的新闻,并指出:"10 月 10 日下午,数学科学学院在理科一号楼 1560 会议室举办中学校长论坛,讨论数学拔尖人才的发现与培养.三十多位来自全国知名中学的校长及中学数学教学带头人参与本次论坛,北京大学党委书记朱善璐出席论坛并发言.同时出席论坛的还有北京大学招生办公室主任秦春华,数学科学学院院长、北京国际数学研究中心主任

田刚,数学科学学院常务副院长张平文.数学科学学院副院长柳彬主持会议……来自上海复旦大学附属中学的数学科研导师汪杰良在会上分享了多年的数学教学经验,就数学拔尖人才的培养方向、中学数学教学的缺陷及培养数学人才的方式方法等问题进行了系统、详细的探讨.来自重庆一中的赵建副校长提出数学拔尖人才应具备'情感''兴趣''毅力'等基本素养,提出应该探索人才培养的长效机制与有效途径,重视职业规划的指导与师资队伍的建设,中学应当努力维持学生学习兴趣、搭建各类学习平台.来自西安铁一中的党委书记庆群指出数学素养的提高需要政策制度的保障."

回学校后,我向郑方贤校长、吴坚常务副校长汇报北京之行参加活动后的感受.11月初,又与郑校长谈起了"数学拔尖人才的发现和培养""学生自主创新"的话题.郑校长鼓励我,能否编一个小小的学生优秀数学论文的专辑呢?之后,我进行了认真的思考,感到利用手头已有的学生论文编一本专辑并不缺少材料.但复旦附中编的学生优秀数学论文专辑要有一定的高度——收录学生在数学专业杂志上公开发表的数学论文.这一要求确实有一定的难度,这件事对我来说是一个挑战.一切都要顺其自然,水到渠成为好.

此时,不由使我想起学校组织的2012年春节慰问活动.郑方贤校长、杨士军校长助理(现任复旦附中副校长、复旦二附中校长)在百忙中亲自到我家慰问、拜年、谈工作、谈生活,我非常感动.其中谈到指导学生做课题、写论文一事,我感到凭我的经验,学生至少要上完"数学研究"选修课,并且经过读书、反思后,才可能有能力写成数学论文,再投稿.最早的话,学生要到2013年才可能在学术杂志上发表数学论文.

我没有想到只听完我在高一下半学期开设的"数学欣赏"课后,我校高一(9)班姚源同学对我所讲的形数问题特别感兴趣,并将问题向空间推广.他每周都要找我讨论、交流,不断有新思想、新方法涌现.经过两个多月的努力,他写成《正多面体棱上点的个数研究》一文,不断向数学专业杂志投稿.最终,在数学专业杂志《数学学习与研究》2012年第19期(十月份)上发表了论文.学生的聪明才智超出了我的预期.

我又想起2012年10月的一次学校组织的教师大会.会上的学习材料中有姚源同学写《正多面体棱上点的个数研究》这一篇数学论文的创作过程——《谈对数学的兴趣》一文.在该文章前还有郑校长2012年10月18日写的一段话:"近日听说高二(9)班姚源同学的一篇论文在杂志上发表,便约他进行了交流,并请他写下些过程和体会与大家分享.尽管论文发表在普通学术杂志上,但姚源同学看到自己高中一年级的研究文章就能变成铅字时还是很有成就感的.如何培养学生对学术的兴趣,以及指导学生开展学术研究,这是目前我们高中教育面临的挑战.感谢汪杰良老师开设的课程以及对学生的指导,也感谢姚源同学的努力."这段短短的话无疑是对我工作的鼓励和鞭策.我感到,作为复旦附中的教师,有责任深入研究培养学生对学术的兴趣,摸索指导学生开展学术研究的方法,勇敢地迎接高中教育面临的挑战.

2012年10月以来,从发表数学论文的姚源同学开始算起,现在已经有姚源、滕杰、杨和极、徐嫣然、杜治纬、李佳颖、童鑫来、金晓阳、俞易、倪临赟、黄立羽、周吴优、唐昊天、陈子弘、秦予帆、梁正之、李羽航、程梓兼、何逸萌、梅灵捷、于晟汇等21位同学的30篇数学论文,分别在中文核心期刊、全国优秀科技期刊、初等/中等教育类核心期刊、国家新闻出版广电总局认定的首批学术期刊、人大复印资料重要转载来源期刊、原中华人民共和国新闻出版总署的双效期刊、第三届华东优秀期刊、中国科协优秀科技期刊、中国核心期刊数据库来源期刊、中国全文数据库(CJFD)收录期刊、中国基础教育知识仓库来源期刊、中国科协优秀科技期刊的《中学数学教学参考》《中学数学》《中学数学教学》《上海中学数学》《数学学习与研究》《中学教研(数学)》《中学生数学》《文汇报》《中学生导报》上发表,其中一些论文还被中国知网、万方数据库、维普资讯网、博看网、91阅读网、龙源期刊网全文收录.

同学们发表的数学论文中,数学欣赏与研究的课题来源有以下 5 条途径:

(1)从老师选修课讲课和布置的作业中获得课题.如:李佳颖同学撰写的《三角形面积公式之间的联系》,徐嫣然、杜治纬同学撰写的《探讨到定点与到定直线的距离之差为定值的点的轨迹》,童鑫来同学撰写的《怎样裁剪纸板能使无盖盒容积最大》,俞易同学撰写的《一类三角数列求和的探究》,秦予帆同学撰写的《模尔外得公式在解三角形中的应用》,梁正之同学撰写的《例谈三角代换的妙用》和何逸萌同学撰写的《三角形中正弦定理、余弦定理、射影定理的等价性的证明》.

(2)从老师选修课讲课内容的类比、联想获得课题.如:姚源同学撰写的《正多面体棱上点的个数研究》,陈子弘同学撰写的《几道题的复数解法与三角解法比较》,何逸萌同学撰写的《"黄金双曲线"的几个有趣性质》,于晟汇同学撰写的《白银双曲线的几个新性质》和梁正之同学撰写的《卢卡斯数列与斐波那契数列的递归关系研究》.

(3)根据老师选修课内容中的数学思想、数学方法,结合平时做题发现课题.如:滕杰同学撰写的《探究正 n 棱锥相邻侧面所成角的关系》、杨和极同学撰写的《从特殊情形中寻求解题思路》,姚源同学撰写的《相似椭圆系的一组性质》,俞易同学撰写的《对一道由物理题引发的数学问题的思考》,倪临赟同学撰写的《构造对偶式证明几个不等式》和唐昊天同学撰写的《用解析法解决几个三角形"五心"问题》.

(4)通过老师选修课要求阅读的数学课外读物,包括数学课外书以及数学杂志发现课题.如:童鑫来同学撰写的《利用构造函数法求一类复杂数列的和》,徐嫣然、杜治纬同学撰写的《用特征矩阵表示椭圆方程》,姚源同学撰写的《相似椭圆系的若干性质》,金晓阳同学撰写的《一个格点最短路径问题的思考》,黄立羽同学撰写的《赫尔德不等式的推论变形与运用》,俞易同学撰写的《用数学归纳法与构造函数法解决一道不等式难题》,周吴优同学撰写的《中外古诗词中的数学妙趣》和唐昊天同学撰写的《关于一类双曲线系的 2 个结论》.

(5)将数学的思想、方法运用于数学竞赛题发现课题.如:李羽航、程梓兼同学撰写的《一道联赛不等式的两种证明及其加强思路》,梅灵捷同学撰写的《三维单形 Cayley-Menger 行列式的应用》,李羽航同学撰写的《一个线性数列不等式的命题》和梅灵捷同学撰写的《对称不等式的解题技巧探究》.

有时候,一个教师的阅历可能会影响学生未来的走向.2015 年 2—6 月,浦东复旦附中分校的三位学生选了我开设的"数学研究"选修课,记得在复旦附中给他们上"数学研究"的第一课,就提起自己在复旦附中对学生进行研究型教学、培养学生的经历,介绍了我的著作《通往国际科学"奥赛"金牌之路》(2010年复旦大学出版社出版),以及高中十大重要数学赛事:(1)上海市高中生数学知识应用竞赛;(2)上海市"明日科技之星"评选活动;(3)全国明天小小科学家评选活动;(4)上海市青少年科技创新大赛和科学讨论会;(5)全国青少年科技创新大赛;(6)美国英特尔国际科学与工程大奖赛;(7)丘成桐中学数学奖;(8)上海市高三数学竞赛;(9)全国各省市高中联合数学竞赛;(10)国际中学生数学奥林匹克竞赛. 与此同时,介绍了复旦附中的同学在这些竞赛中的优异表现,特别向他们介绍了华人获得菲尔兹奖的丘成桐教授和陶哲轩教授,以及丘成桐中学数学奖,还有2009届校友韩京俊同学连续两届荣获丘成桐中学数学奖的事迹,给3位同学讲了丘成桐教授为部分参加竞赛决赛的选手写推荐信的故事,并说:"你们3位中有谁能做出数学课题,参加丘成桐中学数学奖的决赛,能得到丘成桐教授的赏识,给你写推荐信的话,世界上任何一所名校都会展开双臂,热烈地拥抱你的."要求他们浏览"丘成桐中学数学奖"的网站,注意报名时间. 鼓励他们3人参加"丘成桐中学数学奖"活动. 之后,又向他们介绍了韩京俊参加2014年度共青团中央、中国电信集团、中华全国学生联合会联合举办的我国首届"中国电信奖学金·天翼奖"评选,作为北京大学数学科学学院65名博士研究生综合素质第一名的校友韩京俊,成为北京大学推荐的唯一代表入选北京市前3名,并参加全国评比,获前50名. 当选为"践行社会主义核心价值观先进个人标兵",获得"中国电信奖学金·天翼奖". 2015年5月21日,团中央书记处书记傅震邦在北京理工大学2014年度"中国电信奖学金·天翼奖"的表彰大会的发言中,特别提到了使他印象深刻的3位获奖者,其中一位是韩京俊.《北京青年报》报道了他"勤学"的事迹.

收录本书的学生在学术杂志和报刊上发表的数学论文中,有浦东复旦附中分校的3位同学的4篇论文,我还修改了陈子弘同学的另两篇论文《从闵可夫斯基不等式的一个特例引发的联想》《一个有关代数方程的定理及其推论》,并对他进行了指导. 其中陈子弘同学不仅在上海《中学生导报》上发表了数学论文,他还另写了数学论文《一类无穷级数的求和》,参加了2015年的第八届"丘成桐中学数学奖"评选,荣获银奖,得到了丘成桐教授的亲笔推荐信,被哈佛大学和普林斯顿大学同时录取. 他是2016年上海唯一持中国籍被哈佛大学录取的学生.

在复旦附中"数学研究"选修课考试中,我出了这样一道试题:"通过'数学研究'选修课,谈谈你对数学的新认识. 你计划课外读一些数学书,还是对一些数学问题进行比较深入的思考和研究(若在数学问题研究中,需要得到老师的指导,请你写出联系方式,电话或邮箱)?"陈子弘同学是这样回答的:"……事实上,在开始上数学研究课以后,我也开始尝试学习一些更深入、严密和难懂的数学方式与思想,比如大学中的'傅里叶分析'和'复分析'. 这样的课程虽然较高中课程难好多,而且我也只是利用课余时间自主学习,但'数学研究'课上运用的证明方式却给我自主学习的内容打下基础,让这种自学顺利了许多."他同时还写出了邮箱和手机号码. 半年之后,他撰写的两篇英文数学论文《有理函数的一个分解公式及其应用》和《整数上的位移Zeta函数》,均发表在美国《普林斯顿本科生数学杂志》上.

去年春节,我收到了复旦附中2001届校友王之任的来信,并且收到了他和夫人及儿子的全家福,特别高兴.今年 6 月,王之任来上海探亲,并抽出时间来看望我,我很感动.在交谈中,我们回忆起在复旦附中三年的师生情谊,回忆起当年指导他做课题、写论文的情景.记得有一次与他讨论,修改论文到深夜,冒着雨将他送上车后,再骑车回家.还记得为代表国家队(中国大陆首次)赴美国参加第 51 届国际科学与工程大奖赛、在北京参加全国首届科技冬令营期间,组委会安排学生和指导老师去北京著名旅游景点游玩,但王之任特别想去中国科学院数学研究所拜见陆启铿院士,他曾是华罗庚教授担任中国科学院数学研究所所长期间的副所长.为了满足学生的愿望,我必须放弃旅游,陪同他去中国科学院数学研究所.陆启铿教授是一位多复变函数论、数学物理学家,他是对数学作出奠基性和经典性贡献的中国现代数学家.他告诉王之任:"许多数学学得好的人去做金融了,要想清楚是否真的喜欢数学,做数学研究是很辛苦的,要耐得住寂寞."但王之任还是选择了学习数学专业,读了复旦大学数学系,又读了法国综合理工大学硕士,师从菲尔兹奖获得者,还读了美国普林斯顿大学数学博士,又师从另一位菲尔兹奖获得者,之后在耶鲁大学做博士后研究,任助理教授,现在美国宾州大学数学系任教,同时从事纯数学的理论研究.我问他为什么要选择到美国宾州大学任教,他告诉我,学校坐落在美国的大山里,环境非常优美.这所美国的州立大学在他所研究的方向方面比较强,有一批志同道合的数学家.想在事业上有所成就,需要这样的学术环境.他言谈举止非常谦虚.一个从小就在上海这个大都市长大的人,为了追求科学,甘愿到大山里工作,其精神境界令我肃然起敬.今年 6 月,学校给自主招生提前入学的学生开设数学讲座,邀请了复旦大学数学学院原副院长楼红卫教授,正好我负责接待工作.借此机会,我就向楼教授探听王之任的学术水平,他告诉我:"王之任很牛啊,他近几年撰写的学术论文几乎都是在世界数学排名前三的杂志上发表的."

从 1999 年开始,由于复旦附中学生在各类竞赛中的突出成绩,我先后接受中央电视台等多种媒体采访达几十次.仅在 2013 年以来,我分别接受新华社、《解放日报》《文汇报》《人民教育》《新闻晚报》《上海中学生报》、中国日报社《21 世纪学生英文报》《东方教育时报》《中学数学教学参考》《中学数学》等媒体、杂志记者的 20 多次采访,并被媒体报道.被《中学数学教学参考》《中学数学》杂志选作封面人物.我很高兴能为祖国、为复旦附中赢得荣誉,向媒体记者、杂志的主编们介绍复旦附中的优质办学理念和在实施素质教育过程中学生在学校茁壮成长的事迹.

在编辑本书的过程中,我不断向学校的领导、老师、职工、学生请教学习,力求把工作做好.张慧腾老师在百忙中仔细地审阅了本书的全文,并加以润色,上海曹杨第二中学郭天翔老师和上海暮雨工作室的郑华卿老师认真仔细地审校了本书的部分数学论文,在此,向他们表示诚挚的感谢! 这里,要特别感谢复旦附中原校长曹天任、谢应平对我工作的指导和鼓励.特别感谢数学特级教师曾容对我的关心、培养、潜移默化的影响和殷切希望.特别感谢原校长郑方贤、现任校长兼党委书记吴坚对我编写本书的一次又一次的指导,使得我对现代教育的认知水平和培养学生的创新能力的认识得到了迅速的提高.

这里还要特别感谢复旦大学数学科学学院的中国科学院院士谷超豪、胡和生、李大潜、洪家兴教授以及童裕孙、谭永基、邱维元、黄宣国、舒五昌、陈纪修、吴泉水等教授对我指导学生研究数学课题工作的指导.特别感谢上海师范大学数学学院院长张寄洲教授和华东师范大学研究生院副院长徐斌艳教授,他们欣然接受担任我所指导的"数学欣赏与数学研究"团队的顾问,接受我们学生的采访,并对数学研究、写数学小论文提出宝贵的意见.

本书现已编写完成,我非常兴奋.希望将自己指导学生所做的工作原原本本地呈现出来,与领导、老师、学生以及学生家长分享.希望通过选修课的实践,关心每一位有个性的学生,使他们健康茁壮地成长,最大程度地发挥他们的学习潜能,摸索出一条具有中国特色的发现和培养拔尖人才的成功之路.期望今日中学教育之"余"即 20 年后我国人才之"长".但愿本书能起到抛砖引玉的作用.

本书的出版,得到了复旦大学附属中学的资助,得到了复旦大学出版社董事长兼总经理王德耀教授的关心和支持,得到了资深编辑范仁梅女士的帮助;陆俊杰编辑细致地审阅了文稿,提出了宝贵的修改意见.特别是中国科学院院士、复旦大学数学科学学院教授李大潜先生在百忙中欣然为本书作序,使本书增添了光彩.为此,向他们表示衷心的感谢!

由于个人水平有限,本书中难免出现错误,请读者批评指正,谢谢!

汪杰良
2016 年 12 月于复旦附中